유비쿼터스 사회와 기술

김행곤 지음

UBIQUITOUS

도서출판 그린

PREFACE

유비쿼터스(Ubiquitous)란 사전에서 찾아보면 "어디에나 있는"이라는 뜻을 가지고 있다. 철학적이고 종교적인 어감을 가지고 있는 유비쿼터스라는 단어를 IT분야의 신개념을 지칭하는 명칭으로 사용한 사람은 1988년 미국 제록스사의 마크와이저 박사이다. 그는 "유비쿼터스 컴퓨팅"이라는 단어로 차세대 컴퓨팅을 제안하였으며, 컴퓨터가 일상생활 속에 스며들어 그 존재가 잘 구분이 되지 않는 것을 의미한다. 이를 "disappear", "invisible", "calm"이라는 개념으로 정의하였다. 이는 기술적인 문제보다 심리적인 문제가 더욱 중요하다는 것을 의미한다. 즉, 생활 속 모든 사물에 칩을 집어넣어 어디에나 컴퓨터가 존재하고 이러한 컴퓨터를 사람들이 의식하지 않고 자연스럽게 사용하는 것이라고 요약할 수 있다.

1) 존재성: 컴퓨터가 어디에나 존재한다.
2) 관계성: 사람과 컴퓨터와의 관계를 의미하며, 사람들이 의식하지 않고 자연스럽게 컴퓨터를 사용한다.

유비쿼터스 컴퓨팅은 벽이나 손목에 차고 있는 장치, 또는 주변에 놓여있는 각종 컴퓨터 장치들을 이용하여 컴퓨터에 액세스가 가능하다. 즉, 단어 뜻 그대로 언제 어디에나 존재하는 컴퓨터를 이용할 수 있음을 말한다. 1999년, 일본에 의해 "유비쿼터스 네트워크"로 개념이 확장이 되어 언제 어디서나 컴퓨터에 연결될 수 있는 네트워킹 환경을 의미하게 되었다. 이는 휴대폰, PDA와 같은 휴대용 컴퓨터를 가지고 다니면서 멀리 떨어져 있는 각종 사물과 연결하여 그 사물을 사용한다는 개념으로까지 확장된 것이다.

우리 사회를 유비쿼터스 컴퓨팅, 스마트 폰, 테블렛 컴퓨터 등으로 정보화 사회 막바지를 광속도로 장식하고 있는 이때 유비쿼터스 사회와 기술을 이해하기 위해 그동안 자료들을 모아 정리하고 이 책을 집필하였다.

이에 본서는 제1장에서 유비쿼터스 세계의 개념과 의미를 서술하였고 제2장에서는 유비쿼터스 역사에 대해 다루었다. 제3장에서는 유비쿼터스와 달라진 우리의 삶을 서술하였고 제4장에서 유비쿼터스 기반 관련 기술을 분석 정리 하였고 제5장에서는 임베디드 시스템에 대해 상세히 서술하였다. 제6장에서는 RFID 기술을 집중하여 서술하였고 제7장에서는 각국의 유비쿼터스 정책을 다루고 향후 방향을 제시하였다.

본서는 IT 관련 모든 사람들과 유비쿼터스 사회와 기술을 이해하고 흐름을 파악하고자 하는 모든 분들에게 유용한 전문 서적이 될 것이며 대학에서는 유비쿼터스 사회와 기술을 이해하는 교양과목의 교재로 사용될 수 있도록 집필하였다. 아직도 많은 부족함이 있는 내용임을 고백하면서 독자들의 많은 고견을 부탁드리는 바이다.

이 책을 발간하는데 많은 도움이 있었다. 원고 정리와 교정을 위해 수고한 대구가톨릭대학교 손이경 박사, 한은주 박사, 박은주 박사와 석사과정의 탁미경 선생의 노고에 감사를 드리며 특별히 이 책이 편집 발간 되도록 아낌없는 지원을 해 주신 그린출판사의 윤덕우 사장님과 박문수 부장님에게도 깊은 감사를 드린다.

2010년 12월 추운겨울날

금락골에서 저자

Contents

Chapter 05 유비쿼터스 기술 전략

Chapter 06 임베디드 시스템

Chapter 07 RFID 기술

Chapter 08 세계의 유비쿼터스 사회 추진 전략

Chapter 01

유비쿼터스의 세계

제1장

유비쿼터스의 세계

요 약

빌 게이츠가 "Information on your fingertips"라는 화두를 던진 지 10여년이 지났고 공상소설처럼 여겨지던 그의 선언이 하나 둘씩 실현 되어가고 있음을 우리들의 일상생활에서 쉽게 인지할 수 있다. 인터넷이 기업 및 개인생활의 패턴을 바꿔놓고 있으며, 스마트폰과 PDA가 이미 보편화 단계에 와 있다. 말 그대로 정보가 손끝에서 넘쳐나는 시대를 살아가고 있는 것이다.

더 나아가서 인류는 이제 모든 기기와 편의도구가 서로 의사소통을 하며 서비스를 제공하는 "유비쿼터스"라는 꿈같은 세계의 실현을 목전에 두고 있다.

본 절에서는 이러한 유비쿼터스의 출현배경과 정의에 대해서 알아보도록 한다.

1.1 컴퓨팅 환경의 진화과정

(1) 컴퓨터 등장 이전의 역사

호모 파베르(Homo Faber)라는 단어가 의미하는 것처럼 인간의 역사는 끊임없이 도구를 제작하고 개선해 온 과정이었다. 컴퓨팅이란 말을 우리말로 옮긴다면 비록 제한적인 것이기는 하지만 "셈"이라고 지칭할 수 있을 때, 인간이 셈을 하기 위해서 가장 최초로 사용한 도구는 무엇이었을까? 선사시대로 거슬러 올라갈 수가 없기에 단언할 수는 없지만 아마도 그것은 인간의 열 손가락이며 인류가 가장 많이 사용하고 자연스럽다고 느끼는 10진수는 바로 이 사실에서 기인한다고 대다수의 학자들이 추정한다.

- 역사시대로 접어든 후 최초로 인류가 셈을 하는데 사용한 도구는 '주판'일 것이다. 주판은 중국 고대의 위대한 발명품 중의 하나이다. 주판은 중국인이 장기간 사용하던 '산가지'의 기초위에 발명된 것이다. 옛날 사람들은 작은 나무막대를 써서 계산을 하였고, 이러한 작

은 나무막대를 '산가지'라고 불렀다. 그리고 산가지를 써서 계산하는 것을 '주판'이라고 했다. 후에 생산이 발전함에 따라 산가지를 이용하여 계산하는데 한계가 왔다. 이에 사람들은 더욱 선진적인 계산기인 '주판'을 발명했다〈그림 1-1〉. 명(明)나라에 이르러서는 가감승제를 모두 할 수 있게 되어 중량, 체적, 면적을 계산하는데 사용되었다고 한다.

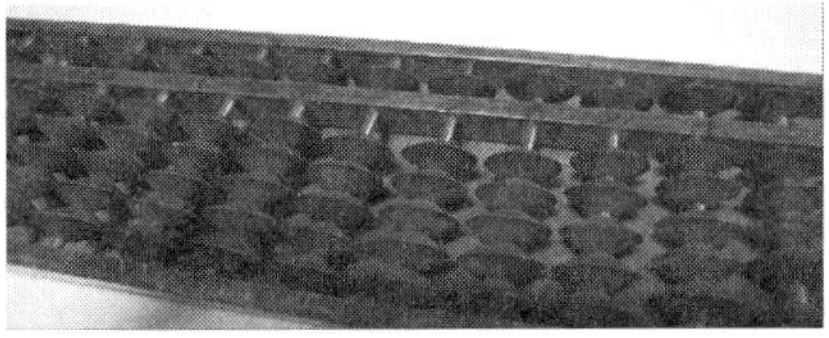

〈그림 1-1〉 주판의 일반적인 형태

- 1642년에 프랑스의 수학자이자 철학자인 Blaise Pascal이 가산, 감산, 곱셈이 가능한 기어방식의 계산기를 발명하였으며 이것이 후일에 전자계산기의 구동원리를 제공하였다.
- 1822년에는 영국의 수학자 Charles Babbage가 계산절차의 기억기능을 지닌 자동계산기에 대한 아이디어를 제안하였다. 그의 아이디어는 근대적인 컴퓨터의 기반이 되었으나 당시의 기술력 부족으로 아이디어가 형상화되지 못한 안타까움이 있다.
- 1880년에 미국의 Herman Hollerith가 천공카드 방식의 데이터 기록기를 발명함으로 컴퓨터 메모리 방식의 기원을 제시하였다.
- 1948년에 미국 펜실베이니아 대학의 전기공학자 John Mauchly와 Presper Eckert가 진공관 방식에 의한 컴퓨터 에니악(ENIAC)을 발명하였으며, 이것이 세계 최초의 근대적인 컴퓨터의 기원으로 기록된다.

(2) 컴퓨터 등장 이후의 변천과정

최초의 컴퓨터인 에니악은 미 육군 탄도연구소에서 포병용 탄도계산표를 계산할 목적으로 만들어졌으며 무려 17,468개의 진공관이 사용되었고 높이가 5.5m, 길이가 245m, 중량이 30톤에 달하는 거대한 크기였다고 한다. 에니악을 시초로 한 컴퓨터는 그 후 비약적인 발전을 하여, 오늘날에는 모든 산업분야에 지대한 영향을 끼치며 비즈니스 구조의 지형 변경까지 이루고 있다.

- **1세대 컴퓨터(1950년대)** : 메모리 및 CPU에 진공관을 사용하였으며 저장매체로 천공카드를 주로 사용하였고 보조기억장치로는 자기 드럼이 사용되었다. 컴퓨터의 크기는 아주 크지만 성능과 효율은 매우 떨어졌으며, 어셈블리나 기계어와 같은 저수준의 언어가 주로 사용

되었다.

- **2세대 컴퓨터(1960년대) :** 진공관 대신 트랜지스터를 사용하면서 본격적으로 기업이나 공공 조직의 업무에 컴퓨터가 활용되기 시작하였다. 이 시대에 주로 사용된 언어는 FORTRAN, COBOL, ALGOL과 같은 고수준의 언어였으며 자기디스크와 자기테이프를 기록 매체로 활용하였다. 최초의 2세대 컴퓨터는 MIT에서 개발한 TX-O였다.
- **3세대 컴퓨터(1960년대 중반 ~ 1970년대 중반) :** 시분할 컴퓨터가 등장하였고 멀티 프로세싱 기법이 운영체제에 도입되었으며 메모리도 집적회로(IC) 기술을 사용하여 성능 및 크기 면에서 비약적인 발전을 이룩하였다. PASCAL, PL/1, C와 같은 범용 언어가 등장한 것도 이 시기이며 대표적인 시스템으로 IBM의 360 시리즈를 들 수 있다.
- **4세대 컴퓨터(1970년대 중반 ~ 현재) :** 네트워크를 기반으로 한 분산 데이터 처리기술이 적용되었으며 메모리에는 VLSI(Very Large Scale Integration) 기술이 활용되었다. 대표적인 시스템은 IBM의 370 시리즈이며 PC 및 LAN이 발달하였고 사무자동화 기술이 급속도로 전파된 것이 이 시기라고 할 수 있다.

(3) 정보기술 패러다임의 변화

지금까지 컴퓨팅 환경에서의 외연적인 구조의 변화를 개략적으로 소개하였는데, 이러한 외연적인 구조의 기반 하에서 정보기술의 소프트적인 측면은 어떻게 진화를 하였는지 알아볼 필요가 있다. 〈표 1-1〉은 이러한 패러다임의 변화를 도식화하여 표현해 놓은 것이다. 이 표를 살펴보면 정보기술은 1980년대를 기점으로 하여 폐쇄성에서 개방성으로, 단편적 활용에서 복합적 활용과 일상생활로의 내재화 형태로 급속하게 발전을 하고 있으며 발전과 진화의 주기가 점점 더 짧아지고 있음을 알 수 있다.

'전산화'는 컴퓨터가 일상생활에 도입되기 시작한 시기를 말한다. 이 시기의 컴퓨터의 용도는 인간이 하는 반복적인 업무를 보다 빠르고 정확하게 처리하는데 있었다. 즉 업무의 자동화가 이 시기의 가장 큰 과제였다고 할 수 있다. '정보화' 시기에 접어들면서 비로소 제한적으로나마 컴퓨터와 컴퓨터가 대화를 하기 시작했다. 여기에는 개인용 컴퓨터(PC)라는 도구와 근거리 네트워크 망인 LAN의 도입이 결정적인 역할을 하였다고 볼 수 있다. '지식화' 시기에는 인터넷이라는 도구를 매개체로 하여 컴퓨터와 인간이 보다 더 밀접하게 연결되고 네트워크 망이 보다 더 지능화되었다. 마지막으로 본서에서 다루고자 하는 '유비쿼터스화' 시기에는 이보다 한 단계 더 진보한 환경을 제시한다. 즉 사람과 컴퓨터 그리고 일반 사물이 유기적으로 결합된 형태를 지향하는 것이 이 시기이며 이것은 현재 진행형의 상태에 있다.

〈표 1-1〉 정보기술의 진화과정

구분	전산화	정보화	지식화	유비쿼터스화
대상	수작업	정보흐름	지식수준	사물
목표	자동화	자유로운 정보수·발신	지식 공유	기능 최적화
환경	폐쇄성 (Server-to-Client)	개방성 (PC-to-PC)	투명성 (B-to-C, B-to-B)	사람+컴퓨터+사물 통합
도구	전사기기(OA)	정보시스템(MIS)	지식관리시스템(KMS)	유비쿼터스 컴 + 넷
성과	인력감축	정보유통	지식학습	공간화
주요분야	데이터 입출력	정보자원관리	지식관리	공간(환경과 사물)관리
평가기준	능률성 수준	논리탐색 가능성 수준	창조, 협업화 수준	연계성, 무결점화 수준
정보기반	메인 프레임	PC + 인터넷	PC + 유무선 인터넷	포스트PC+센서네트워크
경제원리	전통적인 경제	네트워크 경제	지식기반경제	공간간 시너지 경제
정책영역	공공부문	공공 + 민간	공공 +민간 + 국제	제3공간+전자+물리공간
시대	50년대 ~ 80년대	90년대	90년대 말 ~ 현재	2003년 ~ ?

(4) 마크 와이저의 분류

마크 와이저는 제록스에서의 실험을 통하여 유비쿼터스에 대한 비전을 최초로 제시했던 인물이다. 그는 컴퓨팅패러다임의 발전을 3단계의 물결로 제시하였다〈그림 1-2〉. 첫 번째 물결은 메인프레임으로서, 이는 하나의 컴퓨터를 여러 사람이 공유하는 환경이라고 하였다. 두 번째 물결은 현재 우리들이 경험하고 있는 단계로서 개인적 컴퓨팅 영역(Personal Computing area)이라고 지칭하였다. 이는 결정적으로 개인용 컴퓨터와 클라이언트-서버 컴퓨팅에 힘입은 바가 크다. 마지막 3번째 물결이 이제 막 태동을 하려고 하는 유비쿼터스 컴퓨팅이며, 다른 말로 조용한 기술의 시대(The age of calm technology)라고도 하고, 애플사의 알란 케이는 컴퓨팅의 세 번째 패러다임이라고 불렀다.

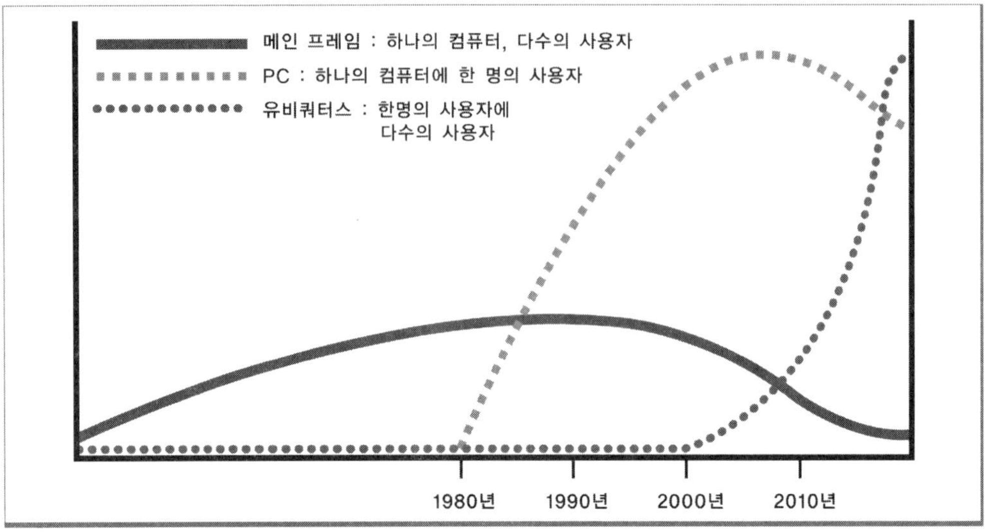

〈그림 1-2〉 컴퓨팅 패러다임의 진화

알고 넘어갑시다!

- **메인프레임(Main Frame) :** 기억용량이 크고 처리속도가 빠르며 여러 명의 사용자가 동시에 이용할 수 있는 대용량, 대규모 컴퓨터. 이 용어가 나온 것은 초창기 컴퓨터가 수천 개의 진공관을 설치한 여러 개의 기관을 철골 뼈대 안에 조립한 형태로 이뤄졌기 때문이다. 1960년대 이전은 오직 대형 컴퓨터만 존재했던 시절로 대형 컴퓨터의 전성기였다.
- **클라이언트-서버(Client-Server) :** 시스템으로부터 서비스를 받는 컴퓨터(클라이언트)와 서비스를 제공하는 컴퓨터(서버)가 제휴를 하여 애플리케이션을 실행하는 방식. 클라이언트가 서버에 처리, 검색 등을 의뢰하고 서버상에서의 처리 결과만을 클라이언트에 보낸다.
- **포스트 PC :** PC를 대체하는 네트워크 정보 장비로서, 일반적으로 네트워크에 접속 가능한 전자장치를 총칭하는 용어이며 홈오토메이션 장비와 네트워크 카드, 오디오 플레이어, 휴대용 PC등을 모두 아우르는 개념.

1.2 유비쿼터스의 탄생배경

유비쿼터스라는 하나의 패러다임이 태동하기 위해서는 산업혁명에서의 증기기관과 같이 기술적인 동력이 필요하였다. 인류역사상 제 3의 혁명이라고 불리는 유비쿼터스의 동력이 된 기술적 기반을 크게 나누면, 개인 컴퓨팅의 확산, 인터넷과 모바일 인프라의 보편화, 나노기술과 바이오 기술의 발달, 서로 상이하고 독립적인 기술 간의 융합이라고 볼 수 있다.

(1) 개인 컴퓨팅의 확산

데이터 처리는 더 이상 거대 기업의 특권만이 아니다. 개인용 컴퓨터는 이제 사무실과 가정을 장악하였으며 더 나아가 PDA, 스마트폰 등의 기기가 컴퓨팅의 도구로 점차 확산되어가는 추세다. 불과 20여 년 전만 하더라도 컴퓨팅 자원은 전산실 혹은 정보처리부서의 고유영역이었으나 오늘날은 이 중 상당 부분을 자신의 개인용 컴퓨터에서 정보 수요자 스스로 처리를 한다. 또한 개인용 컴퓨터는 오늘날의 통신, 엔터테인먼트, 상업, 금융, 산업의 본질적인 부분이 되었다. 개인용 컴퓨팅 기기는 점점 더 경량화, 고기능화로 발전하면서 이동성의 보장을 높이고 있다.

- **PDA(Personal Digital Assistance) :** 개인용 정보단말기라 불리는 PDA는 개인용 컴퓨터보다 더 작고 가벼워서 이동성을 보다 더 용이하게 해 준다. 펜 모양의 스타일러스는 애플리케이션을 활성화시키거나 데이터 입력을 위해서 터치스크린 위를 두드리는데 사용된다. 현재 PDA의 대표적인 운영체제로 팜 OS와 윈도우즈 CE가 사용되고 있다. (현 PDA의 예 : i-Pad, Gallaxy-Tab)
- **미니 노트북(넷북 : Netbook) :** 크기, 무게, 처리능력, 기능성 면에서 PDA와 일반 노트북의 중간 크기에 있지만 일반적으로 넷북은 PDA보다는 더 많은 메모리와 CPU 크기, 그리고 적당한 크기의 액정 화면을 갖고 있다. 또한 작은 크기의 키보드도 장착하고 있어 데이터 입력이 훨씬 용이하다는 장점을 갖고 있다.
- **개인용 휴대전화 :** 이미 통화만을 위한 것이 아니다. 문자와 이미지의 전송, 인터넷의 접속과 같은 기능은 이미 보편화된 기술이며, 적외선 포트나 블루투스 기술을 이용하여 다른 기기와의 로컬 데이터 교환을 하는 단계까지 왔다. 개인용 휴대전화의 표준으로는 GSM, CDMA, TDMA가 있다.
- **스마트폰 :** 개인용 휴대전화를 PDA Organizer와 결합하여 모든 것을 하나에 집어넣은 통신시스템이다. 스마트폰의 대표적인 제품으로 애플의 i-phone, 삼성의 Galaxy, 노키아의

Communicator 9110과 에릭슨의 R380이 있다〈그림 1-3〉.

〈그림 1-3〉 노키아의 스마트폰

• **스크린폰** : 전화와 인터넷 터미널의 결합이라고 볼 수 있다. 스크린폰의 주된 목적은 간단하고 편안한 사용성의 보장이다. 특히 컴퓨터의 복잡한 사용방법을 꺼리는 사용자(주로 노년층과 같은 정보화 소외계층)들이 한 번의 클릭으로 네트워크에 접속하여 정보검색이나 전자상거래, 메일 전송 등의 작업을 할 수 있도록 해준다. 일반전화와 마찬가지로 스크린폰도 이미 설치된 상태에서 고객에게 제공되며 전화선에 플러그를 꽂자마자 사용할 수 있다.

(2) 인터넷과 모바일 인프라의 보편화

인터넷은 컴퓨터와 통신에 대혁명을 가져왔다. 인터넷은 지역의 위치에 관계없이 컴퓨터와 개인들간의 협력과 상호 작용을 위한 수단이며 정보를 확산, 재생산시키는 도구로서 자리매김하였다. 최근에는 WAP과 같은 모바일 인터넷 솔루션을 통하여 이동통신과 인터넷의 결합이 이뤄지면서 위치와 공간의 제약을 한층 더 약화시키는 시너지 효과를 낳고 있다.

인터넷은 1960년대 후반 미·소 냉전 체제가 심화될 즈음, 미 국방성에서 핵전쟁 시에도 파괴되지 않는 컴퓨터 통신망을 구축하고자하는 군사적 목적에서 시작되었으며 최초로 형상화된 것은 ARPANET(Advanced Research Project Agency NETwork)의 개발이었다. 이것은 UCLA, 스탠포드, 유타 주립대, UC 산타바바라등 4개 대학을 연결하면서 시작되었고 그 후 미국의 정부기관과 교육기관으로 확산되어 갔다. 1983년 ARPANET이 순수 민간목적으로 전용되면서 이용이 급속도로 확산되어 갔으며 1985년 미국 국립과학재단(NSF)이 TCP/IP 프로토콜을 기반으로 한 NSFNET을 형성함으로 비로소 오늘날과 같은 인터넷의 면모를 갖추게 되었다. NSFNET은 일반인에게도 인터넷을 사용할 수 있도록 개방하였다는 점에서 인터넷 발전의 촉매가 되었다는 평가를 받고 있다. 1990년대 초 유럽의 입자물리연구소인 CERN에서 World Wide Web(WWW)라는 서비스를 구상하고 만들어냄으로써 인터넷 이용의 일대 혁신을 이뤘으며 전미슈퍼컴퓨터 응용연구소(NCSA)에서 일반인들도 쉽게 정보를 검색하고 조회할 수 있는 브라우저인 Mosaic을 개발을 함으로써 인터넷의 확산은 급물살을 타기 시작했다. 1993년 이전까지 인터넷 발달과정을 그림으로 나타내면 〈그림 1-4〉와 같이 표현할 수 있다. 전 세계적으로 연결된 인터넷망을 구축한 인류는 이에 만족하지 않고 이동성과 편재성을 강화한 모바일 인터넷 개발에 성공하였다. 이는 통화 목적으로 들고 다니던 휴대용 전화에 인터넷 솔루션을 접목할 수 있는 가능성을 보여준 것이라고 할 수 있다. 인터넷 접속의 진화과정을 나타내는 〈그림 1-5〉는 인터넷이 시분할에서 임베디드 모델로 진화하는 과정을 보여주고 있으며 PC에 의존하던 경향에서 벗어나 다양한 기기를 사용하고 있는 변화의 모습도 보여주고 있다. 한마디로 끝없이 다양한 기기 내에 내장된 기능을 통하여 인터넷에 접속할 수 있다는 것을 시사하는 것이다. 이러한 기기로 인터넷의 기능을 이용해 컨텐츠와 서비스, 애플리케이션을 사용자에게 제공하는 시기가 도래하였고 인터넷을 넘어 스마트폰에서 정보제공를 받고 있다.

〈그림 1-4〉 인터넷의 발달 과정

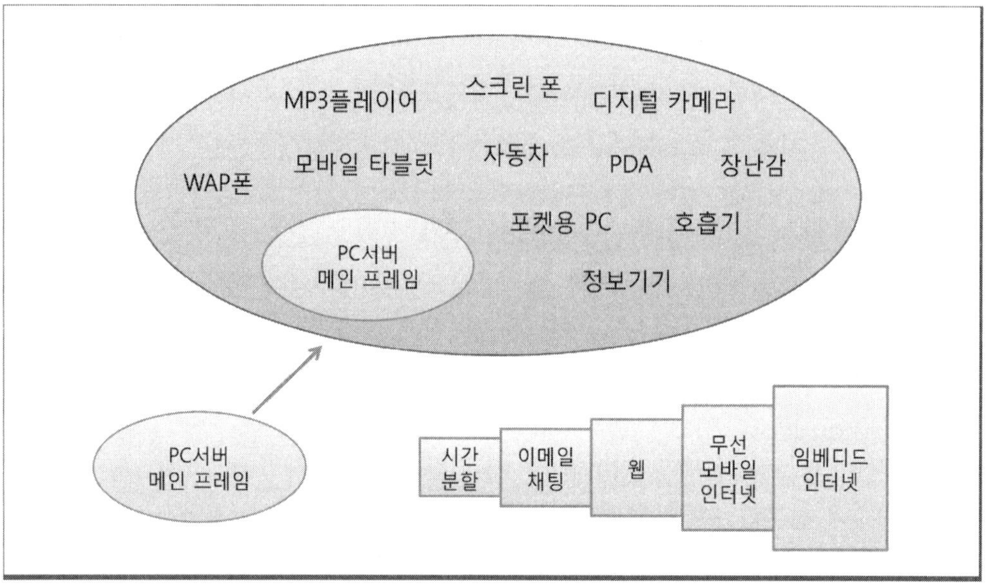

〈그림 1-5〉 인터넷 접속의 진화

이러한 시기를 앞당기기 위해 인터넷의 이동성과 편재성을 강화시켜 줄 기술들이 끊임없이 연구, 개발되고 있으며 128비트 인터넷주소체계(IPv6), 초광대역통신(UWB), 개인무선망(WPAN)등이 그 대표적인 것들이다.

- **IPv6 :** 유무선 통합, 방송 통신 융합의 시대에서 모든 네트워크를 인터넷 기반으로 통합하는 이른바 'All IP' 기반의 인터넷 주소체계를 말한다. 이것은 현재의 주소체계인 IPv4가 갖고 있는 주소 고갈의 문제를 말끔히 씻어줄 뿐만 아니라 디지털 미디어 기기들이 서로 P2P 방식으로 소통할 수 있게 해준다.

- **초광대역통신(UWB : Ultra-WideBand) :** 아주 짧은 펄스를 수 GHz 폭의 넓은 대역으로 확산시켜 통신하는 기술이다. 저 전력으로 대용량의 데이터를 고속으로 전송할 수 있는 장점이 있는 UWB는 이른바 개인무선망(WPAN)의 기반기술이 될 것으로 보이며, 디지털 미디어 환경을 바꿔놓을 기술로 일컬어지고 있다. UWB가 구현되면 가정이나 회사 사무실에서 휴대폰 등의 개인 미디어 기기로 손쉽게 100Mbps 이상 네트워크에 접속함으로써 초광대역의 WPAN을 손쉽게 구현할 수 있다.

- **WPAN(Wireless Personal Area Network) :** 직접 통신하여 애플리케이션 간에 끊김 없이 정보를 교환할 수 있도록 개인 장치 간 구성된 네트워크를 WPAN이라 한다. WPAN을 이용하여 회의에 참석한 사람들간에 문서나 발표자료 등을 공유할 수 있고, 무선 LAN의 AP(Access Point)나 휴대폰을 통해 인터넷에 접속할 수도 있다. WPAN은 기반시설과 거

의 상관이 없으므로 다양한 장치에 구현할 수 있는 값싸고 전력효율이 좋은 솔루션이다. 그리고 적용되는 장치는 컴퓨터, PDA, 휴대용 컴퓨터, 프린터, 마이크, 스피커, 헤드셋, 바코드 판독기, 센서, 디스플레이, 호출기 등과 같이 몸에 지니거나, 가지고 다니면서 사용할 수 있는 것들이다.

(3) 나노기술과 바이오 기술의 발달

유비쿼터스를 가능케 해주는 또 하나의 경향이 나노기술과 바이오테크놀로지의 결합이다. 이 두 기술의 결합을 통하여 통신이나 정보화 기기의 경량화, 미세화가 가능해졌다고 볼 수 있다.

- **나노기술 :** 나노미터(nm, 1미터를 10억 개로 나눈 길이) 크기의 물질(나노물질)이 갖는 독특한 성질과 현상을 찾아내고, 이러한 성질을 찾는 나노물질을 정렬시키고 조합하여 유용한 성질의 소재, 디바이스 그리고 시스템을 생산하는 과학과 기술을 총칭한다. 노벨화학상 수상자인 코넬 대학의 Roald Hoffman 교수는 나노 기술에 대해 다음과 같이 정의하였다.

> "나노기술은 매우 섬세한 성질을 지닌 매우 작은 축조물들을 천재적인 능력으로 매우 우아하고 정밀하게 그리고 환경 친화적으로 축조하는 방법이다."

나노기술은 인간이 만든 도구로 원자와 분자를 조작할 수 있게 해 주었다. 광학이나 온도의 전도와 관련된 모든 것들은 물질의 원자구조를 약간만 달리해도 완전히 달라진다. 이러한 이유 때문에 콜롬비아 대학의 Horst Stromer 교수는 "새로운 가능성을 창조할 수 있는 가능성은 무한해 보인다."라고 하였다.

나노기술은 딱딱하고 깨지기 쉬운 유리와 같은 물질을 더 부드러운 유기물로 만들어 주기도 하며, 투명한 자외선 차단제를 만들 수 있게 해주기도 한다. 생활 속의 나노기술들은 다음과 같은 것들을 들 수 있다.

- **은나노 기술 :** 단세포 병균을 즉사시키는 은의 특성을 나노기술에 적용하여 생활용품에 최대한 청결함을 가능하게 해주는 기술이다.

- **탄소나노튜브 :** 강도가 강철의 100배에 달하며 열전도율은 다이아몬드보다 높은 탄소나노튜브의 경우 전자제품의 다양한 분야에 응용될 수 있는데 이를 전자총으로 사용할 경우 모니터에서 나오는 전자파를 흡수할 수 있으며, 가전제품에 소재로 사용할 경우 정전기 발생을 억제하는 역할을 한다.

선진국들은 나노기술 개발에 적극 투자하고 있다. 미국이 2002년에 6억 달러를 투입하였고, 일본은 92년부터 10년 프로그램으로 2억 5천만 달러를 투입하였으며, 유럽연합은 2002년부터 2006년까지 총 13억 유로를 투입하였다.

- **바이오테크놀로지** : 바이오테크놀로지라는 용어는 1917년 헝가리 공학자인 카를 이레키가 처음 사용했다. 그는 바이오테크놀로지를 "살아있는 생명체의 도움을 얻어 원료 물질로부터 유용한 물질을 생산하는 모든 작업"이라고 기술했다. 현재는 바이오테크놀로지를 다양하게 정의하고 있으나, 일반적으로 "살아있는 생명체를 직접적으로 이용하는 기술, 또는 생명체로부터 추출된 물질을 이용해 유용한 제품을 생산하거나 서비스를 창출해내는 기술"을 말한다. 최근 이 기술이 주목받게 된 것은 DNA 조작 기술이 보편화됨으로써 상상의 세계에서나 일어날 것으로 생각됐던 생명체의 조작이 가능해졌기 때문이다. 즉 이제는 생명체의 생산능력을 포함해 여러 가지 특성들을 원하는 대로 변형시켜 새로운 가치를 창출해낸다는 것이 더 이상 상상이 아니라 현실로 인식되고 있기 때문이다. 이 기술은 현재 미국이 선도하고 있으며, 2000년대 초반 이미 300여 기업이 주식 시장에 상장되어 있고 10대 거대 생명공학 기업의 매출이 2010년까지 연간 19%씩 꾸준하게 성장해오고 있는 실정이다.
- **나노생명공학** : 나노미터를 척도로 하는 생산 지식기술과 바이오테크놀로지에 대한 지식의 결합이라고 볼 수 있으며 원자나 분자 단위에서 생물체를 다루는 것이 아니라 유전자, 효소, 호르몬, 항체 등의 물질 단위를 주로 다루는 기술이다. 나노생명공학의 주요한 연구 분야는 다음과 같다.
  - **DNA 컴퓨터** : 인간세포에서 일어나는 정보처리과정을 활용한 기술로서 DNA 유전 분자에 정보를 저장하고 처리하는 방법을 제공한다. DNA 컴퓨터는 에너지 효율이 기존 컴퓨터의 10억 배, 저장용량은 1조 배 프로세서 성능은 1,000조 배 가량 높을 전망이다.
  - **나노 로봇** : 인간으로부터 영향을 받지 않고, 자발적, 지능적으로 행동하는 로봇이나 기계를 지칭하며 인체의 혈액 순환계로 들어가 병원체나 퇴화한 세포, 바이러스 등을 공격하는 역할을 주로 한다.
  - **DNA칩** : 모든 유전자를 대상으로 발달 및 성장 상태에 따라 다른 유전자 발현을 분석하게 하는 도구이며 의학, 환경진단, 치료법 관리, 식품, 제약산업 품질관리 등에 사용 가능한 현장분석 시스템 개발이 목표이다.

(4) 기술 혹은 제품의 유사화, 복합화

컨버전스(Convergence)는 서로 다른 제품 또는 기술들이 유사화 또는 복합화 되면서 기존 시장 영역간의 경계가 불분명해지는 현상을 말한다. 여기서 유사화란 기존에 서로 다른 고객가치를 제공하던 기술 또는 제품들로부터 유사한 고객가치를 제공하는 것을 말하며, 복합화는 서로 다른 기술 또는 제품들이 결합하여 새로운 고객가치를 창출하는 것을 지칭한다. 컨버전스의 단계는 〈표 1-2〉와 같이 정의할 수 있다.

〈표 1-2〉 컨버전스의 단계

Technology Convergence	기술 발전에 의해 상이한 기술로부터 유사한 가치를 제공
Offering Convergence	기술융합에 따른 새로운 시제품의 출시 및 고객 수용의 확산
Business Convergence	제품 및 서비스의 유사화 및 복합화에 따라 사업영역의 경계가 중첩
Industry Convergence	산업 간의 경계가 허물어짐에 따라 전통적인 산업구분의 재조정

컨버전스의 효과로 각 산업의 가치사슬간의 융합화와 복합화가 발생하고, 이에 따라 새로운 가치사슬구조가 구축된다. 즉 산업별로 개별적인 가치사슬이 존재하던 것이 수평적 통합을 일으키며 다른 산업의 가치사슬로의 수직적 확장 및 영역 재구성이 발생함을 의미한다.

컨버전스는 기업경영에 새로운 패러다임을 유발시킬 뿐만 아니라, 디지털 기술의 발달과 디지털 기기의 확산을 통한 디지털 컨텐츠의 높은 상호운용성으로 인해 다양한 네트워크 및 매체를 통해 고객으로의 전달이 가능해지고 새로운 비즈니스 모델을 개발할 수 있게끔 해준다. 〈그림 1-6〉에서는 다양한 경로를 통한 컨텐츠의 전달을 보여주고 있다. 또한 다양한 네트워크의 광대역화가 진행되고 새로운 네트워크의 유형이 등장할 것이며 음성과 데이터, 유선과 무선 등 다양한 네트워크 간의 통합된 서비스의 제공이 가능해진다. 다양한 플랫폼의 통합이 바로 그것이다. 고객 니즈(needs)의 고도화는 이를 충족시켜주는 새로운 컨버전스 서비스의 필요성을 증대시켜 준다. 고객 니즈의 고도화란 다음과 같다.

- **편리성의 추구** : 고객의 시간적 여유가 줄어들고 여가의 중요성이 증대됨에 따라 비용과 시간을 절약할 수 있고 일상생활을 편리하게 할 수 있는 고객가치를 선호하게 되는 현상을 말하며, 텔레매틱스나 MP3 플레이어와 같은 제품을 예로 들 수 있다.

- **고품질의 추구** : 고객의 제품이나 정보에 대한 지식과 숙련도가 증가하고 서비스에 대한 기대수준이 높아짐에 따라 고품질, 고성능의 제품에 대한 선호가 증가하는 현상을 말하며 이를 충족시켜주는 제품으로 HDTV나 DVD 등을 들 수 있다.

- **개인화의 추구** : 사회전반의 생활양식이 급변하고 개개인의 생활태도가 다양화됨에 따라

자신에게 맞춰지고 자기 의사를 반영할 수 있는 서비스에 대한 선호가 늘어나는 현상을 말하며 PIMS(Personal Information Management System : 개인정보관리시스템)나 PFMS(Personal Financial Management Service : 개인재무관리)와 같은 서비스를 대표적으로 들 수 있다.

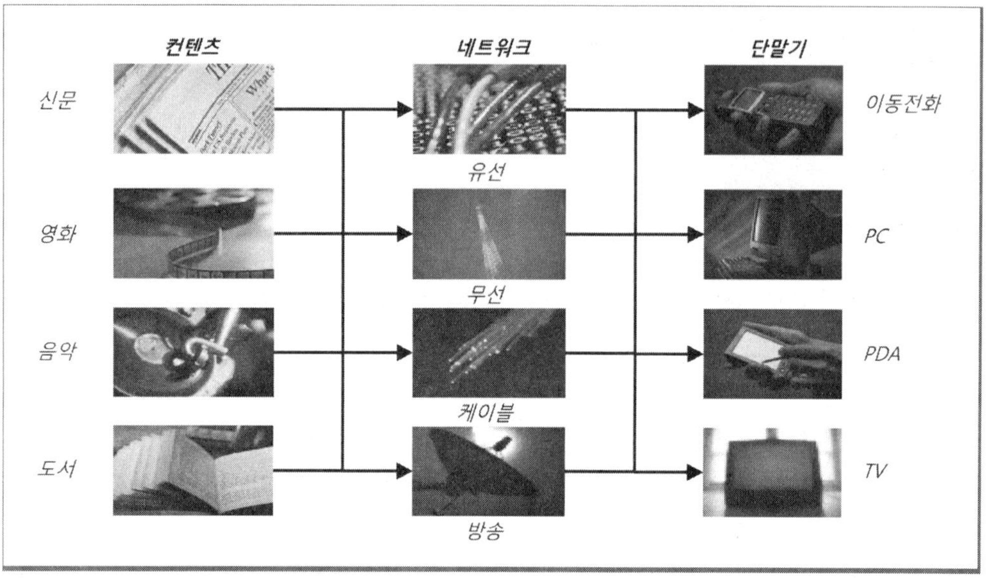

〈그림 1-6〉 다양한 경로를 통한 고객가치의 전달

(5) 디지털 노마드

1만년전 대부분의 인류는 목초지를 이동하면서 떠도는 유목민이었다. 농경이라는 1차 혁명으로 인하여 정착이 시작되었지만 21세기가 열리면서도 다시 이러한 떠돌이 문화를 다시금 경험하고 있다. 그것은 이동통신과 인터넷 망 그리고 소형 정보기기를 사용하여 언제 어디서든지 타인과 접속하고 소통을 할 수 있는 신유목민의 등장을 말하는 것이며 미디어 학자들은 이들을 디지털 노마드(Nomad)라고 부른다. 20세기 미디어 이론가인 마셜 맥루한은 30년전 "사람들은 바르게 움직이면서 전자제품을 이용하는 유목민이 될 것이며 세계 각지를 돌아다니지만 어디에도 집이 없을 것이다"고 예견하였다. 노마드라는 문화현상을 구체적으로 체계화한 사람은 프랑스의 사회학자 자크 아탈리였다. 그는 1999년 『21세기 사전』을 저술하면서 미래의 도시 유목민을 극빈 유목민과 가상 유목민, 디지털 유목민의 3종류로 분류하였다. 극빈 유목민이란 멀리 가지 않고 모든 것을 포기하면서 단순히 먹을 것을 위해 이동을 하며, 가상 유목민은 계층 피라미드에서 중간에 위치하면서 다른 사람의 유목을 관망하는 것으로 만족하는 계층이라고

하였다. 그리고 가장 상층에 위치한 디지털 유목민은 디지털 장치로 무장하고 모든 종류의 소통과 창조 수단에 접근할 수 있는 신 엘리트라고 정의하였다.

- **디지털 노마드의 생활특성 :** 디지털 노마드의 가장 중요한 특성은 최첨단 정보기술을 적극적으로 활용한다는 점이다. 이들은 첨단 정보기술을 이용하여 생활에 필요한 정보를 찾고 또 제공하기도 하는 쌍방향 커뮤니케이션을 통해 개인 생활을 하고 사회생활을 한다. 스마트폰이나 PDA 또는 무선 인터넷을 이용하여 언제 어디서나 네트워크 망에 접속을 하고 이를 통해 시간과 공간의 제약을 뛰어 넘는다. 이들을 MP3 플레이어를 귀에 꽂고 스포츠를 즐기며, 수시로 e-메일을 확인하고, 좋아하는 풍경이나 장면을 포착하면 디지털 카메라로 찍어 대는 세대이다. 이러한 디지털 노마드에게 가장 적절한 인터넷 서비스가 1인 미디어라고도 불리는 블로그(Blog)이다〈그림 1-7〉. 블로그는 구속을 거부하는 새로운 매체라는 점에서 디지털 노마드와 밀접한 연관을 갖고 있다. 누구든지 인터넷 상의 자신의 블로그에 손쉽게 글이나 멀티미디어 자료를 올릴 수 있으며, 그렇게 올려진 자료는 다른 노마드들에 의해 실시간으로 평가받거나 복제 및 재생산을 하면서 쌍방향 소통이 이뤄진다. 세월이 흐르면 이들 자료 사이에 강력한 네트워크가 구축이 되면서 방대한 자료가 형성된다는 장점이 있다.

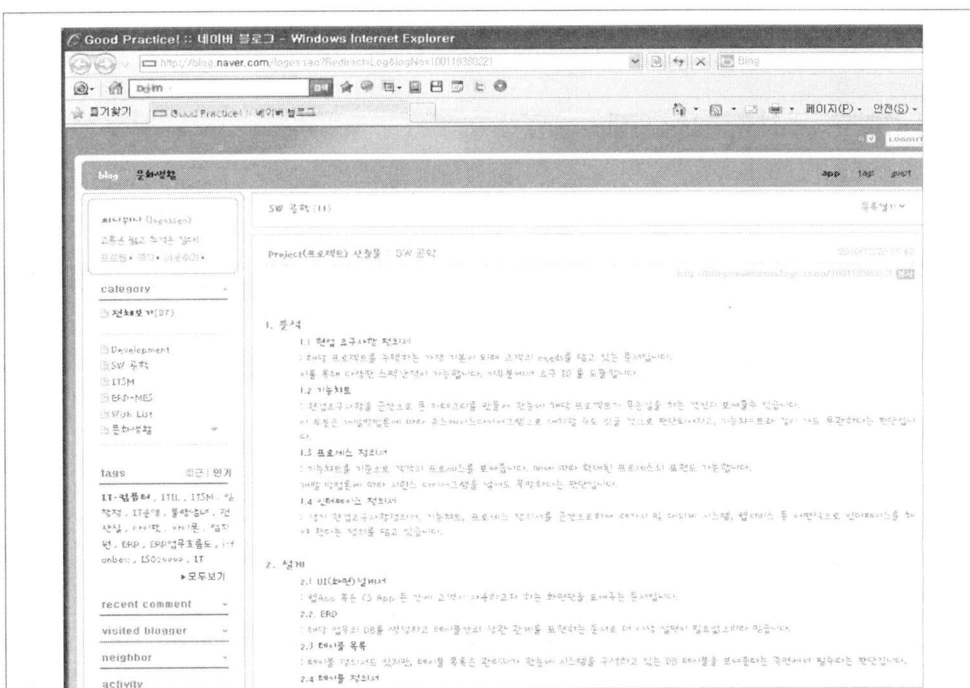

〈그림 1-7〉 블로그 화면 예

디지털 노마드는 자동차에 있어서도 정보의 욕구를 그치지 않는다. 요즘 각광받는 텔레매틱스 서비스는 이들의 성향에 가장 적합한 서비스라고 할 수 있다. 텔레매틱스(Telematics)란 통신(Telecommunication)과 정보과학(Info matics)을 결합한 합성어로 자동차, 이동 통신, 단말기, 컨텐츠와 애플리케이션이 유기적으로 통합된 자동차용 차세대 정보제공 서비스이다. 이것은 현재 보급되어 있는 네비게이터 서비스보다 진일보한 것으로 무선통신과 GPS(Global Positioning System)기술을 이용하여 자동차에 시기적절한 위치 정보, 안전, 오락 및 금융, 예약, 상품구입 등의 서비스를 제공하는 것을 말한다.

노매딕 컴퓨팅은 유비쿼터스 컴퓨팅과 일맥상통한다. 유비쿼터스가 네트워크 라는 기술적인 측면에서 접근하였고, 노매딕 컴퓨팅이 사회적인 현상으로부터 생성되었다는 점이 상이하기는 하지만 그것을 구현하기 위한 실질적인 기술은 거의 일치한다고 볼 수 있다.

1.3 유비쿼터스의 정의

(1) 유비쿼터스 컴퓨팅의 개념

최근 새로운 IT패러다임인 유비쿼터스 컴퓨팅(Ubiquitous Computing)이 화두로 등장하고 있다. 많은 전문가들이 농업혁명, 산업혁명, 정보혁명과 맞먹는 제4의 혁명으로 간주되는 유비쿼터스 컴퓨팅이 미래 정보통신 시장의 판도를 바꿀 새로운 패러다임이라는 데 동의하고 있다. 즉, 생활공간과 사이버 공간의 지능적 결합을 의미하는 유비쿼터스 컴퓨팅을 통해 인간 삶의 질을 높일 수 있는 새로운 '지능적 통합공간'이 창출될 것으로 기대한다.

- **유비쿼터스 컴퓨팅의 의미** : 유비쿼터스 컴퓨팅이란 과연 무엇일까? 많은 사람들이 유비쿼터스 네트워킹을 유비쿼터스 컴퓨팅이라고 생각하고 있는 것 같기도 하다. 유비쿼터스 컴퓨팅이라는 말을 처음 사용한 마크 와이저(Mark Weiser, 1952~1999, Xerox PARC)는 사람을 포함한 현실공간에 존재하는 모든 대상물들을 기능적 · 공간적으로 연결하여 사용자에게 필요한 정보나 서비스를 언제 어디서나 즉시에 제공할 수 있는 기반 기술의 총합으로서 유비쿼터스 컴퓨팅(또는 유비컴)을 정의하였다.

유비쿼터스 컴퓨팅은 다음과 같은 의미를 갖고 있다.

첫째, 물, 공기처럼 '도처에 있다' 즉. '언제, 어디서나' 존재한다는 라틴어에서 유래하였다.

둘째, 언제, 어디서나 시간과 공간을 초월하여 자유롭게 네트워크에 접속할 수 있다는 것을 의미한다.

셋째, 컴퓨터뿐만 아니라, 가전제품 등 다양한 장비가 네트워크를 이용한다.

넷째, 유비쿼터스 혁명은 가상공간과 현실세계를 통합한 새로운 유비쿼터스 공간의 창조를 의미하며, 언제, 어디서나 제한없는 상호 접속을 지향한다.

다섯째, 컴퓨팅 그리고 나노기술, 바이오테크놀로지의 융합이 가져다 줄 차세대 IT 혁명으로서의 사회, 경제적 변혁의 총체를 의미한다.

유비쿼터스 컴퓨팅의 특징은 다음과 같다.

첫째, 네트워크에 연결(connection)되지 않은 컴퓨터는 유비쿼터스가 아니다.

둘째, 인간화된 인터페이스(calm technology)로서 눈에 보이지 않아야(invisible)한다.

셋째, 가상공간이 아닌 현실 세계의 어디서나 컴퓨터의 사용이 가능해야 한다. (embodied virtuality)

- **유비쿼터스 네트워크** : 기존의 물리적 공간과 정보통신기반의 전자적 공간을 연결하는 새로운 공간을 지칭하는 말이며 〈그림 1-8〉과 같은 구성을 기반으로 서비스를 제공한다. 이것은 일본 노무라 연구소의 무라카미 이사장이 제안한 개념이다. 그는 1988년에 마크 와이저가 유비쿼터스 개념을 주창하였을 때는 인터넷이라는 글로벌한 네트워크 인프라가 없었다는 점에 주안점을 두고 네트워크로서의 유비쿼터스의 중요성을 강조하였다. 그가 정의 내린 유비쿼터스 네트워크의 개념은 다음과 같다.

- 고정, 이동, 유·무선, 통신, 방송이라는 모든 영역을 넘어 장소에 구애를 받지 않고 언제든지 접속이 가능한 모바일 특성의 브로드밴드 네트워크이다.
- 대형 컴퓨터나 개인용 컴퓨터 뿐만 아니라 휴대폰, PDA, 게임기, 디지털 TV, 가전기기, 전자태그 등 각종 기기나 센서가 IP(Internet Protocol)등의 프로토콜을 사용하여 서로 연결된 상태가 된다.
- 텍스트나 정지영상 뿐만 아니라 동영상 및 음성 컨텐츠, 다양한 정보의 송수신, 전자상거래 등에 활용이 가능하다.

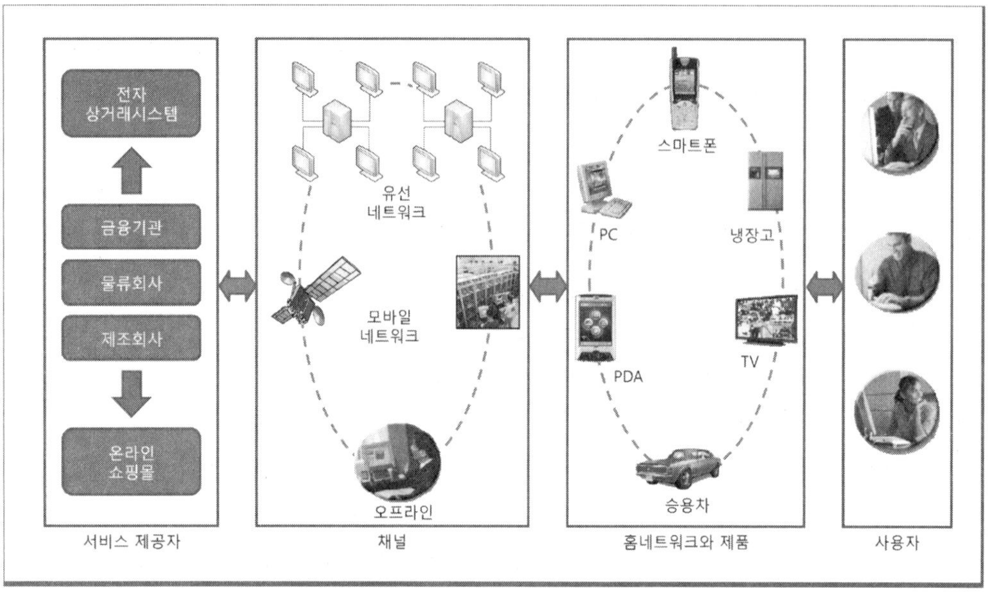

〈그림 1-8〉 유비쿼터스 네트워크 구성도

유비쿼터스 네트워크는 '모든 것의 네트워크화'라는 지향점으로 진화할 것이다. 이것은 서버 측에는 IPv6(IP 증가, 양방향통신의 수용)와 AON(대용량 고속전송)의 방향으로, 단말 측에는 비컴퓨터계 단말의 증가와 대량정보의 발생 방향으로, 응용측면에서는 망 기반 애플리케이션과 자율 서비스형 애플리케이션이 증가하는 방향으로 변화함을 의미한다.

이를 소화하기 위한 유비쿼터스 네트워크의 기술적 요구사항으로는 다음과 같은 것들이 있다.

- 기기들의 소형화 : 휴대나 장착이 용이하도록 정보화 기기의 크기가 지금보다 더 소형화되어야 한다.
- 저 전력 소비 네트워킹 설비 : 전력소모가 적은 네트워킹 설비가 필요하다.
- 기기들의 내구성 : 극지대나 사막과 같이 통신이 어려운 극한 환경에서의 작동능력이 요구된다.
- 정밀한 거리 및 위치추적 능력
- 대용량 정보처리를 위한 슈퍼컴퓨팅, 자율적 망 관리
- 물리적 망 기반 가상망 서비스의 발달
- IP에 사물정보 표시 포함 : 현재 진행 중인 IPv6 체계의 일부 보완이 필요하다.
- 비컴퓨터계 단말 접속의 수용 : 전화기나 가전기기, 심지어는 의약품이나 소형 휴대품 같은 물건도 상호 접속하여 데이터나 애플리케이션을 이용할 수 있어야 한다.

유비쿼터스 컴퓨팅의 패러다임 : 유비쿼터스 컴퓨팅은 다음 네 가지 패러다임에 기초한다.

- **분산화 :** 유비쿼터스 컴퓨팅은 강력하게 중앙시스템에 집중된 환경으로부터, 분산화된 환경으로의 이동을 의미한다. 메인 프레임이 컴퓨팅 자원의 대부분을 차지하던 시대에는 고성능의 대형 컴퓨터가 처리한 내용을 사용자는 단지 단말기를 통하여 조회를 하거나 출력을 할 수 밖에 없었다. 그러나 개인용 컴퓨터와 클라이언트 서버 시스템이 소개된 이후로는 컴퓨팅 능력이 대형 컴퓨터로부터 워크스테이션으로 상당부분 이전되었다고 볼 수 있다. 유비쿼터스 환경에서는 이보다 일보 전진하여 특정한 기능을 수행하는 다양한 기기들이 이러한 일들을 분담하게 된다. PDA, 개인휴대전화, 노트북 컴퓨터와 같은 다양한 휴대 기기들의 최신 정보를 동기화하며 자신의 애플리케션이나 정보를 다른 기기가 이용할 수 있도록 접근성을 보장하는 능력이 전제되어야 한다.

- **다양성 :** 다양성은 컴퓨터 시스템의 기능성에 영향을 준다. 오늘날의 사용자들은 개인용 컴퓨터를 임의의 제조사로부터 구입하고, 그 시스템에 자신이 필요로 하는 소프트웨어를 설치하여 사용한다. 사용자는 대체로 범용성을 지닌 하나의 컴퓨터 시스템을 통하여 문서작성, 데이터 처리, 웹 서핑 등과 같은 여러 가지 일들을 한다. 개인용 컴퓨터의 장점은 바로 이러한 범용성에 있었다. 소프트웨어만 바꿔주면 어떠한 일도 하나의 장비에서 할 수 있다는 것이다. 유비쿼터스 컴퓨팅은 이와는 전혀 상반된 새로운 견해를 세시한다. 그것은 어떤 특정한 요구 사항에 대해서 그것을 성능, 비용, 기능면에서 가장 적절하게 충족시켜줄 수 있는 기기가 서비스를 한다는 것을 의미한다. 스마트 폰, PDA와 같은 최근에 등장하는 기기들은 특정 애플리케이션에 맞게 전문화된 기능을 제공한다. 더 나아가 가전기기나 주방기기, 자동차와 같은 기기들이 현재 컴퓨터가 하고 있는 기능들을 상당부분 대체하는 시대가 도래하고 있는 것이다. 이와 같은 다양성의 증가는 한 가지 커다란 과제를 안고 있다. 그것은 이러한 다양한 기기의 상이한 기능을 어떻게 관리할 것인가이다. 사용자 인터페이스는 기기들 간에 가장 확연하게 상이한 요소일 것이다. 몇몇 기기들은 마이크로소프트 윈도우 시스템과 유사한 인터페이스를 갖는 컬러 스크린을 제공하겠지만, 또 다른 기기들은 작은 모노크롬 디스플레이로 표시가 될 것이다. 17인치 모니터에 맞도록 설계된 컨텐츠를 스마트 폰이나 PDA에서 보도록 하려면 필연적으로 필터링과 변환의 과정이 필요하다. 그 외에 스타일러스나 기능 키, 음성 또는 문자인식 등과 같은 데이터 입력 메커니즘도 인터페이스 장치를 특별하게 만든다.

- **연결성 :** 연결성에 대한 강력한 요구 또한 유비쿼터스 컴퓨팅의 특징이라고 할 수 있다. 다양한 기기가 경계와 단절 없이 IT환경에 완전히 통합되는 세계가 유비쿼터스 컴퓨팅 환경이다. 이들은 적외선이나 라디오, 전파, 블루투스 등을 통하여 정보를 전달하고, 때때

로 플러그로 연결되어지고, 정보전달의 수단으로 전력선을 활용하기도 하고, 다양한 백엔드 시스템과 무선으로 통신할 것이다. 전자메일이 서로 이질적인 기기 간에 교환되고, 휴대용 전화기가 국제 로밍협약에 의해 외국 통신네트워크에 접속하며, PDA가 적외선 네트워크를 통하여 휴대용 전화기와 데이터를 동기화한다. 이러한 연결성을 IBM의 CEO였던 Lou Gerstner는 이렇게 표현하였다. "모든 소프트웨어가 모든 이의 하드웨어에서 어떠한 네트워크를 통해서든 실행된다." 그러나 연결성이 가능하도록 하기 위해서는 커다란 장애가 도사리고 있다. 특정 플랫폼에서만 작동하는 프로그램의 문제가 정보교환의 중대한 장애물로 작용하는 것이다. 운영체제의 종류 또한 너무 많고 특정기기에서만 작동을 하는 경우가 다반사다. PDA와 셋탑박스와 같이 완전히 상이한 기기들을 어떻게 상호 연동시킬 것인가도 중대한 과제 중의 하나다. 연결성과 상호연동성을 해결하기 위한 방안 중의 하나가 공통 표준에 기반을 둔 애플리케이션의 개발이다. 공통표준에는 통신표준, 마크업언어, 통합 플랫폼 소프트웨어와 같은 것들이 있으며, 전세계적 상호연동성은 필수적인 요소에 속한다. WAP, UMTS, 블루투스, IrDA, XML과 같은 표준들은 거대한 산업체연합의 주도에 의해 이뤄진 것이 대부분이다. 상호연동성이란 두 기기를 단순히 연결하는 것만을 의미하는 것은 아니다. 여기에서는 반드시 애플리케이션과 데이터의 교환이 전제되어야 한다. Java의 Jini는 스마트카드나 PDA, 기능형 가전 등에서 유비쿼터스 컴퓨팅을 가능케 해주는 핵심적인 기술로 평가받고 있으며, 데이터 교환을 목적으로 사용되는 XML도 정보와 컨텐츠의 플랫폼 독립적인 성향 때문에 사실상의 산업체 표준으로 자리 매김하고 있다.

- **간결성 :** 범용성을 지닌 개인용 컴퓨터는 많은 장점을 지니고 있다. 새로운 소프트웨어를 설치하거나 주변기기를 장착하면 놀라울 만큼 다양한 업무를 처리할 수 있는 것이 오늘날의 개인용 컴퓨터다. 그러나 이러한 미덕의 이면에는 인터페이스의 복잡성과 부자연성이라는 단점이 내재되어 있다는 것을 간과해서는 안 된다. 물론 과거의 텍스트 기반의 메인 프레임이나 초창기의 PC에 비하면 오늘날의 개인용 컴퓨터는 엄청나게 사용하기 쉬워졌다. 〈그림 1-9〉에서와 같이 명령어를 프롬프트에 입력하는 대신 사용자들은 아이콘을 클릭함으로 하고자하는 일을 수행할 수 있게 되었다. 하지만 아직까지도 일부 계층에게는 컴퓨터의 사용이 지나치게 복잡하고 부자연스러운 것이 사실이다. 새로운 주변기기를 컴퓨터에 설치할 때도 플러그 앤 플레이 기능 덕분에 예전보다 훨씬 간단해지긴 했지만 컴퓨터에 익숙하지 않은 사람에게는 종종 도전이 된다. 동경대 사카무라 겐 교수의 설명을 들으면 보다 더 명료해질 수 있다.

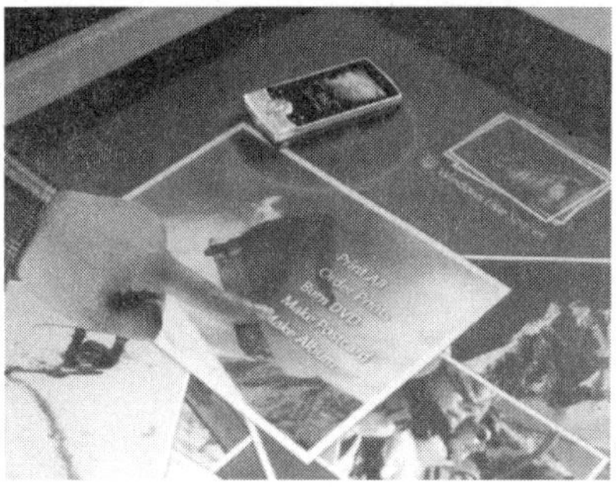

〈그림 1-9〉 텍스트 환경의 인터페이스와 터치스크린 인터페이스

"지금의 컴퓨터는 큰 문제점을 안고 있다. 범용성을 추구했기 때문에 사용하기 어렵다든지 조작법을 잘 모르는 사태가 벌어진 것이다. 예를 들면 전화를 걸 때의 경우를 생각해 보자. 지금의 전화기는 수화기를 들면 올라오는 버튼과 내려가는 버튼, 그리고 숫자 키 뿐이다. 그래서 누구나 쉽게 사용할 수 있다. 퍼스널 컴퓨터처럼 다양한 용도로 만들어진 경우 특정한 목적을 갖고 사용하려고 할 때에는 쉽게 진행되지 않는다.

원리적으로 말하자면, 워드프로세서 프로그램을 넣는 대신에 전화 프로그램을 넣는다면 퍼스널 컴퓨터를 전화기로도 사용할 수 있다. 그러나 실제로 퍼스널 컴퓨터로 전화를 걸려고 하면, 키는 당연히 자판으로 쳐야한다. 그렇다면 구체적으로 자판의 어딘가에 센서를 할당하여 전화기를 on으로 할 때와 off로 할 때의 버튼을 키보드의 어딘가에 설정해 두어야 할 것이다. 대개 어떤 키는 수화기를 내리는 off로 할당되겠지만, 이것은 누가 보더라도 사용하기에 매우 불편할 것이다. 전화를 걸때마다 자판의 그 많은 키중에서 어떤 키를 사용해야 할지를 놓고 고민을 해야 한다면 전화를 걸고 싶은 마음이 싹 달아날 것이다.

그럼 마우스로 화면에 나온 수화기의 그림을 클릭하면 수화기를 든 상태가 되고, 마우스로 화면의 숫자 키를 누르면 전화기가 걸린다고 가정해 보자. 물론 마우스의 조작만으로 전화를 걸 수 있겠지만, 왠지 답답하고 전화를 걸고 싶지 않을 것이다. 또한 전화가 걸려 왔을 때, 이런 복잡한 과정을 거쳐서 전화를 받으려면 시간이 너무 많이 걸리기 때문에 전화가 끊어져 버릴 수 있다.

즉, 퍼스널 컴퓨터는 프로그램만 갈아 끼우면 무엇으로든지 변신이 가능하겠지만, 그것은 어디까지나 그 기기를 흉내 내는 것일 뿐, 실제로 사용하기에는 약간 무리가 있다는 사실을 알 수 있다."

– 사카무라 겐의 『유비쿼터스 컴퓨팅 혁명』 중에서 –

정보의 접속과 관리는 어떻게 기술을 사용하는가를 배우는데 많은 시간을 소비할 필요 없이 응용될 수 있어야 한다. 유비쿼터스 환경 하에서의 사용자 인터페이스는 사카무라 켄 교수가 언급한 것처럼 정보화 기기는 전화와 같이 매우 일상화된 도구여야 한다. 개인용 컴퓨터와 같이 일정 기간의 교육과 훈련을 마쳐야만 사용할 수 있는 것이어서는 곤란하다. 유비쿼터스 컴퓨팅에서는 모든 기기가 사용하기에 직관적이고 심지어는 설명서가 필요없을 정도가 되어야 한다.

그러나 단순함을 원시적인 것과 혼동을 해서는 안 될 것이다. 유비쿼터스 컴퓨팅은 전체적인 접근을 요구한다. 하드웨어와 소프트웨어는 단절없이 통합되어야 하고 사용자의 특정한 요구를 수용할 수 있도록 해야 한다. 이를 위해서 복잡한 기술은 친숙한 인터페이스 이면에 숨어 있어야 한다. 이를 충족시키기 위해서 공학적인 설계와 첨단 인식기술이 필요하다. 음성인식이나, 인스턴트 온/오프, 터치스크린, 문자인식과 같은 기술들이 그러한 것들이다. 작고, 가벼우며, 가격도 저렴한 기기로 이러한 모든 것을 구현한다는 것은 아직까지는 그리 쉽지는 않은 일이다.

· **유비쿼터스 컴퓨팅의 유사 개념** : 유비쿼터스 컴퓨팅은 몇 가지 다른 이름으로도 불리고 있다. 이들은 서로 다른 이름으로 정의되고는 있지만 전체적인 맥락에서는 유비쿼터스와 대부분 일치가 되는 것으로 여겨진다.

- **퍼베이시브 컴퓨팅(Pervasive Computing)** : IBM에서 제안하는 개념으로서 전반적으로 유비쿼터스 컴퓨팅과 거의 유사하다. IBM이 생각하는 퍼베이시브 컴퓨팅은 첫째로 자동차와 핸드헬드 기기 등 각종 기기 안에 통합된 솔루션이며, 둘째가 무선영역으로 확장하기 위한 미들웨어이며, 마지막이 하드웨어와 소프트웨어, 서비스 등을 교차, 융합시키면서 새로운 비즈니스 모델을 창조하는 것이라고 한다.

- **조용한 컴퓨팅(Silent Computing)** : 정보기기나 일상 사물에 심어진 컴퓨터들이 사용자가 의식하지 않더라도 묵묵히 맡겨진 일을 수행하는 것을 실현하는 컴퓨팅이다. 이것은 마크 와이저가 발표한 "The Coming Age of Calm Technology"라는 논문에서 주장한 조용한 기술(Calm Technology)이라는 개념에서 기반을 둔 것으로, 심오한 기술은 사람들과의 인터페이스 이면에 숨게 된다고 하였다. 즉, 현재의 컴퓨터처럼 사용자가 학습을 하거나, 훈련을 받거나, 의식을 하지 않고도 자연스럽게 컴퓨팅 서비스를 받게 된다는 의미다.

- **두루 누리** : 2004년 10월 19일 국립국어연구원에서 선정한 유비쿼터스의 한글 대체어가 "두루 누리"이다. 이것은 두루 접속, 바로접속, 홍길동접속 등을 후보로 연구원이 운영 중인 우리말 다듬기 사이트(www.malteo.net)를 통해 투표를 실시하여 최다득표를 선정한 것이라고 한다.

- **노매딕 컴퓨팅(Nomadic Computing) :** 디지털 노마드 현상에서 유래한 용어로서 네트워크의 이동성을 극대화하여 사용자가 자유자재로 이동하면서 어디서든지 컴퓨터에 접속을 할 수 있는 환경을 말하며, 이른바 어디서든 연결된(Always connected)환경의 실현을 의미한다.

- **임베디드 컴퓨팅(Embedded Computing) :** 컴퓨터가 수행해야 할 기능을 미리 프로그래밍해서 기기나 사물에 심는 기술을 의미하며 이것은 유비쿼터스라는 용어를 대체할 수 있는 개념이라기보다는 유비쿼터스의 구성요건 중의 하나라고 볼 수 있겠다.

- **감지 컴퓨팅(Sentient Computing) :** 센서를 통하여 항상 새로운 정보를 감지하여 사용자에게 제공하는 기술이다. 이러한 감지 컴퓨팅을 통하여 유비쿼터스 서비스를 제공할 수 있으며 여기에는 u-커뮤니케이션 서비스, u-정보제공 서비스, u-상황고지 서비스, u-행위제안 서비스, u-지능형 서비스 등이 있다.

- **일회용 컴퓨팅(Disposable Computing) :** 이것은 모든 사물에 컴퓨터를 심을 수 있도록 컴퓨터 혹은 프로세서를 1회용 물품처럼 값싸게 만드는 기술이다. 현재 이 기술에서 가장 각광을 받고 있는 것이 RFID 태그의 사용이다.

- **웨어러블 컴퓨팅(Wearable Computing) :** 유비쿼터스가 일상화되기 위해 가장 선행되어야 할 기술로시, 컴퓨터를 안경이나 옷처럼 착용할 수 있게 함으로 컴퓨터를 인간 몸의 일부로 만드는 기술이다. 이 기술은 앞으로 나노기술, 바이오테크놀로지의 힘을 입어 체내 이식형 컴퓨팅으로 발전해 갈 것이다.

(2) 유비쿼터스 컴퓨팅의 구성요소

유비쿼터스는 컴퓨터, 통신, 가전기기, 컨텐츠와 서비스의 융합이다. 〈그림 1-10〉은 대부분의 솔루션에 적용되는 계층구조로 3단계의 수직구조로 단순화될 수 있으며, 3단계 계층 이면에는 점차 중요성이 증가하고 있는 두 개의 하위 층이 존재한다.

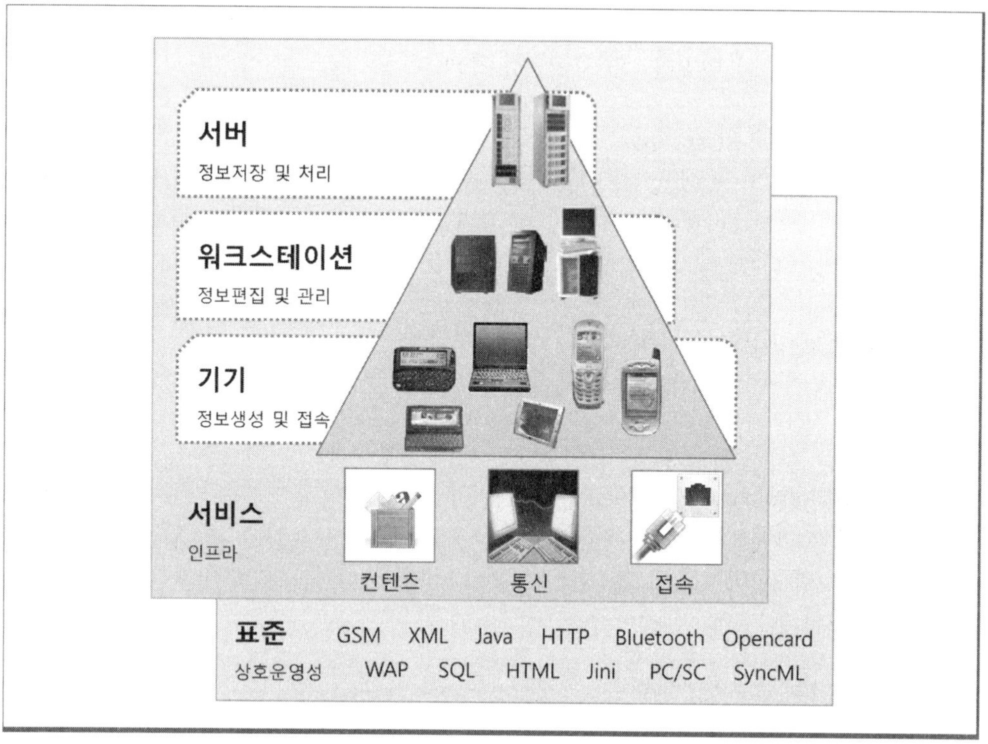

〈그림 1-10〉 유비쿼터스 컴퓨팅의 일반적인 구성요소

· 3단계 수직구조

- **기기(정보단말) :** 정보기기의 전면에는 전송되는 정보를 만들고, 정보에 접속하는 아주 넓은 범위의 유비쿼터스 기기가 위치한다. 이 기기는 사용자에게 가장 눈에 띄는 인터페이스이고 실생활에도 가장 밀접하다.

- **워크스테이션 :** 전통적인 개인용 컴퓨터는 복잡한 정보를 이용하여 일을 수행할 수 있는 능력을 제공하고 특정 범위내의 개인기기를 관리한다. 대부분의 유비쿼터스 기기가 그들 제공자의 네트워크에 개인적으로 접속할 수 있기 때문에 종종 이 계층은 생략될 수 있다. 셋탑박스와 같은 기기는 개인기기와 공공 네트워크 사이의 게이트웨이처럼 개인의 워크스테이션을 보존하거나 대체할 수 있다.

- **서버** : 웹 서버, 비즈니스 서버, 메인 프레임은 강력한 컴퓨팅 성능을 사용하여 거대한 양의 정보처리와 저장에 중점을 둔다. 유비쿼터스 컴퓨팅은 소프트웨어 제품에 중대한 변화를 일으킨다.

· **2가지 하위계층**

- **표준** : 정보기술이 바탕을 두고 있는 공통 표준은 넓은 범위의 기초를 갖고 있다. 표준은 정보와 애플리케이션의 교환뿐만 아니라 상호 연동성와 시스템의 연결성을 확실히 해 준다.

- **서비스** : 수많은 종류의 서비스가 유비쿼터스 컴퓨팅을 완성시킨다. 정보는 근원적으로 그 정보를 제공하기 위한 서비스와 결합하기 때문에 일반적으로 컴퓨팅의 광범위한 사용을 위한 인프라를 구축한다.

(3) 유비쿼터스 컴퓨팅의 구현 방법

유비쿼터스 컴퓨팅의 구현은 크게 컴퓨팅의 기능에서 내재화를 강화시키거나 휴대성을 높이는 두 가지 방향에서 구현되고 있다.

· **내재화를 강화시키는 방안** : 컴퓨팅 기능이 환경에 내재되어, 상황을 인식하고 활용하는 것으로써 비가 오는 정도를 자동으로 감지하여 자동차의 와이퍼를 작동시키거나, 주변의 어두움을 인식하여 헤드라이트를 켜는 것과 같은 예를 들 수 있다. 또한 사람들이 인식하지 못하는 상태에서 컴퓨팅 기능이 수행되는 것으로써, 팩스를 작동하면서 컴퓨터를 사용한다고 의식을 못하는 것은 컴퓨팅 기능이 팩스 내에 내재되어 있기 때문이다. 휴대용 전화 같은 경우도 컴퓨팅 기능이 전화기 내에 내재되어 있지만 사용하는 사람들은 컴퓨터를 작동시킨다고 생각지 않는다. 사실상 현재 전 세계에서 사용되고 있는 모든 컴퓨터 중에서 개인용 컴퓨터가 차지하는 비중은 20%에 불과하다. 그 나머지는 대형이나 중형서버, 워크스테이션 외에 팩스, 복사기, 엘리베이터, 고속전철, 라디오, 에어컨, 세탁기에 내장되어 있는 마이크로컴퓨터가 차지하고 있다. 이러한 것을 가능케 하는 기술을 통틀어서 임베디드 기술이라고 한다.

· **휴대성을 개선하여 어디서나 컴퓨팅을 지원** : 상시적으로 들고 나닐 수 있을 정도의 소형 컴퓨팅 기기를 통하여 유비쿼터스 환경을 지원할 수 있다. 이것은 이동성과 내재성을 모두 발전시킨 형태이며 장기적으로는 "언제 어디서나, 자유로운" 컴퓨팅을 구현하는 것이 목표라

고 할 수 있다. 〈그림 1-11〉은 유비쿼터스 컴퓨팅의 구현방향을 나타내는 그림이다. 즉 이동성과 내재성이 모두 충족된 것을 유비쿼터스 컴퓨팅이라고 한다면, 이동성만이 충족된 것을 모바일 컴퓨팅, 내재성만이 충족된 것을 퍼베이시브 컴퓨팅이라고 지칭한다.

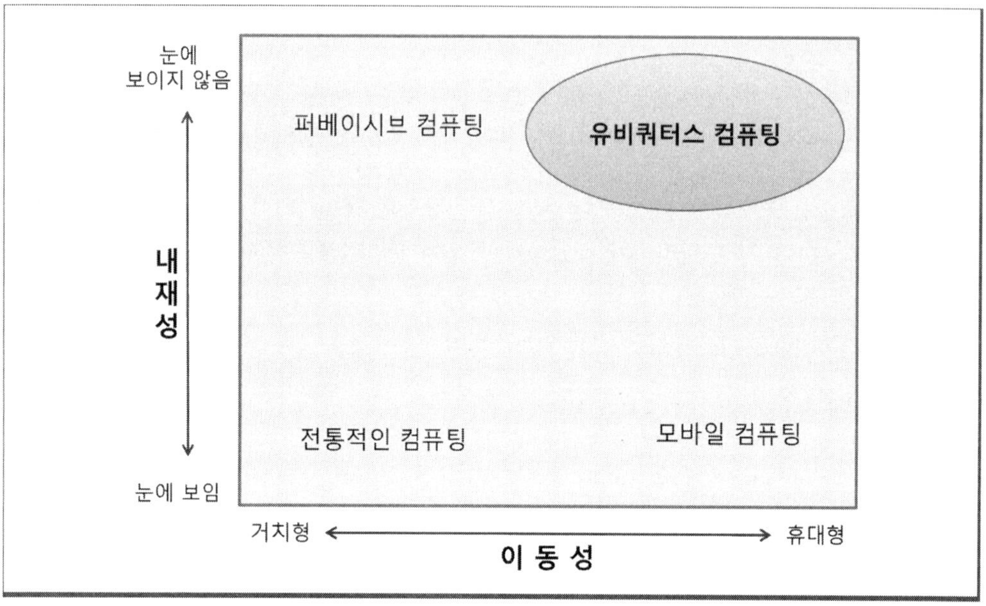

〈그림 1-11〉 유비쿼터스 컴퓨팅의 구현 방향

Chapter 02

유비쿼터스의 역사

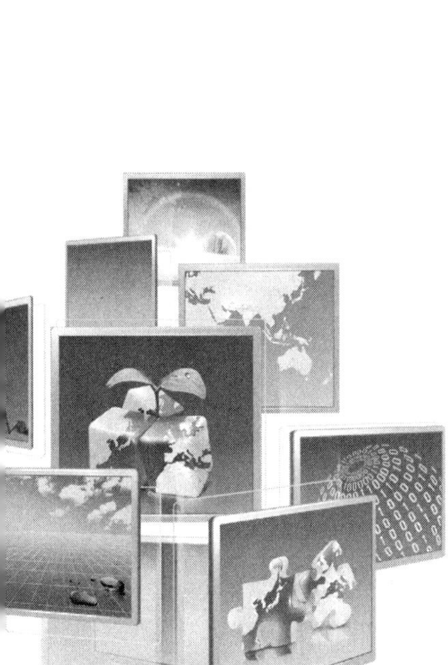

제2장

유비쿼터스의 역사

요 약

인류역사상 중대한 패러다임의 변화는 조그만 아이디어에서 출발하였다. 말이 끌지 않는 마차는 만들 수 없는 것인가라는 의구심이 증기기관을 만들었으며, 새처럼 하늘을 날고 싶은 욕망이 비행기와 항공과학 발전의 촉매제가 되었다. 21세기 들어 빛을 발하기 시작하는 유비쿼터스도 제록스 소속 연구원의 추론과 질문에서부터 시작되었으며, 그 후 동경대학교 사카무라 겐 교수의 TRON 프로젝트를 마크 와이저의 구상으로 구체화 되었다. 이 번 장에서는 유비쿼터스가 태동되는데 중요한 역할을 한 두가지 이력을 살펴 보고자 한다.

2.1 마크 와이저의 구상

(1) 마크 와이저의 이력

마크 와이저는 최초로 유비쿼터스라는 개념을 정립한 사람이며 제록스사의 팰러앨토연구센터(PARC:Palo Alto Research Center)의 연구원이었다. 그는 1952년 7월 시카고에서 출생하였고, 21살에 회사를 설립하여 운영한 경험이 있다. 그 후 미시간 대학 컴퓨터/통신과학 분야에서 석사와 박사학위를 받았으며, 36세가 되던 1987년에 제록스사의 연구원으로 참여를 하게 되었다. 1988년에 처음으로 유비쿼터스의 개념을 제안하였고, 이후 몇 편의 논문을 통하여 유비쿼터스의 개념을 확립하였으나 1999년 48세의 나이에 위암으로 세상을 떠났다. 그는 또한 "Server Tire Damage"라는 밴드에서 드럼을 연주한 특이한 이력도 갖고 있다. 밴드 홈페이지를 보면 그가 밴드 멤버들과 주고 받았던

이메일도 공개되어 있다. 이 밴드는 주로 록 음악과 재즈풍의 연주를 하였으며 1993년에는 최초로 인터넷상에서 라이브 연주를 하기도 했다. 지금도 제록스의 PARC 서버에는 마크 와이저의 개인 홈페이지가 있으며, 그의 이력과 저작물이 게재되어 있다〈그림 2-1〉.

〈그림 2-1〉 PARC 서버의 마크 와이저 개인 홈페이지

(2) 마크 와이저의 기본 아이디어

마크 와이저는 오랜 시간동안 '다가올 미래 전자문명의 화두는 과연 무엇일까'에 대해 고민하였다. 그가 구상하는 컴퓨팅의 세계는 지난 30여 년간 설계되고 활용되어 온 컴퓨터 시스템과는 사뭇 달랐다. 즉, 아침에 현관에서 신문을 집어 들거나, 출근 시 구두 주걱으로 구두를 신을 때의 느낌처럼 사람과 사물 간에 인터페이스가 아무런 거부감 없이 자연스럽게 연결되는 기술의 필요성을 느꼈으며, 그러면 인간과 컴퓨터 그리고 네트워크가 서로 조화되어 나타날 지극히 인간화된 기술이 되어야 한다고 주장하였다.

1991년 그는 미국의 대표적인 과학 저널 중의 하나인 Scientific American 1991년 8월호에 "21세기를 위한 컴퓨터(The Computer for the 21st Century)"라는 논문을 발표하였으며, 그 논문 속에는 그가 그동안 고민하였던 추론과 질문이 고스란히 녹아들어 있다. 이 논문의 요지는 유비쿼터스 컴퓨팅을 통해 대부분의 일상용품에 컴퓨터 장치가 들어가게 된다는 예견이었다. 1996년에 발표한 "The Coming Age of Calm

Technology"에서는 많은 사람이 대형 컴퓨터 시스템을 공유하던 메인 프레임 시대에서 1980년대의 개인용 컴퓨터 시대, 분산 컴퓨팅을 제공하는 인터넷 시대를 거쳐 개개인이 환경 속에 편재되어 있는 수많은 컴퓨터를 사용하는 유비쿼터스 컴퓨팅의 시대가 도래 할 것이라고 주장하였다.

(3) 마크 와이저 주장의 개요

- **유비쿼터스 컴퓨팅은 가상현실과는 다르다** : 그는 유비쿼터스 컴퓨팅은 가상현실(VR:Virtual Reality)과 거의 반대되는 개념이라고 하였다. 〈그림 2-2〉에서 보는 것처럼, 가상현실은 사람들을 컴퓨터가 구현한 세계 속으로 밀어 넣지만, 유비쿼터스 컴퓨팅은 컴퓨터가 사람들이 사는 세상 속에서 숨 쉬도록 만들어 준다. 이처럼 유비쿼터스 컴퓨팅은 인간공학과 컴퓨터 과학, 엔지니어링, 사회 과학의 매우 어려운 결합이 될 것이라고 예견하였다.

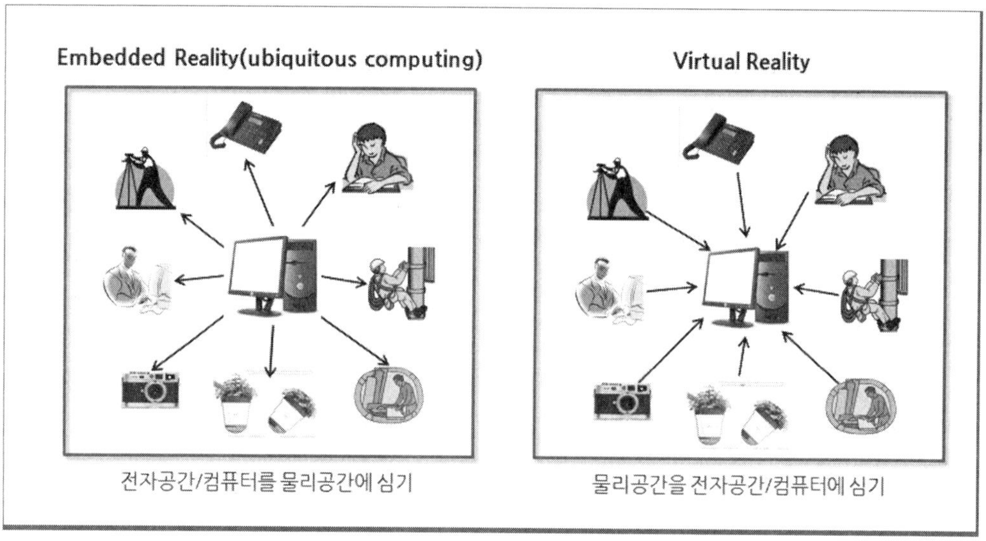

〈그림 2-2〉 유비쿼터스 컴퓨팅과 가상현실의 차이

- 컴퓨터 기기와 네트워크의 전제조건 : 복잡한 기술은 사용할 때 효과적으로 은닉되어야 한다. 이것은 컴퓨터 과학에 있어서는 모든 측면에 있어서 중요한 도전이다. 마크 와이저의 가장 근본적인 접근은 컴퓨팅 세계를 활성화 시키는 것이며, 그것은 모든 사람과 사무실에 수백 개에 달하는 무선 컴퓨팅 기기(1인치 크기에서 벽면 전체를 차지하는 것에 이르기까지)를 제공하는 것이다. 이것은 운영체제와 사용자 인터페이스, 네트워크, 무선설비, 디스플레이, 그 외 모든 영역에서 새로운 작업이 요구되는 일이었다. 이러한 환경을 그는 유비쿼터스 컴퓨팅이라고 불렀으며 빌 게이츠가 말한 "모든 정보를 당신의 손 끝 위에" (Information on your fingertips)와도 의미를 달리하는 것이었다.

- **유비쿼터스 컴퓨팅은 모바일 컴퓨팅이 아니다 :** 그는 또한 자신이 생각하는 컴퓨팅은 흔히 혼동하는 모바일 컴퓨팅과도 같지가 않다고 하였다. 비록 유비쿼터스 컴퓨팅이 최근 일어난 모바일 컴퓨팅 연구 붐의 도움을 받았다고는 하지만 그것과 동일하지 않으며, 모집합이나 부분집합도 아니라고 하였다.
- **조용하고 편안한 기술이 필요하다 :** 마크 와이저는 〈표 2-1〉과 같이 메인프레임의 시대와 개인용 컴퓨터의 시대, 그리고 인터넷-분산컴퓨팅 시대를 거쳐 다수의 사람이 많은 컴퓨터를 공유하는 유비쿼터스 시대가 도래한다고 예견한바 있다.

〈표 2-1〉 컴퓨팅의 발달 추이

시대	특징
메인 프레임	다수의 사람이 하나의 컴퓨터를 공유
개인용 컴퓨터	1인 1컴퓨터
인터넷 - 분산 컴퓨팅	네트워크
유비쿼터스 컴퓨팅	다수의 사람이 많은 컴퓨터를 공유

그렇다면 유비쿼터스 시대에는 어떠한 요건이 필요한 것일까? 마크 와이저는 여기에 조용한 기술(Calm Technology)의 필요성을 역설하였다. 일상생활에서 예를 들어보면, 자동차 엔진은 일단 시동이 걸리고 나면 운전자를 귀찮게 하지는 않는다. 열쇠를 뽑기 전까지는 말없이 엔진을 돌릴 뿐이다. 하지만 만약 엔진에 이상이 생겨 과열이 되기라도 한다면 그제야 계기판에 이상을 알리는 램프를 켜 운전자의 주목을 끈다.

즉, 평소에는 조용하지만(Calm) 필요할 때는 사용자의 개입을 요구하는(Engaging) 능동적인 지능형 기술을 지칭하는 개념이다.

그런데 반대로 컴퓨터나 인터넷은 항상 주목과 개입을 필요로 하는 도구다. 인터넷 서핑이나 검색을 하는 네티즌은 적극적으로 개입해 있는 상태를 유지해야 한다. 끊임없이 마우스를 굴리고 이곳, 저곳을 클릭하며 시선을 모니터에서 뗄 수가 없다.

유비쿼터스 컴퓨팅이란 데스크톱처럼 책상 위에만 컴퓨터가 있는 것이 아니라 세상에 존재하는 모든 사물에 컴퓨터 칩이 심어져 있는 세계를 지칭한다. TV, 냉장고, 오디오와 같은 전통적인 가전제품은 말할 것도 없고 주택의 모든 것에 생각하고 반응하는 컴퓨터가 심어져 있다. 길거리의 자동차도, 상가의 간판에도, 그리고 휴대전화에도 존재하는 모든 것에 컴퓨터가 심어져 있고 이들은 유무선 네트워크로 연결되어 서로 대화한다.

그러나 세상 모든 곳에 컴퓨터가 존재한다고 해서 이를 일일이 사용자가 조정하고 시도 때도 없이 개입해야 한다면 그것처럼 피곤한 일도 없을 것이다. 따라서 유비쿼터스 컴퓨팅 환경에서는 사용자의 상태와 가능한 여러 경우에 맞추어 가장 적절한 상태로 이미 소리 없이 준비되어 있을 수 있는 기술이 필요하다. 이것을 마크 와이저는 "조용한 기술"이라고 하였다.

2.2 TRON 프로젝트

(1) TRON 프로젝트란?

- **TRON 프로젝트의 개요 :** 일본의 유비쿼터스 컴퓨팅 연구의 근간이 된 TRON 프로젝트는 1984년 도쿄대학 사카무라 겐 교수에 의해 시작되었다. 사카무라 교수는 미래의 컴퓨터화 사회에서는 우리의 생활 주변 환경을 구성하는 모든 도구, 기구, 장비와 물건들이 모두 컴퓨터화할 것이라고 예견하고, 어디에나 컴퓨팅(Computing Everywhere)이라는 구성을 가지고 차세대 컴퓨팅을 구현하고자 시작했던 산학협동 프로젝트였다〈그림 2-3〉. 이는 기기에 내장하여 사용하는 내장형 컴퓨터의 기본 기술을 개발하는 시스템 프로젝트와 내장 컴퓨터의 응용분야를 연구하는 응용 프로젝트로 크게 두 부분으로 나뉘어서 진행되었다.

- **TRON의 의미 :** TRON은 "The Real-time Operating system Nucleus(실시간 운영체제 기반)"의 약어이며 이것은 컴퓨터 공학에 배경지식이 없을 경우 이해하기가 쉽지 않은 개념이다.

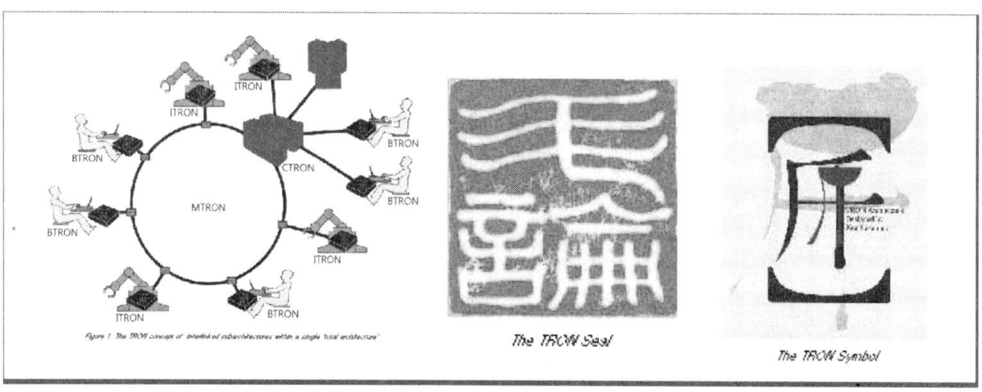

〈그림 2-3〉 TRON 프로젝트의 개념도와 심볼

TRON 프로젝트는 초기에 다양한 종류의 전보기기들을 작동시킬 수 있는 실시간 운영체제를 순수한 일본식 표준으로 개발하기 위한 프로젝트로 시작되었으나, 1980년대 말에 대내외적인 견제에 봉착하면서 어려움에 처하게 되어 좌절되는 듯하였다.

그러나 1990년대 말에 이르러 마크 와이저의 유비쿼터스 개념과 결합하면서 오랜 침체의 시기를 빠져 나와 다시 각광을 받고 있다. 현재 TRON은 휴대폰, 디지털 카메라, 자동차 엔진 제어에 쓰이는 임베디드 시스템 분야에서는 세계 최대의 시장 점유율을 나타내고 있는 것으로 평가된다.

• **사카무라 겐 교수는 누구인가? :** 사카무라 겐 교수는 게이오 대학에서 컴퓨터과학을 전공했다. 현재는 도쿄대학 정보학부 교수로 후학을 지도하는 일 외에 'YRP 유비쿼터스 네트워크 연구소장'으로 이동컴퓨팅 관련 기술개발에 전념하고 있다. 사카무라 교수가 84년부터 수행하고 있는 TRON 프로젝트는 임베디드(내장형) 운용체계를 개발하는 사업으로, 최근 세계에서 가장 유력한 유비쿼터스 컴퓨팅을 위한 OS로 평가받고 있다. 일본에서 만든 휴대폰과 디지털카메라 등에 쓰이는 MPU는 대부분 TRON을 사용할 정도다. 사카무라 교수는 또 TRON 프로젝트를 통해 일본 내 IMT2000을 이끄는 등 유비쿼터스 컴퓨팅의 두뇌 역할을 맡고 있다. 또한, '개방형 컴퓨터의 기본 소프트웨어 개발의 모델 제창 및 실천'의 공로로 다케다상을 수상한 바 있다. 또 지난 99년부터는 미국전기전자학회(IEEE)의 학술지인 '마이크로(Micro)' 편집장을 맡는 등 학회활동도 활발하게 펼치고 있다.

(2) TRON의 역사

• TRON 프로젝트는 공식적으로 1984년 6월에 발족하였다. 이 프로젝트는 마이크로프로세서 응용시스템을 연구하는 일본 전자산업개발협회 기술위원회에 의해 작성된 보고서의 결과로서 시작되었다. 도쿄대학의 사카무라 교수가 위원장으로 있었던 이 위원회는 다음과 같은 결론을 내렸다.

– 호환성의 퇴보가 마이크로프로세서 설계의 혁신을 늦추고 있다.

– 현행 컴퓨터 시스템은 1바이트 문자시스템인 영어를 다루도록 설계되어 있다. 따라서 2바이트 문자체제인 일본어를 효율적으로 처리하기 곤란하다.

– 현재 사용되고 있는 다양한 컴퓨터 간에 적용될 표준이 없다.

• 따라서 TRON 프로젝트는 상기의 문제점을 해소시킬 목적을 갖고 구성되었다. TRON 프로젝트는 〈표 2-2〉에서와 같이 1984년부터 1997년까지 다음과 같은 연혁으로 진행되었다.

〈표 2-2〉 TRON 프로젝트의 연혁

연도	프로젝트 이행 내역
1984	TRON 프로젝트 공식 발족
1985	NEC, ITRON/86 규격을 적용한 제품 발표
1986	첫 번째 TRON 심포지엄 개최
1987	후지쯔, ITRON/MMU 규격에 기반 한 ITRON 제품 발표
	미쯔비시전기, ITON/32 규격에 기반 한 제품 발표
	히다찌, TRON VLSI CPU 규격에 기반 한 마이크로프로세서 발표
1988	TRON 협회 공식 발족
	도시바, TRON VLSI CPU 규격에 기반 한 마이크로프로세서 발표
1989	마쓰시다, BTORN 규격에 기반 한 교육용 개인 컴퓨터 개발
	TRON 인텔리전트 빌딩 개념 정립
	Oki 전기, CTRON 규격에 기반 한 운영체제 RG68KS-BOS 개발
	미쯔비시 전기, TRON VLSI CPU 규격에 기반 한 마이크로프로세서 발표
	인텔리전트 하우스 공사완료
1990	Oki 전기, CTRON 규격에 기반한 운영체제 OKITRON-C 발표
	도시바, ITRON 규격에 기반한 TR90 커널 개발
1991	버스 아키텍처 TOXBUS와 TOBUS 개발
1992	CTRON 기반 시스템의 소프트웨어 이식성 테스트 완료
	Human-machine 인터페이스(HMI) 설계 경진대회 개최
	야마하, BTRON 규격에 기반한 버스 컨트롤러 LAN을 위한 LSI개발
1993	탠덤 컴퓨터 재팬, CTRON 규격에 기반 한 Integrity C300 프로세서 개발
	도시바, CTRON VLSI CPU 규격에 기반 한 TX2 마이크로프로세서 개발

연도	프로젝트 이행 내역
	히다치, CTRON VLSI CPU 규격에 기반 한 Gmicro500 마이크로프로세서 개발
	Oki 전기, OKITRON-L/M 시리즈 발표
1994	10주년 기념행사 개최
	미쯔비시, CTRON VLSI CPU 규격에 기반 한 Gmicro500 마이크로프로세서 개발
	히다찌, CTRON 규격에 기반 한 HPT500 칩 개발
1995	BTORN 규격 IB/V2 운영체제 발표
	12번째 TRON 프로젝트 국제 심포지엄 개최
1996	도쿄대학에서 다중언어 컴퓨팅 프로젝트 발족
	선마이크로시스템과 퍼스널 미디어, microSPARC 칩에 이식된 ITRON 발표
	도쿄대학의 TRON 기술을 적용한 디지털 박물관 오픈
1997	BTRON 규격 1B/V3 운영시스템 발표
	Human-machine 인터페이스를 위한 인터페이스 설계연구그룹 발족
	자동차 실시간 운영시스템을 위한 ITRON 기술위원회 발족

(3) 응용 서브 프로젝트

- **TRON 개념의 인텔리전트 하우스 :** TRON 개념을 적용한 지능형 주택은 홈오토메이션(가정자동화)으로 미래에 대한 연구를 위해 사용된 실험주택이다〈그림 2-4〉. 이 실험주택은 가까운 미래의 자동화된 집에서 사람들이 생활하는 모습을 집중적으로 모의 실험하여 미래 주택의 생활 형태에 대한 특성을 발견하고 실현 가능성을 연구 조사하는 것이다. 민간기업 160개사가 참여하여 제작한 실험 프로젝트로 1988년에 시작되어 1989년에 도쿄에 건축, 약 100억 원의 건축비가 투입되었고 넓이는 330평방미터로 부채꼴 모양이고 천장, 벽 등 주택을 구성하는 모든 요소와 설비에 컴퓨터가 이식되었다. 미래의 생활환경을 당시의 기술로 가능한 데 까지 구현하려고 시도하였으며 3년에 걸쳐서 11개 그룹의 55명이 시험거주를 통하여 여러 가지 실험을 실시하고 각종 데이터의 수집, 협동, 타협에 대한 연구를 수행하였다.

〈그림 2-4〉 TRON 인텔리전트 하우스

- **TRON 개념의 인텔리전트 빌딩 :** TRON 지능형 주택과 함께 지능형 빌딩 프로젝트가 같은 시간에 진행되었다. 지능형 빌딩은 완성되지는 못하였지만 여러 가지 새로운 아이디어가 제시되었고, 빌딩에 대한 새로운 파장을 불러 일으켰다. TRON 컴퓨터 빌딩이란 컴퓨터를 잘 사용하지 않는 일반인이나 전문가를 불문하고 빌딩내의 모든 사람들이 쾌적한 환경에서 기분 좋게 지낼 수 있는 제어 기능과 공간 디자인을 제공한다는 것이 기본 원칙이며 '공간이 각 개인별로 동적으로 적응한다.', '모든 공간이 자신의 업무 공간이 된다.'는 등의 목표를 가지고 추진되었다. 또한 다양한 공간을 자신이 원하는 환경으로 만들 수 있도록 하여 공기, 빛, 소리를 매우 미세하게 자기 자신에게 맞도록 조절할 수 있게 설계된 것이다.
- **TRON 개념의 치바 컴퓨터 도시 :** 인간생활의 안락함을 개선하여 지능적 생산성을 향상시키는 대규모로 진행된 여러 TRON 프로젝트 개념들의 결합체이다. 사무실, 빌딩, 주택, 도로를 포함한 도시의 모든 측면들이 컴퓨터화하고 개별적인 시스템이 서로 네트워크로 연결하여 완성될 계획이었다.
- **TRON 기반의 자동교통 정보시스템 :** 미래의 컴퓨터 사회에 대한 교통 네트워크 시스템을 연구하는 것이다. 이 시스템에서는 운전의 편리함과 안전이 실현될 수 있도록 자동차가 자유롭게 흐르는 정보 네트워크를 통해서 다른 자동차들, 도로 그리고 도시들과 서로 연결되도록 구상되었다. 초기단계의 연구는 미래형 자동차에서 요구되는 기능들과 작동하기 쉬운 자동차의 제작에 대해 집중적으로 연구하였다.
- **TRON 디지털 박물관 :** 도쿄대학 종합연구박물관으로 1996년에서 2002년까지 추진된 컴퓨터 기술과 디지털 기술을 철저하게 박물관에 적용한 미래형 박물관 연구 프로젝트이다. 이 프

로젝트의 핵심은 전시물이 가지는 다양한 정보를 디지털화하여 상호 관련성을 이끌어낼 수 있도록 데이터베이스화 하는 디지털 보관소(Digital Archive)와 이 정보를 통해서 공개하는 가상 박물관에 있다. 그리고 실제의 박물관 전시에 컴퓨터 기술을 적용하여 현실과 가상을 융합시켜 상호 보완, 강화함으로써 이용자의 이해를 돕도록 박물관 전시에 유비쿼터스 컴퓨팅의 사고를 접목시킨 것이다.

Chapter 03

유비쿼터스와 우리의 삶

제3장

유비쿼터스와 우리의 삶

요 약

아침에 일어나면 컴퓨터가 오늘의 날씨와 주요일정을 알려준다. 아침식사를 위해 전자레인지에 기본 재료를 넣고 메뉴를 말하면 전자레인지가 조리법을 자동으로 내려 받아서 음식을 만들어 준다. 회사로 가는 차 안에서 본인에게 관심 있는 분야만 요약된 뉴스가 나온다. 중앙교통통제센터에서 자동차로 도로 정보를 보내서 최적의 경로를 선택하기 때문에 출근길의 막힘도 없다.

퇴근 후 집에 돌아와서는 주문형 비디오(VOD)로 좋아하는 영화를 보다가 영화에 나오는 배우의 옷이 마음에 들자 즉석에서 마우스로 옷을 클릭하여 가격정보를 확인하고 주문을 한다. 침대에 오르면 사람의 움직임으로 인식하고 집안의 모든 전등이 자동으로 꺼진다.

이것은 공상영화에서 나오는 얘기가 아니라 유비쿼터스가 일상화되었을 때 변화하는 우리의 삶의 모습이다. 이번 장에서는 유비쿼터스가 변화시킬 우리의 삶에 대해서 알아보도록 한다.

3.1 가정생활(홈 네트워킹)

(1) 생활공간의 혁명

- 유비쿼터스 컴퓨팅과 네트워크 기술의 발달은 인간생활을 둘러 싼 모든 공간 속의 환경과 사물(생물, 상품, 기계 등) 속에 특정한 용도(위치 파악, 정체성 식별, 화학적·물리적 상태 감지, 행동화 등)의 컴퓨터를 센서, 칩, 태그와 라벨, 배지, 마이크로 머신, 로봇의 형태로 심어 놓고 네트워크로 연결함으로써 공간적 상황정보 인식의 왜곡과 불균형 문제를 해결해 줄 수 있는 가능성을 열어 놓고 있다. 물론 그 가능성은 고도의 컴퓨터 조작 능력이나 시스템의 복잡화를 필요로 하지는 않는다.

- 유비쿼터스화된 생활공간은 시민들의 새로운 생활공간이 될 것이며, 여기에서 새로운 생활양식이 등장하여 지금까지는 상상조차 할 수 없던 생활혁명과 삶의 질의 획기적인 변화를 가져올 것이다. 유비쿼터스 생활공간 속에서는 환경과 사물들의 상태변화에 대한 정보를 개인의 욕구에 맞게 실시간으로 획득하고, 환경과 사물 스스로 사람에게 필요한 정보를 고지, 조언하거나 상황에 적절한 조치를 취해 줄 수 있다. 이것이 유비쿼터스 컴퓨팅과 홈네트워크로 창조되는 유비쿼터스 생활혁명이다.

(2) 정보가전의 세계

- **인터넷 정보가전(IA : Internet Appliances) :** 각 가정에는 많은 가전제품들이 있다. 이들 가전제품 중에는 몇몇 종류가 이미 20세기 말부터 정보가전이라는 명칭으로 불리기 시작했다. 정보가전은 사람에 따라 조금씩 다르게 불리고 있지만 대체로 일치하는 의견은 이것이 컴퓨터를 대표하던 PC나 워크스테이션만을 의미하는 것은 아니라는 것이다. 현재 일반적으로 가정에서 사용되는 가전제품 중 몇몇은 이미 네트워크 접속이 가능한 정보통신 수단으로 만들어진 것들이 있다. 이러한 새로운 제품군들을 정보가전이라고 부를 수 있다. 이러한 정보가전 중에서 특히 인터넷과의 접속이 가능한 제품들을 인터넷 정보가전이라고 지칭하며 유비쿼터스 홈 네트워킹의 핵심이 된다. 인터넷 정보가전은 매우 복합적이고 다양한 제품과 기술로 구성되어 있지만, 간단하게 정의하자면 유무선 정보통신망에 연결되어 데이터 송수신이 가능한 디지털 TV, 인터넷 냉장고, DVD, 디지털비디오 등과 같은 차세대 네트워크 가전제품을 말한다. 따라서 인터넷 정보가전 산업은 기존의 가전제품에 정보기술 및 통신기술을 이용한 여러 가지 형태의 서비스 제공이 가능한 정보 단말기기와 관련 소프트웨어, 응용 및 서비스, 네트워크 기술 등을 포함한다.
  - **AV 제품 :** 컴퓨터를 제외하고 네트워크에 가장 먼저 연결될 수 있는 가전제품으로 텔레비전, 오디오 같은 AV 제품들을 들 수 있다. 이미 AV제품들을 서로 네트워크에 연결시키거나 컴퓨터의 네트워크와 AV기기의 네트워크를 완전히 통합시켜 상호 호환되도록 하는 방향으로 기술이 진보하고 있다. 간단한 예로, 디지털 캠코더로 촬영한 영상을 PC에 보내 편집하고 이를 비디오 클립으로 제작한 뒤 다시 TV를 통하여 재생하는 일은 주변에서 흔히 볼 수 있다. 음악 파일 같은 경우도 CD의 음원을 MP3 포맷으로 변형시켜 편집을 한 뒤 다시 CD 플레이어로 재생하는 것이 이미 가능하다.

– **백색 가전 :** 백색 가전이라 함은 냉장고, 세탁기, 전자레인지 등 주방이나 청소, 세탁 등에서 활용되는 가전제품을 총칭하는 용어다. 최근에는 백색가전제품 역시 네트워크에 연결되도록 하고 있다. 인터넷 냉장고는 초기에 냉장고 앞면에 PC의 디스플레이를 부착해 인터넷에 접속이 가능하도록 하는 단순한 형태였다. 그러나 앞으로는 냉장고의 내용물을 항상 스스로 체크하여 부족한 식료품을 파악하고, 이 데이터를 집 주인이 가지고 있는 단말기에 전송시킬 수 있는 방향으로 발전된다. 집 주인은 자신이 갖고 있는 휴대형 단말기로 데이터를 확인하고 퇴근길에 부족한 식료품을 사기만 하면 된다. 인터넷 전자레인지는 식료품을 전자레인지에 집어넣기만 하면 스스로 식료품에 걸맞은 조리방법을 검색하고, 필요할 경우 인터넷에서 데이터를 다운로드하여 자동으로 조리해 주는 등 새로운 아이디어를 응용할 전망이다. 이외에도 가전제품들이 고장 났을 경우 제품명이나 고장상황을 인터넷을 통하여 관리업체에 보내면 관리업체에서 상황에 맞는 부품을 가진 수리공을 가정에 파견하는 식의 가전제품 수리 서비스도 생각할 수 있다.

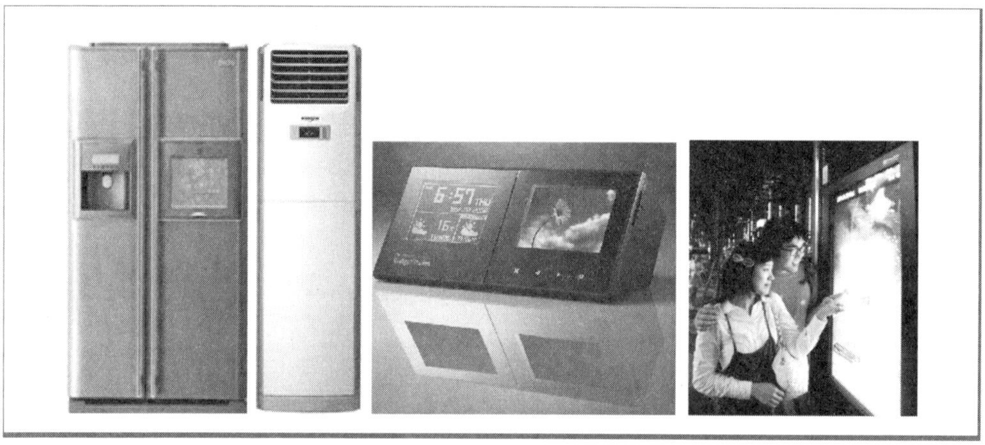

〈그림 3-1〉 인터넷 정보가전 기기

• **인터넷 정보가전의 출현 배경 :** 인터넷의 폭발적 확산과 사회 전체가 디지털 경제로 이동하면서, 모든 기기들이 디지털화하고 유무선 인터넷으로 연결되는 추세이다. 또한, 언제 어디서나 인터넷을 사용할 수 있는 무선인터넷 환경이 발달하면서 PC외에 인터넷에 접속할 수 있는 인터넷 정보가전에 대한 수요가 증가하고 있다〈그림 3-1〉. 인터넷이 급속도로 확산되면서 PC보다 사용이 편리하고 가격이 저렴한 인터넷 정보가전에 대한 요구가 증대되고, 무선인터넷과 홈네트워킹의 기술적 발전에 따라 다양한 인터넷 정보가전기기가 공급되고 있는 것이다.

(3) 인텔리전트 주택

- **인텔리전트 주택의 정의 :** 지능화된 가정형태, 생활환경 및 거주공간을 의미하며 생활환경의 지능화, 환경 친화적 주거생활, 삶의 질 혁신 추구 등의 목적이 있다. 현재 국내에는 도곡동의 타워 팰리스가 대표적인 사례이며 일본은 TRON 하우스, HII 등이 있고, 미국은 마이크로소프트의 EasyLiving, HP의 CoolTown 등이 있다.

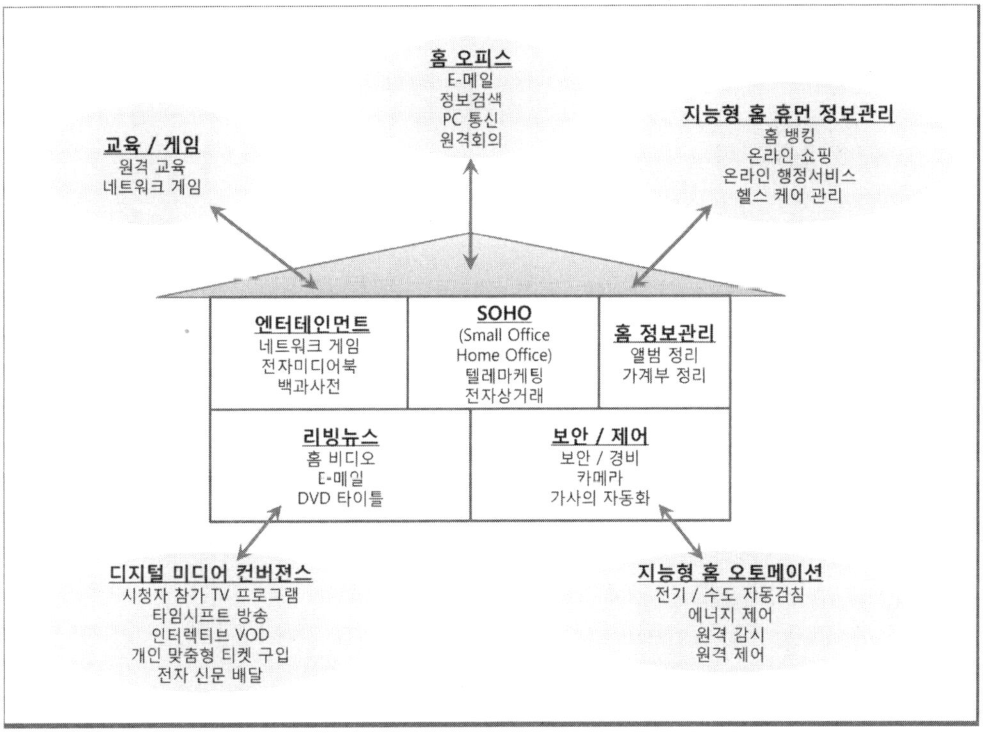

〈그림 3-2〉 인텔리전트 주택의 구성도

- **TRON 프로젝트의 인텔리전트 주택 :** 가정 내 정보화는 가전제품에 의한 정보화 뿐 아니라 주택 그 자체의 정보화라는 모습으로 실현하려는 시도가 진척되고 있으며, 그 중 대표적인 것이 2장에서 소개된 바가 있는 TRON 프로젝트다. TRON 프로젝트에서는 1989년 홈오토메이션의 연구를 위해 인텔리전트 주택 〈그림 3-2〉이라고 불리는 실험주택을 도쿄에 설치하였다. 이 실험의 목적은 주택의 쾌적함과 미래의 라이프스타일 연구였다. 인텔리전트 주택에는 통상적인 OA기기, 전화기, AV기기뿐만이 아니라 벽이나 문, 책상에까지 컴퓨터를 내장시킨 후 이를 네트워크와 통합을 시켰다. 이를 통하여 가정 내 여기저기에 내장된 컴퓨터들이 상호 협력하여 작동하는 모델을 고안하였다. 이 인텔리전트 주택에서는 컴퓨

터나 센서가 주택의 안팎에서 발생하는 여러 상황을 분석하여 인간이 살기 가장 쾌적한 환경을 실현한다. 예를 들면 외부의 날씨 상황에 맞추어 창문을 자동으로 열고 닫으며, 공기 시스템과 협력하여 온도와 습도를 조절할 수 있도록 한다.

- **마쓰시다 전기의 HII(Home Information Infrastructure) :** 마쓰시다는 도쿄의 시나가와에 쇼룸을 마련하여, 정보화된 근 미래의 가정 모델을 전시해주고 있다. 이 쇼룸은 마쓰시다의 HII 콘셉트에 기반을 두고 설립되었다. HII하우스는 내장 카메라를 갖춘 도어폰에서 휴대폰전화로 영상을 전송할 수 있는 시스템, 고화질·고음질 시어터시스템, 가정 내 VOD 시스템 등이 갖추어져 있다. 부엌에서는 생활정보 단말기를 통하여 생활에 필요한 정보를 제공하도록 되어있다. 또한 방안의 온도와 습도, 이산화탄소 농도를 고려해 전체적으로 기기의 운전을 관리하며, 에너지의 소비량도 전력선을 통해 모니터해 보여준다. 마쓰시다가 2001년 6월에 발표한 eHII는 HII의 콘셉트를 브로드밴드나 모바일 인터넷, 디지털 방송에까지 확장한 것이다. eHII의 목적은 "네트워크 가전 인터넷을 중심축으로 하여 기기, 네트워크, 서비스 및 콘텐츠를 일체적으로 실감할 수 있는 즉, 개인과 사회가 연결되는 새로운 생활 제안과 비즈니스 스타일을 만든다는 것이다.

(4) 홈 서버

- **홈 서버의 개념 :** 2001년도 1월 라스베이거스에서 개최된 가전제품 전시회인 CES (Consumer Electronic Show)에서 최초로 제안한 개념으로서, 가정 내 여러 가지 가전제품들이 네트워크에 연결했을 때 네트워크의 중심적인 역할을 맡는 컴퓨터를 지칭한다〈그림 3-3〉. 유비쿼터스 홈 서버는 다음과 같은 기능이 필요하다.
  - **관리기능 :** 홈 서버의 주요한 기능은 네트워크와 네트워크에 접속된 각각의 기기를 관리하는 일이다. 즉 네트워크에 새로이 접속되는 기기를 등록하거나 필요 없어진 기기를 삭제하는 일을 한다.

- **축적기능 :** 가정의 네트워크를 돌아다니는 정보를 저장해 주는 역할이다. 특히 영상이나 화상을 빈번하게 사용하게 되면 정보량이 급격하게 늘어나기 때문에 개개의 기기에 저장하면 효율성이 떨어질 수 있다. 따라서 유비쿼터스 네트워크에서는 홈 서버에 대용량의 기록 장치를 갖추고 필요에 따라 각 기기로 이를 전송해 사용하는 방식이 일반화될 것으로 보인다.

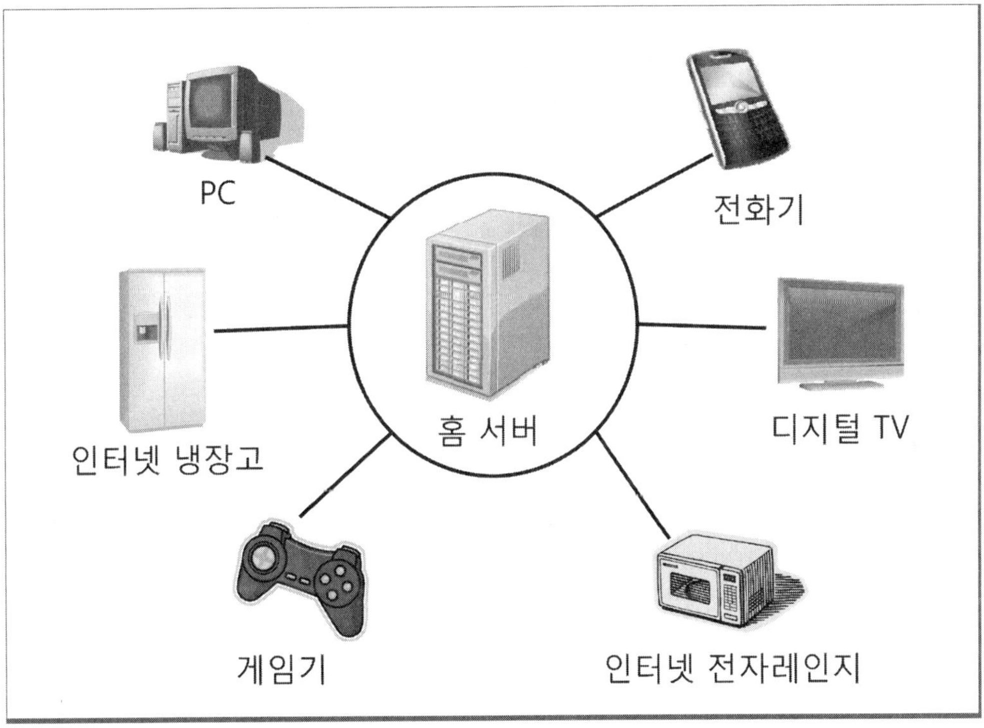

〈그림 3-3〉 홈 서버 구성도

(5) 헬스 케어

- **고령화 사회의 키워드 :** 가정 내에서 유비쿼터스가 할 수 있는 것 중에서 가장 기대가 되는 분야가 노인 부양과 장애인을 위한 생활공간을 만드는 일이다. 병에 걸렸거나 거동이 불편한 노인을 돌보기 위하여 이를 효과적으로 지원하기 위한 환경을 조성할 수 있을 것으로 기대된다. 예를 들어, 신체가 자유롭지 못한 사람을 위해 음성 명령만으로 자동적으로 높낮이가 조절되는 침대나 쾌적한 온도를 자동으로 조절해 주는 공기조절 시스템 등을 생각해 볼 수 있다. 또한 독거노인을 위하여 건강상태를 네트워크에 연결시킨 텔레비전 카메라를 통하여 항상 모니터하고, 이상이 있을 경우 바로 의료기관의 네트워크에 통보를 하는

애플리케이션도 구상할 수 있다. 또한 정신적인 측면에서 독신생활을 하는 노인끼리 혹은 가족들 간의 소통을 도와주는 시스템도 생각해 볼 수 있다.

(6) 홈 시큐리티

- 재산과 생명을 지키는 시큐리티 분야도 유비쿼터스 환경에서 큰 수요가 예상된다. 유비쿼터스 컴퓨팅은 시큐리티 분야에서도 활약이 클 것으로 기대된다. 예를 들어 집안에 도둑이 들었을 경우 센서가 이를 감지하여 자동으로 격퇴를 시켜준다던가, 화재가 일어날지 모르는 상황이 발생하면 자동으로 119에 연락을 하는 등의 서비스를 생각해 볼 수 있다.

- 홈 시큐리티 분야에서 요구되는 기술이 센서 기술이다. 현재 인간의 존재를 감지하는 '인간감지 센서'나 창문 유리가 파손되었는지 여부를 검출할 수 있는 기술이 개발되어 있으며 부재중에 방문한 사람의 영상을 현관문에 설치된 텔레비전 카메라에서 촬영하여 휴대전화로 전송, 집주인이 바로 확인할 수 있도록 하는 시스템도 개발되어 있다.

(7) 엔터테인먼트

- 엔터테인먼트 분야에서도 유비쿼터스의 바람이 불고 있다. 그 중 가장 주목할 만한 키워드가 온 디맨드와 쌍방향성이라고 할 수 있다.

  - **온 디맨드(On Demand)** : 20세기에는 방영시간에 맞추어 텔레비전이나 라디오를 즐겼으나 유비쿼터스 컴퓨팅이 진전되면서 주문형으로 음악이나 영화를 즐길 수 있게 될 것이다. 즉 홈 서버에 영상이나 음악을 저장하여 편한 시간에 이를 꺼내 감상할 수 있다.

  - **쌍방향성(Interactive)** : 지금까지는 일방적으로 시청하는 입장이었던 텔레비전 프로그램에도 쌍방향 기능을 사용하여 직접 참여를 할 수 있게 된다. 예를 들어 텔레비전의 리모컨을 통하여 입력된 시청자의 앙케트 결과를 네트워크를 통해 수집해 다시 프로그램 내에서 방송한다든지, 일반 가정의 영상을 텔레비전 방송국에 보내 프로그램을 만드는 방식을 말한다.

엔터테인먼트 서비스가 원활하게 제공되기 위해서는 네트워크 속도의 개선이 요구된다. 새로운 가정용 엔터테인먼트가 등장함에 따라 가정에도 광케이블을 중심으로 한 브로드밴드 네트워크가 급속하게 보급되리라 예상한다.

3.2 교육학습생활(u-Education)

(1) 유비쿼터스 교육

- **유비쿼터스 교육을 위한 전제 :** 2009년까지 전 세계적으로 생산된 PC가 20억대를 돌파하였으며 국내의 컴퓨터보급 대수도 2009년 말에 4,000만대이며, 초등학생의 99.3%, 중고, 대학생의 100%가 컴퓨터를 사용하고 있다. 또한 대부분의 초·중등학교 자녀를 둔 가정에는 컴퓨터가 있으며 초고속 인터넷이 연결되어 있다. 정부가 지금까지 전국의 모든 초·중고등학교에 100% 컴퓨터를 설치하고 무료로 인터넷 서비스를 제공하였으며, 농어촌 지역을 정보화 마을로 선정하여 컴퓨터와 인터넷 접속 장비를 설치하였다. 이것은 전통적인 의미에서의 교육정보화는 포화상태에 이르렀음을 의미하는 수치이다.

- **유비쿼터스 교육이란? :** 유비쿼터스 컴퓨팅과 유비쿼터스 네트워크 패러다임이 새로운 교육환경을 창조하고 컴퓨터, 학교, 학생, 학부모, 교사들 간의 관계를 재정립하는 미래형 교육시스템을 말하는 것이다. 이것은 학교와 가정에서의 교육에만 관련된 것이 아니라 기업, 정부, 군대 등에서의 인적 자원을 육성하기 위한 모든 분야에서의 학습 환경 및 학습 도구의 통합을 의미한다. 유비쿼터스 교육에서는 유비쿼터스 컴퓨팅 기술과 유비쿼터스 네트워크에서의 접속을 통해 획일적이거나 강제적이지 않고, 다수의 학생들에게 각자의 개별화된 욕구에 따라 학습하고, 그러한 학습 환경에서 부모, 교사들의 피드백이 자연스럽게 이뤄진다. 학습자가 사용하는 컴퓨터는 책상에 고정되어 있거나 사용하기 어렵지 않도록 인터페이스나 휴대하는데 있어 용이한 학습 에이전트 역할을 수행한다. 학생들이 공부하는 학습공간도 학교와 교실에 국한되지 않고 모든 실제 세계의 공간이 학습공간이 된다. 센서와 칩 형태로 컴퓨터가 심어진 지능화된 사물도 학습에 도움을 줄 수 있으며, 학생들이 휴대하는 학습 단말과의 대화를 통하여 언제 어디서나 학생들이 원하는 정보를 제공해 줄 수 있다. 이러한 유비쿼터스 교육에 대한 연구는 미국의 정보기술과 교사 교육학회(SITE : Society for Information Technology and Teacher Education)에서 1998년부터 학술대회를 열어 진행하고 있으며, 교육 커뮤니케이션과 기술연합회(AECT : Association for Education Communication and Technology)도 1999년부터 2003년까지 미국의 학생, 교사, 학부모가 언제 어디서나 접속하여 학습하고, 가르치고, 참여할 수 있는 유비쿼터스 기반 교육 환경의 영향과 미래 방향에 대해 연구하였다.

(2) 유비쿼터스 교육시스템

- **유비쿼터스 교육시스템의 정의 :** 노무라종합연구소에서 정의한 개념으로서 "유비쿼터스 네트워크상에서 개인과 기업, 대학, 자격증 취득지원 학원 등이 연결되어 다양한 학습 프로그램과 자격시험을 치룰 수 있게 서비스를 제공하는 시스템"을 말한다. 유비쿼터스 교육학습 시스템이 제공하는 서비스의 기본적인 흐름은 다음과 같다.

- 개인 이용자가 유비쿼터스 단말기를 사용하여 휴일이나 야간 등 비어있는 편리한 시간을 이용하여 자유롭게 기업, 대학, 자격증 취득 지원 학원 등의 다양한 학습 프로그램을 고화질, 고음질로 이용한다.

- 유비쿼터스 단말기에 장착된 개인인증 기능으로 이용자 각자의 학습이력을 축적시켜 학습 프로그램의 중단, 재개 및 취약한 부분의 자동 중점 학습, 각종 자격시험 및 합격결과 통지 등이 가능해 진다.

- 더 나아가 유비쿼터스 단말기를 통해 실시간으로 쌍방향 커뮤티케이션형의 학습 프로그램을 수강하거나 개인 서비스를 받을 수도 있다.

- 요금이 부과되는 서비스는 자동으로 결제가 이뤄진다.

유비쿼터스 교육시스템의 가장 큰 장점은 학습 프로그램 선택의 폭이 넓다는 것과 일상생활을 하면서 빈 시간을 활용하여 장소에 구애를 받지 않고 학습 할 수 있으므로 효과적이고 효율적인 능력개발이 실현된다는 점이다. 또한 고화질 영상, 고음질 음향으로 현장감을 높이고 게임 감각을 이용한 학습 프로그램, 시험을 통해 수강자간 상대평가를 실현하는 등 학습 프로그램의 콘텐츠의 고도화도 기대해 볼 수 있다.

- **유비쿼터스 교육시스템의 서비스 내용 :** 유비쿼터스 교육시스템에서 제공되는 서비스는 다음과 같다.

- 학습 프로그램 제공 서비스

- **강의형 서비스 :** 단말기의 화면에서 나오는 강사와 교재를 보면서 학습
- **협업 학습형 서비스 :** 단말기를 통해 파일을 공유하거나 서로 보완을 하면서 학습
- **개별 지도형 서비스 :** 단말기를 통하여 강사와 쌍방향 커뮤티케이션을 하면서 학습
- **자습형 서비스 :** 단말기로 받은 교재를 통해 학습을 진행하면서 통신으로 첨삭을 받는다.
- **시험형 서비스 :** 단말기로 받은 시험지를 정해진 시간 안에 풀어 각종 자격시험이나 모의시험을 치른다.

- **학습지원 서비스**
  - **개인별 학습관리 서비스 :** 각 수험생의 학습이력, 발전상황, 성적 등을 일원적으로 관리
  - **Q&A 서비스 :** 학습 중에 다양한 질문과 답변 서비스
  - **실력관리 서비스 :** 실력 진단 및 목표와의 편차나 적합한 커리큘럼을 파악
  - **개인교사 서비스 :** 다양한 학습 프로그램 중에서 유사 프로그램의 비교 · 평가나 자기 능력에 맞는 프로그램의 소개, 능력 개발에 관한 상담 등의 서비스
  - **넷 커뮤니티 서비스 :** 단말기를 통하여 수강생과 강사를 연결하는 가상 커뮤니티를 형성

(3) 유비쿼터스 교육의 예

- **NRI의 차세대 e-Learning :** NRI(노무라 종합연구소그룹)는 1인 1 PC 시대 이전부터 CAI(Computer Aided Instruction) 교실을 마련하는 등 일찍부터 유비쿼터스 교육에 착수하였다. 현재 NRI그룹은 고속 광대역의 인트라넷 환경을 정비하였고 아울러 교육 콘텐츠의 멀티미디어화를 보급 · 정착하여 인재육성에서 큰 효과를 거두고 있다. 현재 NRI 그룹이 추진하고 있는 교육훈련 사업은 다음과 같은 것들이 있다.

  - **외부용 인재교육 비즈니스 :** 1997년부터 NRI Learning Network 주식회사를 설립하고 정보기술, 기업경영에 관한 각종 연수사업과 기업을 대상으로 한 교육 콘텐츠와 플랫폼에 관한 사업을 진행하고 있다. 자습형 교육시스템인 NetTutor가 그 대표적인 성과라 할 수 있다.

  - **3D-IES(Interactive Education System) 프로젝트 :** NRI가 큐슈대학 대학원 언어문화연구원과 공동 개발한 실시간 커뮤니케이션 시스템으로 가상 3차원 공간에서 스스로 회화하면서 언어를 습득할 수 있도록 개발한 시스템이다. 아울러 홋카이도 대학, 나고야 대학, 교토대학, 히로시마 대학, 큐슈 대학을 연계한 가상 수업도 시도를 하고 있으며 당초 예상했던 기대치를 웃도는 교육 효과를 올리고 있다.

- **UCLA의 스마트 유치원 :** 미국 UCLA의 스마트 유치원(Smart Kindergarten) 프로젝트는 유비쿼터스 컴퓨팅과 센서 기반의 무선 네크워크를 통해 유치원이라는 물리 공간 속에서 유아들이 어떻게 학습을 하는가 규명하기 위한 연구다. 유비쿼터스 유치원 프로젝트는 UCLA의 컴퓨터 공학과, 전자공학과, 교육정보과학대학원 등이 공동 협력하여 2000년부터 진행하고 있으며, 유비쿼터스 컴퓨팅 기술이 어떻게 교육 분야에 적용한가를 실험하기 위한 연구로, 원아들이 말을 배우고, 장난감을 통해 학습하며, 다른 원아들이나 교사와 상호작용을 어떻게 하고, 그것이 아동에게 미치는 영향 등을 분석한 연구이다. 스마트 유치

원 프로젝트에서 적용한 컴퓨팅 기술은 다음과 같은 것들이 있다.

- **무선인식 기술 :** 아동과 장난감의 이름과 위치를 실시간으로 파악하기 위하여 활용하였다.
- **센서와 상황인식 기술 :** 원아들이 사용하는 언어인식, 상호작용 특성, 행동감지, 동태적 변화를 추적하기 위하여 활용하였다.
- **데이터 마이닝 :** 실시간으로 센서로부터 전달되는 상황을 추론, 분석하기 위하여 적용하였다.

스마트 유치원 프로젝트는 센서 기반의 무선 네트워크 기술과 센서가 심어진 사물과 같은 물리적 세계와 사람들 간의 상호작용을 상황인식 차원에서 실시간으로 분석할 수 있는지 여부를 정밀하게 시험한 연구로서 의의가 있으며, MIT미디어랩의 '미래의 장난감' 연구와 같은 관련 연구들을 촉발시켰다.

- **신슈대학의 인터넷 대학원 :** 신슈대학이 2001년 4월에 개설한 인터넷 대학원으로 설치된 과정은 대학원 공학계 연구와 박사 전기 과정의 정보공학 전공으로 인터넷 멀티미디어 기술을 구사하여 언제, 어디서나를 목표로 시작되었다. 현재 인터넷 대학원은 웹 페이지 자료에서부터 가장 위 단계인 대면지도까지 단계별로 운용되고 있다.

3.3 도시생활(지능형 도시)

(1) 유비쿼터스 도시(u-도시)의 정의

- **유비쿼터스 도시의 탄생 배경 :** 도시에는 수많은 공간, 사물 그리고 사물이 존재하며 이에 따라 각기 다른 활동이 수행된다. 유비쿼터스 도시의 발상은 이들을 하나로 연결시키는데 있다. 물리적인 요소들만을 대상으로 하는 전통적인 도시계획은 이들을 하나로 연결하지 못했다. 그것은 물리적 공간의 특성, 즉 시간과 거리, 그리고 공간의 고정성이라는 제약에서 비롯된 것들이었다. 인터넷과 같은 정보기술의 발달은 이러한 물리적 공간의 제약을 극복할 수 있는 실마리를 가져다주었고, 새롭게 부상하고 있는 유비쿼터스 컴퓨팅이 공간, 사물, 사람 그리고 활동을 어떻게 하나로 연결시켜줄 것인가에 대한 해답을 제시하고 있다.

- **유비쿼터스 도시란 무엇인가? :** 광대역 유선 네트워크, 모바일 네트워크, 무선 네트워크가 언제, 어디서, 어떤 단말과도 연결해 주는 기반구조를 유비쿼터스 네트워크라고 부른다. 광대역 초고속정보통신망이 모든 도시공간을 사람 몸의 척추와 같이 네트워크로 연결하고, 모바일 네트워크는 휴대폰을 가지고 있는 사람이 전국 어디에서든 연결되는 것처럼 모든 공간을 동일한 방식으로 빈틈없이 연결하며, 무선 네트워크가 도시공간의 다양한 크기와 종류에 따라서 수많은 백화점, 박물관, 시장, 교량, 체육관과 같은 공간에 존재하는 내부 요소들을 하나로 연결시킴으로 도시 전체의 사물이 지능화되고 사람과 정보를 주고받을 수 있게끔 구축한 것을 유비쿼터스 도시라고 부른다.

(2) 유비쿼터스 도시의 구성요소

유비쿼터스 도시는 다음과 같은 요소로 이뤄진다.

- **유비쿼터스 정부(u-Government) :** 전자 정부는 이미 인터넷이 활성화 되던 무렵부터 모든 정부기관의 목표였다. 그리고 2005년 현재 우리나라의 정부 행정기능은 대체로 양호한 수준의 정보화가 이뤄진 것으로 평가된다. 실제 이전에는 종이로 이뤄지고 관공서에서만 이루어지던 수많은 일들이 인터넷 환경 하에서 더 빠르고, 더 편리하게 서비스되고 있다. 이것은 유비쿼터스 도시를 이루기위한 중요한 전제조건이 된다.

- **긴급재해 서비스 :** 유비쿼터스화된 도시에서 가장 눈에 띄게 변화하는 것 중에 하나가 긴급재해에 대한 관련기관의 빠른 대처다. 종전에는 화재가 발생하였다고 하더라도 신고가 있기 전에는 소방 서비스가 출동할 수 없었지만, 유비쿼터스화된 도시에서는 화재의 기미가

있을 때부터 이미 빌딩의 재해방지시스템이 작동하여 화재의 위험을 최소화하고, 실제 화재가 발생하더라도 신고 없이 바로 센서가 가장 빠르게 대처할 수 있도록 119와 연계하여 빠르게 대처한다.

- **친환경 시스템** : 친환경시스템이란 도시의 각종 환경을 관리하는 개념이다. 실시간 환경감시(오염원, 토양오염), 재난경보시스템(지하수 수질감시, 대기/소음 관리 등) 각종 관리시스템을 총칭하는 것을 유비쿼터스 친환경시스템이라고 한다. 곳곳에 내장되어 있는 칩은 실시간으로 각종 환경에 관련된 재난을 예보하고 이를 총괄하는 시스템은 가장 적절한 대안을 대어 도시의 환경을 언제나 최적화된 상태로 유지한다. 각종 재활용이 가능한 자재들은 지금처럼 버려지지 않고 정해진 프로그램에 따라 재활용이 되어 폐기물을 관리하는데도 혁신을 이룰 것이다.

- **인공지능 교통시스템** : 스티븐 스필버그가 연출한 '마이너리티 리포트'를 보면 주인공이 탄 자동차가 자동항법장치에 의해 운전되어 원하는 장소로 이동되는 것을 발견할 수 있다. 실제 도로 곳곳에 설치되어 있는 컴퓨터와 차안의 컴퓨터가 정확하게 연동하게 되는 근 미래사회에서는 목적지만 입력하면 차량이 자동으로 운전을 하게 되는 것도 가능한데 이런 영화 속의 공상을 현실화 시키는 기술이 유비쿼터스다. 이미 GPS와 연동한 내비게이션 시스템으로 유비쿼터스의 일부를 체험하고 있지만, 발전된 유비쿼터스의 모습은 차량과 차량 사이의 거리를 조정하여 실제 교통사고 방지 시스템이 작동된 도시를 말할 것이다. 이미 적용 중인 GPS 내비게이션 시스템은 유비쿼터스와 하나가 되어 더 강력하고 편리한 서비스로 발전해 나갈 것이다.

- **지역 커뮤니티** : 유비쿼터스는 사람과 사람 사이의 연계가 부족한 사회의 또 하나의 대안이 될 수 있다. 대면 접촉에 두려움을 가진 사람도 웹에서의 만남은 좀 더 적극적이었던 것처럼, 언제 어디서나 웹에 접속할 수 있는 사람들은 같은 이해관계를 가지고, 같은 관심사를 가진 지역 커뮤니티로 활성화될 것이다. 실제 현재 서비스되고 있는 각종 단지 네트워크는 단지 내의 생활을 좀 더 윤택하도록 도와주고 있는데, 유비쿼터스 기술은 이러한 단지 네트워크의 접속성을 더욱 강화하고 언제 어디서든 커뮤니티에 연결하도록 해주어 지역 커뮤니티를 활성화할 것이다. 특히 홈 네트워크 시스템이 자동으로 주문하는 쇼핑 시스템은 단지 네트워크와 연결하여 구매력을 높여 좀 더 낮은 가격에 물건을 구매할 수 있도록 하는 등 단지 내부의 사람들과 지역 커뮤니티를 강화할 것이며, 각종 지역 커뮤니티의 관심사 및 논의가 필요한 사항들을 빠른 시간 내에 해결해 줄 것이다.

- **은행업무** : 우리는 이미 모바일 뱅킹을 이용하여 유비쿼터스화된 사회에서 어떻게 은행업무가 변화할지 체험하고 있다. 유비쿼터스화된 도시의 은행업무(u-banking)는 단순 송금, 잔고 확인 등의 현재의 인터넷 뱅킹 수준을 넘어선 모든 금전 거래를 총괄하게 된다. 각종 세금과 범칙금 등은 u-정부와 연계되어 서비스된다.

- **위치정보시스템** : 위치정보시스템은 인공지능 교통시스템과 연계하여 시너지효과를 내기도 하지만 위치정보시스템 하나만으로도 큰 역할을 한다. 유비쿼터스화된 도시에서 부모는 더 이상 아이들이 미아가 될 걱정을 하지 않아도 되며 자신의 물건을 분실할 것을 걱정하지 않아도 된다. 칩이 내장된 모든 기기가 위치정보시스템과 연계되어 실제 그 물건을 분실하더라도 간단하게 분실의 위치를 검색할 수 있다. 또한 각종 물류/배달 관련 시스템과 연계되어 언제 올지 모르는 소포를 기다리기 위해 외출을 하지 못하는 일은 사라질 것이다.

(3) 유비쿼터스 도시 건설현황

u-코리아가 e-코리아에 이어 우리나라의 미래상으로 자리 잡은 가운데 주요 지방자치단체를 중심으로 유비쿼터스 도시 구현이 본격화되고 있다.

- **서울시** : 지난 98년부터 새천년 신도시 개발계획과 더불어 디지털 미디어 시티(DMC) 건설을 추진해 왔으며 DMC 중심가로에 첨단 디지털 기술과 미디어 제품으로 구성된 디지털 미디어 스트리트(DMS)도 조성할 계획이다. 강남구도 최근 모바일 · 유비쿼터스 등 차세대 정보기술을 기반으로 u-포털, u-문화, u-복지, u-환경, u-유통이라는 6대 분야 대과제를 갖고 u-스마트 강남을 실현하기 위한 3개년 중기 계획을 수립했다.

- **경상북도** : 차세대 신성장동력인 유비쿼터스의 국내 최대 테스트베드를 만든다는 것이 u-경북 프로젝트의 최종목표다. 경상북도는 유비쿼터스 경북 실현을 위해 자체 마스터플랜을 근거로 2010년까지 u-도시 건설을 위한 적정 입지도시 1개씩을 선정, u-문화관광, u-교통, u-환경, u-가정, u-농업 등 시군 특생에 따른 테마별 시범 프로젝트를 병행 추진할 계획이라고 한다.

- **제주도** : 제주는 이미 텔레매틱스 시범도시(정보통신부), 다음커뮤니케이션 이전, 전기자동차(현대자동차), 풍력발전성능기지(한국에너지연구원), 국가태풍센터(과학기술부)등 IT, BT, ET 분야의 다양한 테스트베드 사업을 진행 중이다〈그림 3-4〉. 이런 가운데 제주가 추진하는 유비쿼터스 테스트베드 사업은 성공적인 u-코리아 구현을 위한 시범도시로서

유비쿼터스 핵심도시 공간화와 첨단 관광도심모델을 구축, 제주의 경쟁력 향상과 지역경제의 고도화를 달성하는 것이 궁극적인 목표라고 한다. 따라서 유비쿼터스 핵심 도시 공간화(Cool Town City)는 교통 및 텔레매틱스와 도시환경, 관리시스템을 연계하는 u-도시와 농수축산 유통관제시스템, 내국인 면세점 및 쇼핑, 아울렛, 항공, 선박, 물류시스템 등을 연계하는 u-커머스로 구성된다. 또한 첨단 관광도시모델에는 문화 관광자원 관리시스템, 전시관람시스템, 회의산업시스템 등을 연계하는 u-관광과 동식물 생태정보시스템, 토양오염측정시스템, 기상, 재난시스템 등을 연계하는 u-환경 등이 포함된다.

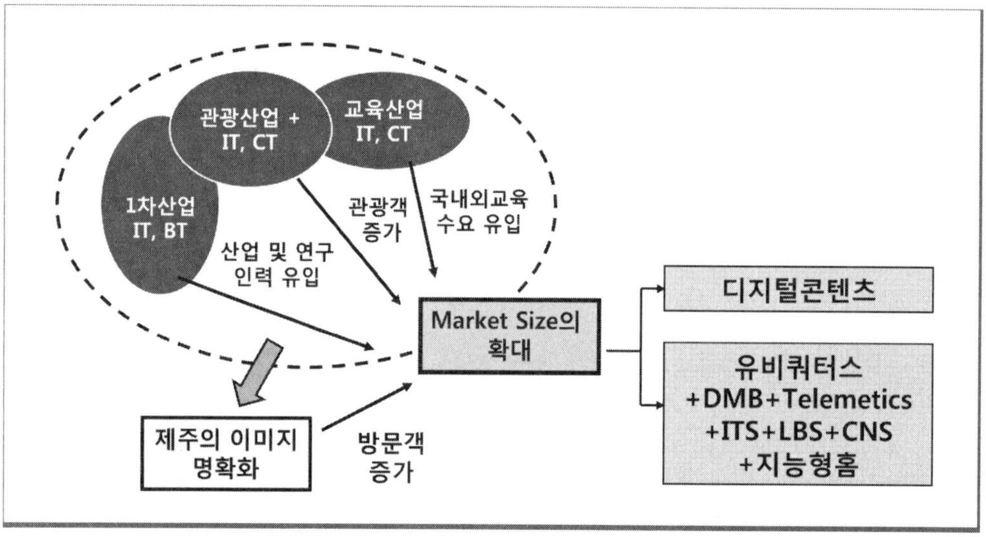

〈그림 3-4〉 u-제주 개념도

3.4 행정(u-Government)

(1) 유비쿼터스 정부(u-Government)의 개념

- 액센추어(Accenture) 컨설팅사가 제시한 개념으로서 현재와 같은 전자정부 대신에 차세대 정보기술을 활용한 정부체제를 지칭한다. 정보기술 패러다임의 발전단계를 볼 때 유비쿼터스 정부가 전자정부의 연장선상에 있다 할지라도 정보의 성격과 정보화의 대상, 컴퓨팅 환경, 정보기반의 특성 등은 차이가 크다. 〈표 3-1〉은 전자정부와 유비쿼터스 정부의 차이점을 요약한 것이다.

〈표 3-1〉 전자정부와 유비쿼터스 정부의 차이점

구분	전자정부	유비쿼터스 정부
정보의 성격	종이로 된 문서, 자료를 디지털/DB화한 것	공간속의 환경, 사물, 사람과 이들 간의 연계에 관한 상황인식 정보 (위치, 변화, 동작, 정체성 식별, 물리적, 화학적, 생물학적 상태, 표정, 대화)
정보화의 대상	문서나 자료를 다지털화하여 정부기관간, 정보와 민간간 공유하거나 이를 활용하여 행정 업무를 처리하는 것	센서나 태그를 통해 수집된 상황인식 정보를 실시간으로 수집, 공유하고, 사람이 개입하지 않아도 사물이나 컴퓨터 스스로가 필요한 의사결정이나 행동조치를 취할 수 있도록 하는 것
컴퓨팅 환경	PC와 웹 기술	임베디드 컴퓨팅
정보 기반	유선 네트워크 중심	유선, 모바일, 무선 네트워크의 통합을 통한 기능적, 지능적 네트워크 중심

- 〈그림 3-5〉에서와 같이 전자정부(e-Government), 모바일 정부(m-Government) 개념을 포괄할 수 있는 광의의 개념을 유비쿼터스 정부(u-Government)라고 하며, 유무선 네트워크를 통하여 어떤 단말 환경에서나 행정 서비스를 제공하고 업무처리를 할 수 있는 전자정부를 의미한다.

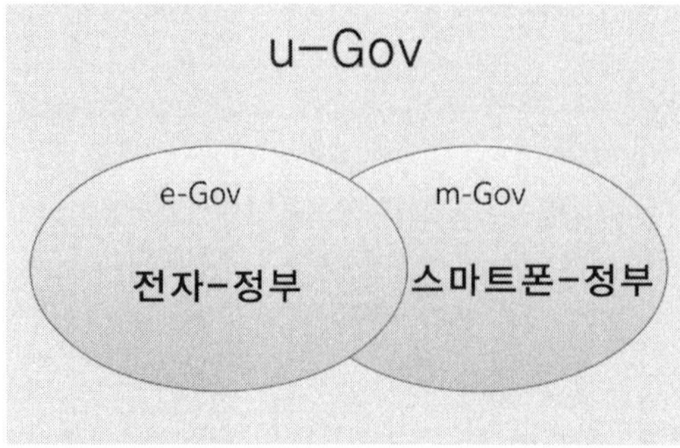

〈그림 3-5〉 유비쿼터스 정부의 위치

(2) 유비쿼터스 정부 추진전략

유비쿼터스 정부는 다음과 같이 단계적으로 추진 하는 것이 바람직한 것으로 평가되고 있다.

- **유비쿼터스 정부 추진을 위한 기반 조성**
  - 브로드밴드 확산 및 고도화가 전제되어야 한다.
  - 무선, 모바일 네트워크의 고도화 및 서비스가 확산되어야 한다.
  - IP주소체계를 IPv4 체제에서 IPv6 체제로 성공적으로 이행한다.

- **모바일 전자정부의 추진**
  - 핸드폰, PDA 등 이동 단말기를 중심으로 모바일 정부를 구축한 뒤 디지털 TV, 전화기, 키오스크, 기타 가전제품으로 단계적 확대를 한다.
  - 유무선 통합 및 보편적 상시접속을 구현한다.

- **응용기술 및 서비스를 발굴**
  - 증강현실(Augmented Reality), 제 3 공간 등의 개념에 맞는 공공부문 응용 기술 및 서비스를 발굴한다.
  - ITS, 초소형 칩을 이용한 의료분야 적용, 스마트먼지를 이용한 국방 분야 적용 등을 이룬다.

(3) 유비쿼터스 정부 구축효과

유비쿼터스 정부의 구현이 가지고 올 효과는 전자정부의 구현에 따른 효과보다 더 크게 나타날 것이다. 유비쿼터스가 실현되면 그동안 기술과 인력 때문에 제한되었던 행정서비스의 영역이 크게 확대됨은 물론 그 수준도 비약적으로 높아질 것이다. 그 효과는 대략 다음과 같은 영역에서 가시화될 것으로 예상된다.

• **예산의 절감 효과**

- 정부기관에서 구매한 모든 기계장비 등에 센서와 칩을 내장하고 네트워크로 연결하면 그 활용 정도와 고장 유무를 실시간으로 파악함으로 자산관리의 효율성과 불필요한 구매를 줄여 예산을 절감할 수 있다.

- 전국의 모든 교량과 교각에 안전진단 센서를 내장하고 이를 연결하면 수만명의 인력이 없어도 육안으로 관찰하는 것보다 정확하게 교량의 안전성을 진단하고 필요한 조치를 실시간으로 내릴 수 있다.

- 전국의 폐수 및 대기 오염물질을 배출하는 모든 지점에 감시와 추적센서를 부착하여 이를 실시간으로 모니터링하고 국민에게 공개함으로 예산 절감 효과를 볼 수 있다.

• **공공서비스의 질 개선 효과**

- 유비쿼터스 정보기술을 활용하여 모든 노인들에게 건강관리용 무선인식 센서, 뱃지를 달아주고, 모바일 민원서비스 기반으로 구축하여 세금고지나 민원, 유아들의 예방접종 안내 등을 언제, 어디서, 어떤 단말기로도 제공할 수 있게 된다.

- 교통유발 부담 대상 건물에는 차량 유·출입 센서를 부착하여 실시간으로 교통량을 파악하고 이에 따라 계산된 부담금을 부과함으로써 정확하고 신뢰성 있는 제도를 운영할 수 있다.

(4) 유비쿼터스 정부의 발전단계

• 유엔 사무국과 미국 행정학회(ASPA)가 공동으로 유엔 사무국의 전자정부 구현 수준을 평가할 때는 다음과 같이 5단계로 나눠서 실시한다.
  - 시작 단계 : 제한적 서비스를 제공된다.
  - 발전 단계 : 주기적으로 정보가 갱신되고 컨텐츠가 현행화된다.
  - 상호작용 단계 : 이메일을 통한 의사소통 및 민원양식의 전자적 제공이 이뤄진다.
  - 전자거래 단계 : 비자, 여권, 출생기록 등의 온라인 발급과 조세 및 수수료 등의 전자납부가

이뤄진다.
- 통합처리 단계 : 부처 및 기관간 경계 없는 온라인 서비스가 제공된다.

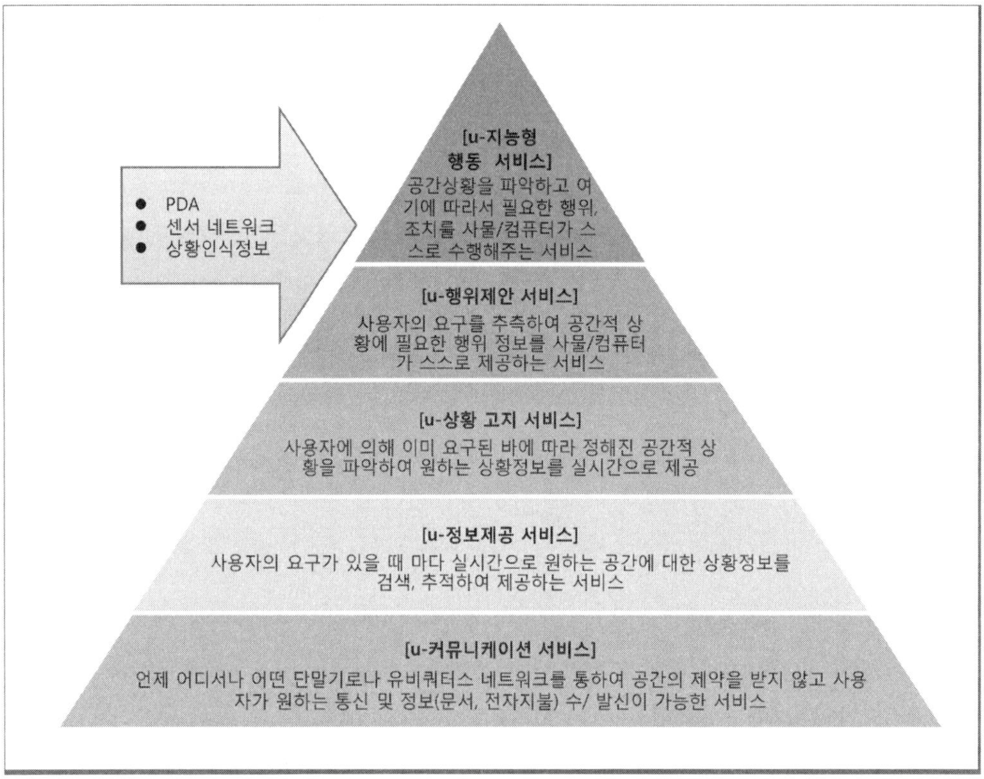

〈그림 3-6〉 유비쿼터스 정부의 서비스 발전단계

그러나 이것을 유비쿼터스 정부의 발전 단계에 적용하는데는 많은 무리가 따른다. 전자정부의 발전단계를 결정짓는 정보화의 수준이 전자적인 문서나 DB정보를 온라인으로 제공, 업데이트, 공유, 발급 또는 납부할 수 있느냐를 평가하는 지표이기 때문이다.

따라서 유비쿼터스 컴퓨팅과 정보기술을 활용한 유비쿼터스 정부 서비스의 발전단계는 〈그림 3-6〉과 같이 표현하는 것이 합당하다. 궁극적으로는 상기 5단계의 서비스를 제공할 수 있는 정부를 창조하는 것이 유비쿼터스 정부가 지향하는 목표라고 할 수 있다.

3.5 기업경영(u-Commerce)의 정의

(1) 유비쿼터스 상거래(u-Commerce)의 정의

- u-커머스는 유비쿼터스 컴퓨팅, 브로드밴드와 무선통신, 항상 휴대 가능한 다양한 단말기, 차세대 응용 소프트웨어 등 첨단 IT를 쇼핑과 매장관리, 공급망관리(SCM)와 고객관계관리(CRM), 제조공정관리, 부품 및 기계의 유지관리, 물류, 교통, 의료, 기업경영관리, 정보 서비스 등의 다양한 분야에 응용하는 새로운 비즈니스 체계를 말한다.
- 개념적으로 휴대폰이나 PDA를 기반으로 하는 무선 상거래(m-Commerce)와 양방향 텔레비전을 이용한 텔레비전 상거래(T-Commerce), 말하는 사람의 음성인식을 통한 음성 상거래(v-Commerce), 작고 저렴한 마이크로기계 칩(MEMS)이나 RFID 태그를 활용한 지능화한 사물을 모두 포괄하는 의미다.
- u-커머스와 e-커머스의 차이

  u-커머스는 전자상거래나 모바일 커머스를 뛰어넘는 새로운 차원의 상거래라고 할 수 있다. 일반적으로 u-커머스는 〈표 3-2〉와 같이 여섯 가지 측면에서 전자상거래와 다른 특성을 지닌다.

〈표 3-2〉 e-커머스와 u-커머스의 차이

구분	e-커머스	u-커머스
활용 기술	유선 인터넷과 웹 기술 활용	증강현실, 웹 현실화 기술 활용
기반 네트워크	PC 네트워크	스마트폰과 웨어러블 컴퓨터를 기반으로한 휴대기기의 네트워크
상거래 활동	의식적인 컴퓨터 활용을 통해 이뤄짐	자율 컴퓨팅 기능을 갖는 기기와 사물들에 의해 무의식적으로 이뤄짐
정보화 영역	주문, 결제와 같은 상거래 과정을 네트워크로 연결하여 이를 전자적으로 처리	상품이나 그 상품과 연계된 물리적 생활공간 속의 사물과 기업의 비즈니스 공간에 존재하는 사물까지 지능화, 네트워크화 하는 것
활용 정보	고객이 가입 시 입력한 정보	단말기나 사물에 심어진 센서, 칩, 태그, 라벨이 고객의 상황정보 및 상품의 상황정보를 실시간, 연속으로 인식, 추적

(2) 유비쿼터스 마케팅

유비쿼터스 마케팅이란 유비쿼터스 환경, 기술을 활용하여 고객에게 보다 가치 있는 서비스를 제공할 수 있는 마케팅 기법을 말한다. 예를 들어 지하철에서 본 광고 속의 제품을 모바일 폰으로 구매하고 집에 오는 길에 근처 편의점에서 물품을 받는다. 집에 들어서자 센서가 작동하여 집안의 온도와 습도가 적당히 조절되며 원격 진단이 가능한 소파에 앉아 TV를 켜보면 본인의 건강상태가 체크된다. 버튼 하나로 본인이 원하는 서비스를 자동으로 제공받을 수 있는 것이다.

- 유비쿼터스 마케팅의 접근방법 : 노무라 연구소의 나카지마 컨설턴트는 유비쿼터스 네트워크가 현재 소비자 중심 네트워크에 3가지 새로운 형태를 갖다 준다고 하였다. 구체적으로는 컨텍스트(Context) 마케팅, 벤치마킹 마케팅, 협력(Collaborative) 마케팅이 그것이다. 이러한 새로운 형태의 채택은 고객에게 제품과 서비스에 새로운 가치를 제공할 것이고 기업은 각 고객들로부터 증가된 이익을 얻는 것이 가능할 것이다. 이들 3가지 접근방법의 특성을 정리한 것이 〈표 3-3〉이다.

〈표 3-3〉 유비쿼터스 마케팅 접근방법의 특징

구분	컨텍스트 마케팅	벤치마크 마케팅	협력 마케팅
유비쿼터스 네트워크에 의한 근본적 변화에 대한 반응	감지와 추적에 대한 증가된 능력	커뮤니티의 증가된 힘	가시적인 지식의 교환과 공유
3가지 접근방법의 개괄	욕구가 생성되는 시간에 어필함으로써 소비자의 구매의도를 부추김. 개인 속성과 구매 역사뿐만 아니라 개인맥락(장소, 활동, 시간 등)에 반응하여 제안이 이뤄짐	제품 평가순위 혹은 소비자 커뮤니티의 전문적 자문을 통해 자아확신을 구축함으로써 소비자의 구매욕구를 활성화시킴	제품기획과 개발과정에 참여하려는 소비자의 욕구를 향상시키고, 또한 제한된 혹은 고객에게 맞춘 제품을 제공함으로써 충성도가 높은 고객으로 창출함
대표적 사례	구파스 : 모바일 폰에 이메일을 보내기 위한 자동화된 십자문 활용	Music Front : 소비자가 모바일 폰을 통해 접근하고 그들이 선호하는 음악에 투표할 수 있는 음악평가 사이트	1000명의 선택 : TV방송과 인터넷을 활용하는 제품기획과 개발 프로그램
소비자를 위한 가치	적절한 시점의 제안, 충분히 주의를 기울이는 소비자 서비스	지식과잉 혹은 부족회피, 자아-확신을 구축함으로 만족 향상	제품기획 과정에 참여함으로 자아실현. 자신에게 적합한 제품 확보
제품생산자에 대한 가치	가격경쟁회피(충동구매 행위를 부추김)	제품평가지식을 수용	주문베이스 생산에 의해 니치 마켓을 포함하는 위험 회피

Chapter 04

유비쿼터스의 기반 기술 세계

제4장

유비쿼터스의 기반 기술 세계

요 약

원활한 유비쿼터스 서비스를 위해서는 다양한 종류의 컴퓨터가 사람, 사물, 환경 속에 내재되어 있고 이들이 서로 연결되어 사용자가 필요한 곳에서 원하는 서비스를 받을 수 있어야 한다. 따라서 현재의 기계를 사용하기 위해 사용자가 기계를 배워야 하는 구조에서 벗어나 기계가 사용자의 행동을 배워 필요한 솔루션을 제공하는 방향으로 발전해야 한다. 본장에서는 이러한 유비쿼터스 구현을 위하여 필요한 기반 기술에 대해서 알아보도록 한다.

4.1 유비쿼터스 기반 기술 개관

(1) 유비쿼터스 기반 기술 분야

유비쿼터스 컴퓨팅 또는 유비쿼터스 사회 시스템을 구현하는데 필요한 기반 기술 분야를 도출해 보면 다음과 같다. 우선 사물에 내재되어 있는 초소형 컴퓨팅 기기를 만들기 위한 기반 기술로 **디바이스 기술**이 필요할 것이다. 다음으로 이런 컴퓨팅 기기들이 외부의 변화를 감지하여 정보를 얻기 위해서는 **센싱 기술**이 필요하다. 이렇게 받은 데이터를 분석하고 판단하기 위해서는 실시간 OS와 같이 간단한 구조를 가지고 있으며 실시간 처리가 필요한 **작은 OS**가 필요하다. 처리된 정보는 인터페이스 기술을 통해 사람에게 인간 친화적이고 지능화된 형태의 **디스플레이**를 통하여 전달되게 된다. 또한 받은 데이터를 컴퓨팅 기기끼리 교환하고 시시각각 변하는 사물들의 위치 정보를 동적으로 연결하기 위해서는 **네트워크 기술**이 필요하다. 이렇게 네트워크를 통하여 정보가 도처에 존재함에 따라 기본적으로 **보안**에 대한 필요성이 커지게 되고 보안의 취약성을 극복하기 위해서는 생체인식과 같은 기술이 필요하게 된다.

〈그림 4-1〉은 이와 같은 유비쿼터스 기반기술의 기본 구조를 나타낸 그림이다.

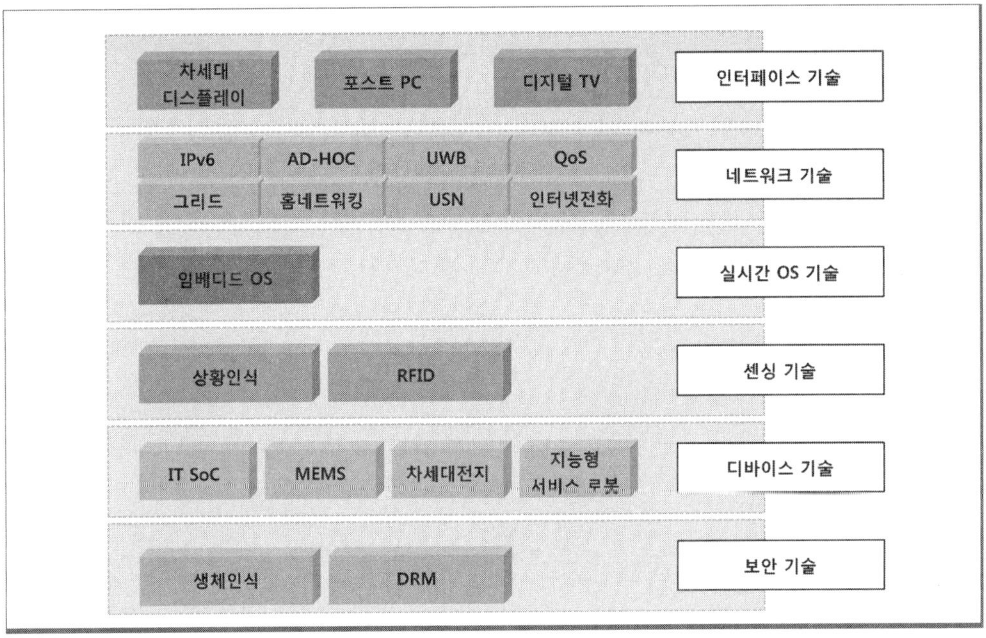

〈그림 4-1〉 유비쿼터스 기반기술 구조

4.2 인터페이스 기술

(1) 차세대 디스플레이

- **디스플레이 시장의 최근 추세 :** 정보화 시대로 사회기반이 변화함에 따라 디스플레이 시장이 기존의 텔레비전과 컴퓨터 모니터 시장 뿐만 아니라 모바일 분야의 새로운 시장이 형성되면서 FPD(Flat Panel Display : 평판 디스플레이)에 대한 관심이 더욱 높아지고 있다. 즉, 디스플레이 시장에서 2000년까지 주류를 형성하고 있던 것은 CRT(Cathod Ray Tube)였으나, 정보통신과 인터넷의 발전으로 디스플레이의 휴대화, 저 소비전력화, 경량화, 평면화의 요구에 따라 FPD에 대한 관심이 높아지면서 LED로의 대체가 급속히 이뤄지는 한편, 현재는 유기 EL 등의 차세대 평판 디스플레이의 출현으로 디스플레이간 경쟁이 심화되고 있다. 그 중에서도 특히 유기 EL은 소형성이라는 특징 때문에 유비쿼터스 컴퓨팅 분야에

서 주목을 받고 있다.

- **유기 EL의 정의 :** 유기 EL이란 유기물(단분자/저분자 또는 고분자) 박막에 양극과 음극을 통하여 주입된 전자와 정공이 재결합하여 여기자(Excition)을 형성하고, 형성된 여기자로부터 에너지에 의해 특정한 파장의 빛이 발생하는 현상을 이용한 자체 발광형 디스플레이 소자이다. 유기 EL은 다음과 같은 이름으로도 불리지만 영문표기는 OLED, 한글표기는 유기 EL로 표현하는 것이 일반적이다.
  - **OLED(Organic Light Electroluminescent Display) :** 유기전기발광표시소자
  - **OLED(Organic Light Emitting Diode) :** 유기 발광 다이오드
  - **SOLED :** Stacked OLED
  - **TOLED :** Transparent OLED
  - **FOLED :** Flexible OLED

- **유기 EL의 특징**
  - **자체발광형 :** LCD와 가장 차이가 나는 점은 자체 발광형이라는 것이다. 자체발광형이란 소자 자체가 스스로 빛을 내는 것으로서 어두운 곳이나 외부의 빛이 들어올 때도 시각적으로 인식하기가 좋다는 특성을 갖는다.
  - **넓은 시야각 :** 시야각이란 화면을 보는 가능한 범위로써 일반 브라운관 텔레비전과 같이 측면에서 보아도 화질이 변하지 않는다.
  - **빠른 응답속도 :** 동영상의 재생 시 응답속도의 높고 낮음이 재생화면의 품질을 좌우한다. OLED는 텔레비전 수준의 동영상 재생 시에도 자연스런 영상을 표현할 수 있다. (LCD의 약 1000배 수준)
  - **초박, 저 전력 :** 백라이트가 필요없기 때문에 저 소비전력(LCD의 약 1/2 수준)과 초박형(LCD의 약 1/3 수준)이 가능하다.

- **유기 EL의 분류 :** 유기 EL은 〈표 4-1〉과 같이 유기물 층의 발광 재료에 따라 단분자 유기 EL과 고분자 유기 EL로 분류할 수 있고, 〈표 4-2〉와 같이 구동방식에 따라 수동(PM : Passive Matrix)형과 능동(AM : Active Matrix)형으로 구분된다.

〈표 4-1〉 유기 EL의 분류 (발광재료에 따른)

구분	단분자	고분자
장점	• 개발이 쉽고 조기 양산이 가능하다. • Color Patterning 공정 완성 단계	• 열적 안정성이 높고 기계적 강도가 우수하다 • 자연색에 가까운 색감을 가진다. • 구동전압이 낮다
단점	• 수명이 짧고 발광효율이 낮아 대형화가 어렵다. • RED 재료 수명 개선 필요	• 재료의 신뢰성이 낮다. • Color Patterning 공정 미개발 • Blue 재료 수명 개선 필요

〈표 4-2〉 유기 EL의 분류 (구동방식에 따른)

구분	단분자	고분자
장점	• 제조공정이 단순 • 저가격	• 낮은 전류도 구동가능 • Pixel 형성공정이 간단 • 고해상도 가능 • Row Line 증가에 따른 휘도 전하가 없다
단점	• 전력소비가 많아 대면적 구현에 부적합 • 고 소비전력	• 제조 공정이 복잡하다 • 고비용

• **유기 EL의 구조 :** 전압을 가하면 유기물이 빛을 발하는 특성을 이용하며, 유기물에 따라 R, G, B를 발하는 특성을 이용하여 Full Color를 구현하는 것이 발광원리이다.

구동 원리는 〈그림 4-2〉와 같이 양극에서 정공이 정공 주입층(HIL : Hole Injection Layer)으로 주입하고 음극에서는 전자가 전자 주입층(EIL : Electron Injection Layer)으로 주입된 후 정공은 정공 수송층(HTL : Hole Transfer Layer)을 통과하고 전자는 전자 수송층(ETL : Electron Transfer Layer)을 통과하여 전자와 정공이 발광층(EML : EMitting Layer)으로 이동 결합하여 여기자를 형성하고 이 여기자의 이동 확산에 따라 여기자에서 발광한다.

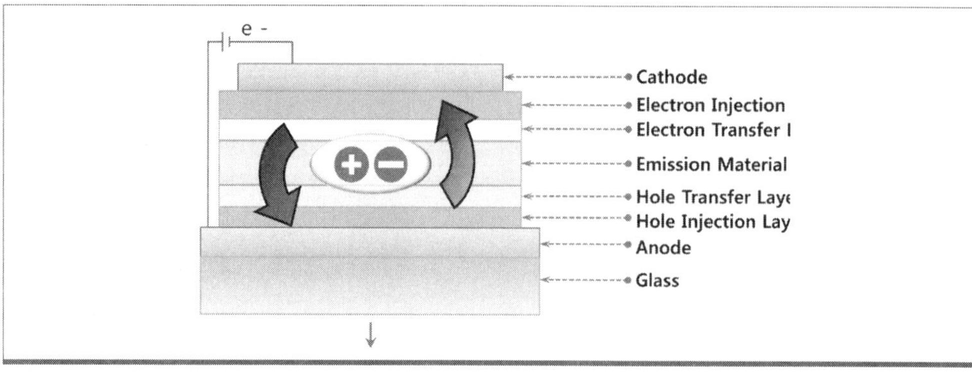

〈그림 4-2〉 유기 EL 구조

• 유기 EL의 장단점 : 유기 EL이 차세대 디스플레이로서 주목을 받는 것은 다른 디스플레이들과 구별되는 유기 EL만의 장점에서 비롯된다. 유기 EL의 가장 두드러진 특징은 자체 발광형이라는 것이다. 자체 발광형이라는 것은 소자 자체가 스스로 빛을 내는 것으로 어두운 곳이나 외부의 빛이 들어올 때도 시인성(視認性)이 좋다. 또한 LCD에 비해 backlight가 필요없어 저 소비전력과 초박형이 가능하다. 뿐만 아니라 시야각, 대조비 등이 우수하며 응답속도가 빠르고 해상도가 뛰어나 텔레비전 화면 수준의 동영상 재생에도 견딜 수 있다. 무엇보다도 유기 EL이 다른 디스플레이보다 응용 가능성이 높은 이유는 구조적인 특성상 유연성 있는 기판을 사용할 수 있고, 얇고 가벼우며 내구성이 강하여 새로운 시장 개척의 잠재성을 지니고 있다는 점이다. 이 외에도 유기 EL은 제조 공정이 상대적으로 간단하고 저렴하여 소자본으로도 양산이 가능하다는 매력을 지니고 있다. 유기 EL의 장단점은 〈표 4-3〉과 같다.

〈표 4-3〉 유기 EL의 장단점

장점	단점
• 자체발광(backlight 불필요) • 높은 대조비(contrast) • 경량 & 박형 • 광시야각 • 빠른 응답속도 • 높은 해상도 • 유연성 있는 기판의 구현 가능성 • 저 생산비용	• 제한된 수명 • 햇볕에 직접 노출 시 판독성 문제 발생 • 소비전력 개선 필요 • 대면적화의 어려움 • Image Sticking

그러나 아직 수명이 짧고, 발광 효율이 낮으며 실외에서 직사광선에 직접 노출되는 경우 판독의 문제(Sunlight Readability)가 발생하여 옥외에서 사용하는데 어려움이 있다. 또한 가장 개선이 시급한 것으로 지적되고 있는 문제는 특정한 정지 화상을 장시간 구동시킨 후 다른 화상을 나타내고자 할 때, 이전의 화상 패턴이 남아있는 잔상(Image Sticking)문제이다. 이는 유기 EL 제조업자들이 해결해야 할 가장 큰 숙제이다. 마지막으로 유기 EL은 전력 소모가 높아 비용이나 가격 면에서 상대적으로 경쟁력을 가지고 있지 못하여 이는 상용화에 제약으로 작용하고 있다. 하지만 최근 1~2년간 수명, 고효율 유기발광재료의 개발이 활발히 이루어지고 있고 더욱이 유기 EL의 성장성을 높이 평가하고 있는 화학 및 재료 기업들의 참여가 급증하고 있어 유기발광재료는 크게 문제되지 않을 것이며, 잔상 문제나 판독 문제를 해결하기 위한 신기술의 개발 노력이 시장성을 회복하는데 힘을 실어 줄 것으로 보인다.

• **유기 EL 제품 응용분야 :** 유기 EL의 이러한 장점 때문에 매우 다양한 분야에서 활용 가능성을 보여주고 있다. 지금까지 출고되고 있는 제품들은 카 오디오, 모바일용 메인디스플레이, 휴대폰용 서브디스플레이 등이 주를 이루고 있다. 2005년까지 휴대폰이 대부분을 차지하고 최근에는 PDA와 같은 정보통신 단말용 디스플레이, 캠코더, CNS(Car Navigation System), Audio 등과 같은 소형 디스플레이 중심으로 경쟁력을 확보해 나가고 있다. 이것은 유기 EL의 최대 장점이 응답성, 경량, 초박막, 광시야각으로 활용되기 때문이다. 더불어 수율 및 생산성 개선을 통하여 가격 경쟁력을 확보하고 수명과 대형화 등의 기술적 한계를 극복하여 대화면화를 시도함으로써 중대형 시장의 진입을 예고하고 있다〈그림 4-3〉.

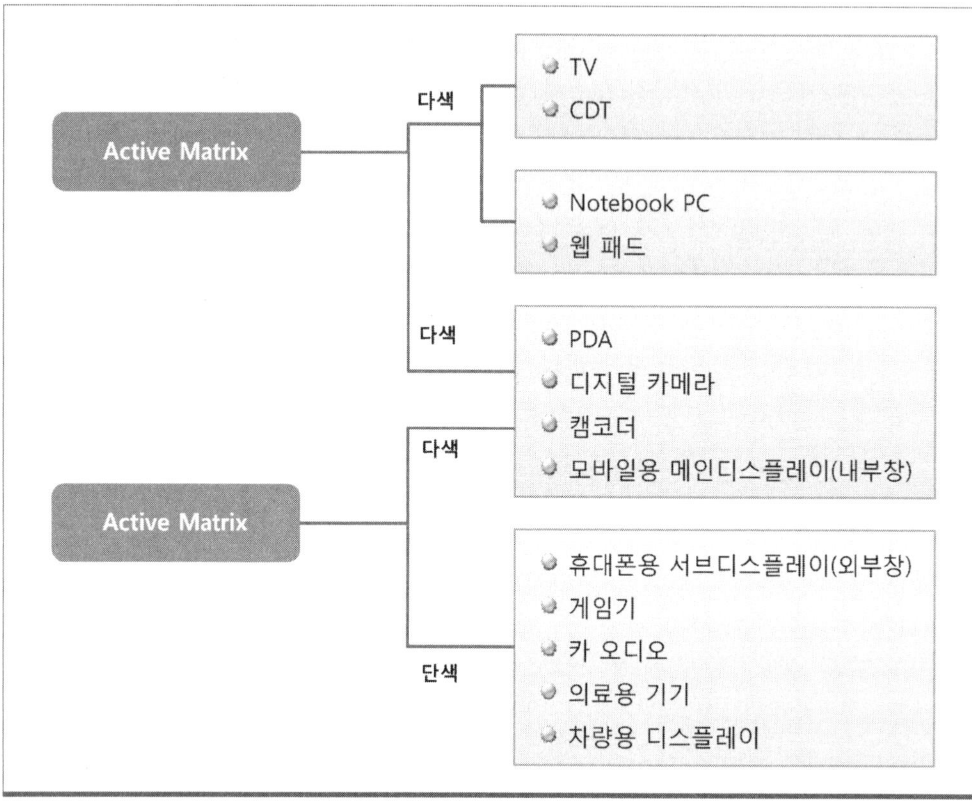

〈그림 4-3〉 유기 EL제품 응용 분야

- **유기 EL의 개발 현황 :** 유기 EL의 개발 현황을 보면 일본을 중심으로 재료의 효율성과 공정 성숙도가 앞서 있는 단분자 유기 EL의 제품화 기술이 개발되고 있으며 유럽과 미국이 중심이 되어 안정성과 공정성의 정점을 갖고 있는 고분자 유기 개발이 진행 되고 있다. 현재는 아직 대형화 구현 등 기술적으로도 해결해야 할 부분이 많이 남아 있으나 일본 업체들이 소형제품을 상용화하는데 성공했고 향후 대화면 제품으로 확대할 수 있을 것으로 보고 있다.

(2) 포스트 PC

- **PC 시장의 최근 추세 :** 지금 세계는 포스트 PC 전쟁 중이라는 말이 공공연하게 회자되고 있는데, 그 동안 기능이나 용도에 따라 영토가 확실히 구분되었던 컴퓨터, 가전, 통신 및 게임 등의 경계가 사라지고 기존에 있었던 모든 영역의 제품이 모두 포스트 PC가 될 수 있다는 사실 때문이다. 마이크로소프트, 노키아, 삼성전자 등 초대형 IT 업체들이 이미 포스트 PC시장을 장악하기 위한 걸음을 내디뎠고 새로운 수익원을 확보하려는 PC 업체들도 이 시장으로 몰려들고 있는 실정이다. 이동전화 단말 시장이 정체에 빠져들고 PC시장도 포화상태에서 헤어나지 못하면서 주요 정보기기 업체들이 새로운 수요창출과 수익개선을 위해 높은 성장세가 예상되는 포스트 PC에 더욱 매달리고 있다. 최근 이동전화 단말을 통해 대용량의 정전기기, 통신기기, PC 등 기존 정보기기의 고유경계가 사라지면서 신개념의 단말들도 등장하고 있다. 현재 PC와 통신이 융합된 PDA, TV와 통신이 통합된 인터넷 TV, 그리고 이동전화 단말과 PC가 결합된 스마트폰 등이 대표적인 포스트 PC 선두주자로 부각되고 있다.

- **포스트 PC의 개요 :** 일반적으로 포스트 PC는 문서작성, 전자우편, 인터넷 검색 등과 같은 PC의 주요기능을 효율적으로 제공하기 위해 만든 정보기기를 통칭하는데, 저렴하고 사용하기 쉬운 소비사 중심의 디지털 가전제품 또는 컴퓨팅 기술에 기반을 둔 하나 또는 그 이상의 유사 기능을 특화시킨 저렴하고 사용하기 용이한 기기 등으로 정의된다. 포스트 PC는 관점에 따라 인터넷 단말(Internet appliance), 정보 단말(Information appliance) 등으로 불리기도 하고, 포스트 PC 산업은 크게 H/W, S/W, 인프라 및 서비스로 구별할 수 있다.

- **포스트 PC 기술의 유형**

- **OS 기술 :** 현재 포스트 PC 분야에서 PC 플랫폼을 위해 설계된 OS와 내장형 RTOS(Real Time OS)간의 대립 양상을 보이고 있으며, 주도권을 쥐기 위해 경쟁하고 있는 H/W 및 S/W 플랫폼은 상당히 다양하다. PC 중심의 OS에서 나온 내장형 OS는 애플리케이션 지원을 위한 풍부한 특성 셋을 가지고 있지만 실시간 특성은 결여되어 있고, RTOS는 PC 중심의 OS에 비해 실시간 특성이 뛰어나고 가격이 저렴하지만, 풍부한 특성 셋이 아직은 부족하다. 일반적으로 PC 중심의 OS는 인텔의 펜티엄이나 셀러론 계열, 내셔널세미컨덕터의 지오드(Geode) 계열과 같은 x86호환 칩을 가장 잘 지원하며, RTOS는 MIPS와 파워PC를 포함한 많은 프로세서 플랫폼에 흔히 탑재되고 있다. 포스트 PC용 OS는 개발 시간과 OEM 라이센스 문제를 대폭 줄일 수 있는 원스탑 S/W 솔루션, 데스크탑 PC 보다 훨씬 더 높은 신뢰성, 비용 절약을 위해 가능한 한 적은 메모리를 사용한 많은 기능, 성공적인 멀티미디

어 애플리케이션에 필요한 진정한 실시간 동기, 정보단말 제공업체의 수많은 프로그래머들과 독립적인 S/W 업체들이 신속히 활용할 수 있는 개방형 API 및 S/W 구조 등과 같은 특성을 제공해야 한다.

- 단말 기술

· **PDA :** PDA는 현재 포스트 PC의 대명사로 가장 각광 받고 있는 제품으로 그 동안 많은 기술적 진보 및 신기술과의 융합을 통해 휴대형 정보기기 시장을 이끌고 있어 휴대폰과 함께 21세기 포스트 PC 시대를 주도할 제품으로 인식되고 있으며, 컴퓨터, 통신, 네트워킹, 그리고 가전 기술의 발전은 PDA 성능을 지속적으로 향상 시킬 것으로 전망된다. PDA는 데이터 중심적인 이동단말로 단독형이거나 통합된 무선 통신 단말 또는 주변기기 접속이나 모듈을 통해 무선 접속할 수 있는 단말로 CPU, 메모리, OS 등으로 구성되어 있고 소형 키보드, 터치 스크린 또는 펜 등 다양한 데이터 입력방식이 사용된다.

· **스마트폰 :** 많은 기업 이용자들이 궁극적인 휴대 단말로 인식하고 있는 스마트폰을 정의하는데 사람마다 약간의 이견을 보이고 있는데, 어떤 사람은 셀룰러 전화와 PDA가 결합된 통합단말로 보기도 하고 다른 사람은 기존의 셀룰러 전화에 PIMS(Personal Information Management Systems) 기능이 추가되어 약간 똑똑해진 단말로 보기도 한다. 스마트폰은 컴퓨터를 내장하고 음성통신 이외에 다양한 데이터 처리기능을 가진 휴대 단말로 전자메일 기능과 웹 브라우저를 갖추고 인터넷에 접속이 가능하고, 개인 정보의 관리와 스케줄 관리, 메모 등 이전에 전자수첩 및 휴대정보단말이 가지고 있던 기능과 IC 카드 및 전자화폐 기능을 내장하여 전자상거래도 가능하며, 데스크 탑 및 서버와의 동기화도 지원한다.

· **태블릿 PC :** 태블릿 PC(Tablet PC)는 외형적으로는 LCD 패널에다 PC기능을 합친 제품으로 키보드가 없는 대신 PDA처럼 펜 입력 방식이나 음성인식을 통해 데이터를 입력하며, 웹패드(Webpad)와 비슷하지만 CPU 처리속도와 OS에서 차이를 보이고 있다. 기존 웹패드의 경우 300MHz 이하의 CPU와 윈도 CE를 OS로 사용하지만 태블릿 PC는 최소 800MHz 이상의 CPU 처리속도와 윈도 XP를 OS로 이용하여 현재 노트북 PC가 수행하는 대부분의 기능을 구현할 수 있다.

· **씬클라이언트 :** 씬클라이언트는 데스크 탑 당 TCO(Total Cost of Ownership)를 최소화 하거나 사용자에게 보다 나은 유연성과 이동성을 제공하기 위해 기능이 최소화된 사용자 장비로 최근 기업을 중심으로 원격 서버 관리, 공유 애플리케이션 클라이언트, 하나의 사용자 인터페이스로부터 다중 시스템 상에서의 애플리케이션 이용 등을 위해 씬클라이언트를 적극 도입하고 있다. 씬클라이언트는 크게 일반용 데스크 탑 씬클라이언트와 기업용 데스크

탑 씬클라이언트로 나눌 수 있는데, 일반용 데스크 탑 씬클라이언트는 웹 서핑과 같은 비생산적인 애플리케이션에 초점을 둔 하드 드라이브가 없는 웹 단말이며 기업용 데스크 탑 씬클라이언트는 기업시장을 목표로 생산적인 애플리케이션에 최적화되어 있다.

(3) 디지털 TV

- **디지털 TV의 정의 :** 디지털 TV는 TV에 PC 기능을 추가해 방송과 함께 인터넷 등 통신을 함께 이용할 수 있게 한 차세대 TV다. 기존 TV와는 달리 신호를 아날로그가 아닌 디지털 방식으로 처리하기 때문에 음질과 화질이 깨끗하다. PC기능을 갖고 있어 수신된 TV 프로그램을 저장, 편집, 가공할 수 있다. 디지털 TV는 통신과 방송이 융합되는 추세에 맞춰 시장규모가 크게 확대 되고 있는 고부가가치 신산업이다. 이에 따라 선진국들은 디지털 TV 시장을 선점하기 위해 방송서비스를 서두르고 있다. 미국과 영국은 이미 지난 98년부터 디지털 TV방송을 실시중이며 일본과 독일은 2000년부터 방송 서비스를 개시했고 정부는 과거 컬러 TV 도입이 일본 및 대만보다 10~20년 늦어 관련 산업 발전이 뒤졌던 전철을 되풀이하지 않기 위해 디지털 TV 방송을 서두르고 있다. 2000년에 디지털 TV 시험방송을 한 뒤 2001년부터 수도권지역을 시작으로 본방송을 개시했으며 2010년 현재 본격적 디지털 방송 시대에 진입했다. 국내 디지털 TV 수상기 기술은 상당한 수준에 와 있다. 가전업체들은 90년대 초반부터 기술개발에 나서 고신명 TV(HDTV) 수상기 핵심 칩인 주문형 반도체(ASIC)의 경우 이미 상용화에 성공, 소형화와 저가생산을 위한 보완작업을 진행 중이다. TV 수상기는 지난 98년부터 미국과 영국에 수출되고 있다. 삼성전자와 LG전자는 각각 동영상 압축 기술(MPEC)과 변조기술 특허를 갖고 있는 등 국내 기술력과 생산력은 세계적 수준에 이른 것으로 평가된다. 〈표 4-4〉에서는 기존의 아날로그 TV와 최근의 디지털 TV를 비교하였다.

〈표 4-4〉 디지털 TV와 아날로그 TV의 비교

구분	아날로그 TV	디지털 TV	
		SDTV	HDTV
주사선수	525개	704*480	1920*1080
해상도	약 330선	700선 이상	
음질	2채널 FM 스테레오	5.1 멀티채널	
화면비 (가로*세로)	4:3	4:3 또는 16:9	16:9
부가기능	문자다중방송, VBI를 이용한 데이터 방송	홈쇼핑, 홈뱅킹, 인터넷 접속, 전자투표 등 양방향 방송 가능	

디지털 TV는 고화질 TV(HDTV)와 화질과 음색이 떨어지는 SD(Standard Definition) TV로 나뉜다. 미 연방통신위원회(FCC)는 디지털 TV의 단일 표준 채택을 포기하고 18가지 방식의 표준을 허가했는데 NBC와 CBS는 고화질에 초점을 맞춘 주사선 1천 80개의 인터레이스트 방식(1080i)을, ABC는 화질이 다소 떨어지나 PC와의 연관성이 뛰어난 주사선 7백20개의 프로그레시브(720p) 방식을 표준으로 삼고 있다. 인터레이스트 방식은 기존 주사선 방식으로 이미 많은 기술이 축적돼 있는 장점이 있으며 프로그레시브 방식은 컴퓨터 모니터 방식으로 그래픽 등 데이터 처리에 강점이 있다.

• **디지털 TV의 활용기술 및 걸림돌**

- **활용기술 :** 디지털 TV로 프로그램을 시청하기까지는 어떤 과정이 필요할까? 보통 TV프로그램은 제작, 전파송출, 수신의 과정을 거쳐 안방에서 시청하게 된다. 이에 따라 전 과정에서 디지털 방식이 적용돼야 한다. 미국과 한국이 채택한 디지털 TV 기술방식은 ATSC(Advanced Television Standard Committee), 이 방식은 디지털 영상신호와 음성신호를 각각 MPEG-2방식과 돌비-AC3방식으로 압축하도록 했다. 디지털 TV 화면의 선명도를 결정하는 주사선은 표준 디지털 TV(SDTV)의 경우 480*740 또는 480*640, 고선명 디지털 TV(HDTV)는 1080*1920 EH는 720*1280이다. 40인치 이상이 될 화면의 가로와 세로의 비율은 영화관과 동일한 16대 9, 이에 따라 하나의 화면을 만드는데 SDTV는 100Mbps의 디지털신호가, HDTV는 1.2Gbps의 신호가 필요하다. 지상파에 실어보내기에는 많은 양이다. MPEG-2는 이를 SDTV의 경우 2~3Mbps로, HDTV는 18Mbps로 압축해준다. 이 MPEG-2는 컴퓨터에서 동영상을 볼 때 활용되고 있다. 음성정보는 TV의 정면, 좌, 우, 좌후방, 우후방으로 나가는 채널 5개와 저음을 내보내는 0.1채널 등 모두 5.1채널용으로 구성된다. 2채널뿐인 기존 스테레오와 비교해 2배 이상 많은 소리를 내보낼 수 있다. 프로그램 제작과정에서 녹음된 음성신호는 5분의 1로 압축돼 지상파에 실린다. 영상과 음성신호는 0과 1의 숫자로 표시해 레이저디스크 등에 담을 수 있다. 그만큼 보관이 편리해진다.

- **걸림돌 :** 방송국은 디지털 방식으로 프로그램을 제작하기위해 모든 장비를 디지털용으로 교체해야 한다. 국내의 경우 KBS, MBC, SBS와 지역 민방들이 장비를 교체하는데만 2조원 이상을 투입해야할 것으로 보인다. 국내에서 디지털 TV 방송이 시작되는데 자칫 암초로 작용할 수 있는 부분이다. 방송국에서 제작된 프로그램의 디지털 신호는 지상파에 실려 안방에 전달된다. 안방에 디지털 TV가 있으면 곧바로 시청할 수 있다. 컴퓨터의 경우 디지털 방식이므로 수신용 기판만 추가하면 된다. 기존 아날로그 TV로는 디지털 방식 프로그램을 볼 수 없다. 이를 시청하려면 디지털 신호를 아날로그 방식으로 바꿔주는 셋톱

박스를 설치해야 한다. 그렇더라도 브라운관의 해상도가 낮아 제대로 된 선명한 화면을 볼 수 없다.

- **데이터 방송 :** 디지털 TV에서 데이터 방송은 최근 가장 각광을 받고 있는 분야인데 디지털 지상파 TV 방송국들은 현대 정보화 사회에서 포털사이트의 역할을 수행하는 충분한 준비가 되어 있다. 그러나 〈표 4-5〉에서와 같이 우리나라가 채택한 미국 방식인 ATSC방식에서 데이터 방송 관련 표준은 늦게 출발한 만큼 아직 완전히 완성되지 않은 상태다. 최근 디지털 TV에 대한 논의 중 새로운 것은 이동수신기능에 대한 것이다. 디지털 지상파 TV 전송방식 중에서 유럽의 DVB방식이나 일본의 ISDB-T는 최근 이동수신에 성공했다는 사실을 적극 홍보하고 있다.

〈표 4-5〉 디지털 지상파 TV 방식 비교

구분	ATSC	DVB-T	ISDB-T
영상부호화	MPEG-2	MPEG-2	MPEG-2
음성부호화	Dolby AC-3	MPEG-2	MPEG-2
오류정정	Reed Solomon + Trellis Coded Modulation	Reed Solomon + Convolutional	Reed Solomon + Convolutional
변조	8-VSB	COFDM	BST-COFDM
반송파	단일반송파	다중반송파	다중반송파
대역폭	6MHz	6,7,8MHz	6MHz
서비스 국가 전망	미국, 캐나다, 한국	다수국가	일본

4.3 네트워크 기술

(1) IPv6

- **IPv6 도입의 배경 :** 전 세계적으로 인터넷의 급격한 보급과 무선인터넷, 정보가전 등의 신규 IP 주소 수요 급증 등의 요인으로 인하여 현재 약 43억 개의 주소 생성이 가능한 32비트 주소 체계로는 이에 대한 대처가 어렵다는 주장이 대두되기 시작했다. 그리고 IPv4 주소의 비효율적인 할당방법(유효한 주소 개수가 5~6억개로 추정)으로 IP주소의 고갈 위기를 맞고 있다. 이러한 문제를 해결하기 위해 IETF(Internet Engineering Task Force)에서는 IPv6 규격(Internet version 6, RFC 2460)을 개발하게 되었다. IPv6는 IPv4의 주소 길이(32비트)를 4배 확장하여 1996년에 표준화한 128비트의 차세대 인터넷 주소체계로써 약 $3.4*10^{88}$ 개의 주소 생성이 가능하다. 128비트 주소 체계는 IP주소의 부족문제를 근본적으로 해결할 수 있을 뿐 아니라 품질 제어, 보안, 다양한 프로토콜 및 편리한 네트워크 환경 설정 기능 등을 용이하게 제공할 수 있어 차세대 인터넷 구현의 핵심 요소로 평가되고 있다. 뿐만 아니라, 2011년 6월을 기점으로 IPv4 방식의 새로운 주소 할당은 중지될 예정이다.

- **IPv6 구조 :** IPv6란 현재 사용하고 있는 IPv4의 주소 길이(32비트)를 4배 확장하여 IETF가 1996년에 표준화한 128비트 차세대 인터넷 주소체계이다. IETF는 90년대 초에 서비스 품질관리를 위하여 IPv5규격을 검토한 이후 보안기능, 자동 네트워킹 기능 등을 보완해서 1996년에 IPv6규격(RFC2460)을 표준으로 제정하였다.

IPv4와 IPv6의 비교는 〈그림 4-4〉와 〈표 4-6〉과 같다.

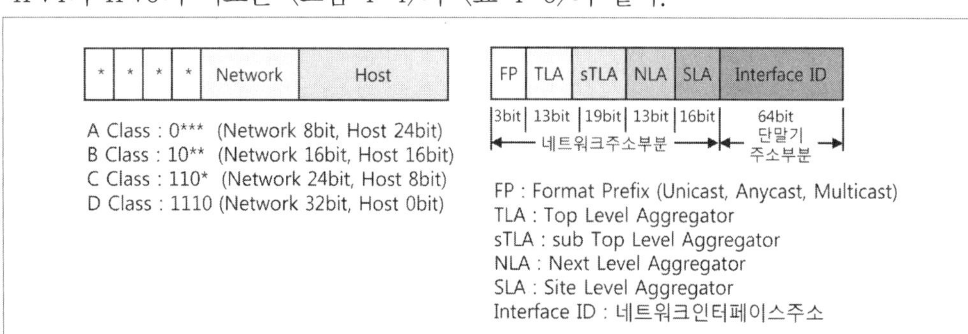

〈그림 4-4〉 IPv4와 IPv6의 구조

〈표 4-6〉 IPv4와 IPv6의 특징 비교

구분	IPv4	IPv6
주소길이	32비트	128비트
표시방법	8비트씩 4부분으로 10진수로 표시 예) 202.30.64.22	16비트씩 8부분으로 16진수로 표시 예) 2001:0230:abcd:ffff:oooo:oooo:ffff:1111
주소개수	약 43억 개	약 43억*43억*43억 개 (거의 무한대)
주소할당	A.B.C.D 등 클래스 단위의 비순차적 할당(비효율적)	네트워크 규모 및 단말기 수에 따른 순차적 할당(효율적)
품질제어	Best Effore 방식으로 품질제어가 곤란 (QoS 일부 지원)	등급별, 서비스별로 패킷을 구분할 수 있어 품질보장이 용이
보안기능	IPsec 프로토콜 별도 설치	확장기능에서 기본으로 곤란
Plug & Play	없음	있음(자동 네트워킹 기능)
Mobile IP	상당히 곤란	용이(효율적)
웹 캐스팅	곤란	용이(Scope Field 증가)

- **IPv6 특성과 응용 :** IPv6의 대표적인 고유 특성은 다음과 같은 것들이 있다.

– **확장된 주소 공간 :** 차세대 인터넷 프로토콜을 설계하게 된 동기가 주소 부족인 만큼 주소 공간 부분의 설계에 가장 무게가 실렸다고 할 수 있다. 주소가 풍부하면 얻을 수 있는 장점은 다음과 같은 것들이다.

- 모든 노드와의 종단 간 연결 가능성
- Always on 상태에서 자신만의 주소를 가질 수 있으며 필요할 경우 복수의 주소나 변경되는 주소를 가지는 특성
- 언제나 단말이 다른 단말로부터 대화요청을 받아들일 수 있는 특성
- 참가하는 어떤 노드라도 클라이언트인 동시에 서버가 될 수 있는 특성

– **자동 네트워킹 :** 사람의 개입을 최소화하기 위한 자동 설정 기능은 Stateless 방식과 Stateful 방식으로 나누어지고 있다. Stateless 방식은 해당 시각의 상황을 관리할 필요가 없고, 표준에 참여하는 노드들이 존재하면 그 노드들 간의 상호작용에 의해 설정이 완료된다. Stateful 방식은 설정 대상 노드들의 식별 뿐 아니라 자신이 이용하려 하는 서비스 대

상에 대한 설정까지 범위가 넓어진다. 이는 해당 시각의 상태를 누군가 관리함으로써 가능해 진다. 이 특성이 의미 있게 적용될 때는 포스트 PC 기기가 노드로 참여할 경우이다. 사람을 위한 인터페이스를 가지지 않은 노드들은 그만큼 설정에 개입하기 어려우며 이러한 기기들 대부분은 네트워크 라인을 연결하기만 하면 해당 네트워크 노드로서의 역할을 시작할 수 있을 것이다.

- **단순화, 효율화된 데이터 구조 :** 이것은 어찌보면 네트워크 계층 그 자체만의 특성이라고 볼 수도 있다. 그러나 한 가지 염두에 두어야 할 새로운 헤더 구조의 철학은 종단의 노드와 전송에 참여하는 네트워크 노드 사이의 할 일을 철저히 구분할 수 있게 만들었다는 점이다. 이로써 네트워크 운영 및 구성에 대한 융통성이 IPv6보다 좋다는 것은 응용 특성을 언급할 때 참고할 수 있는 요소라 하겠다.

- **QoS에 대한 향상된 지원 :** 실제로 IPv6 자체가 IPv4보다 더 나은 QoS를 지원한다고는 말할 수 없지만 IPv6가 IPv4보다 QoS를 좀 더 쉽게 수용할 수 있다는 것은 분명하다. 결국 IPv6의 응용은 간접적인 QoS 적용의 효과를 누릴 수 있다.

- **내장된 보안기능 :** IPv4와 IPv6는 QoS와 마찬가지로 기능에는 크게 다를 것이 없다. 그러나 IPv6에서는 확장 헤더에 QoS 기능이 있다는 것이 IPv4와의 유일한 차이점이다. 그러므로 보내는 쪽이나 받는 쪽, 양쪽에서 대칭적으로 지원되어야 한다는 보안 기능 특성상 IPv6가 더 유리하다고 할 수 있다. IPv6의 보안특성은 초기에는 Site to Site의 보안을 위하여 터널링 메커니즘에 기반을 두고 있는 VPN에서 우선 적용될 것으로 보인다. 향후 터널링의 메커니즘이 적용되어 상당한 비율로 사용될 것으로 예상되며 터널모드의 보안은 내장된 보안 기능과 조화가 잘 될 것이다.

- **분야별 발전방향**

  - **IPv6 응용 :** 현재까지는 OS 및 통신장비의 제약에 따라 IPv6 응용서비스 개발이 진행되지는 못했으나 이러한 제약이 점차 해소되고 마이크로소프트 등의 회사에서 IPv6 개발도구들이 제작되고 보급되고 있으므로 IPv6 응용은 확산되리라 예상된다. 따라서 기존 IPv4 응용이 손쉽게 IPv6 응용으로 변환되는 변환 기술이 안정화 될 것이다. 또한 IPv6에서만 가능한 모바일리티, QoS 등의 기능을 활용한 응용이 개발되어 기본 IPv4에서는 구현하기 어려운 기능들이 제공될 것으로 예상된다. 게임업계와 정보가전업계에 IPv6 응용이 우선 장착될 것으로 예상되며 인터넷 자동차 등에도 IPv6가 적용되고 있는 점으로 보아 ITS에도 IPv6가 도입될 것으로 예상되고 있다.

  - **IPv6 망 서비스 :** 현재까지는 IPv6 서비스에 대한 특별한 수요는 없었지만, 앞으로는 IPv6 서비스의 부가기능으로써 IPv6 터널 서비스 또는 Dual Stack 서비스가 제공될 것으로

예상되고 있다. 특히 NTT, IIJ와 같은 IPv6를 선도하는 회사들은 xDSL, 전용선 등에 IPv6 서비스를 제공하고 있으며, 데이터 센터 등에도 IPv6 서비스를 제공하고 있으므로 IPv6 응용이 확산됨에 따라 이러한 네트워크 서비스 또한 함께 확살될 것으로 예상된다.

- **IPv6 장비개발 :** 현재까지의 장비개발은 IPv6 기본스펙 정도만 구현된 장비들이 출시되었으나, 2002년부터는 백본망 장비부터 시작하여 가입자망 장비까지 다양한 용도의 장비들이 출시되고 있다. 특히 IPv4에서 가능한 대부분의 라우팅 프로토콜이 지원될 뿐 아니라 IPv6에서만 가능한 다양한 부가기능이 탑재된 장비가 출시되어 기본 IPv4에서는 불가능한 서비스가 제공될 수 있는 기반을 마련할 것으로 예상된다. CISCO, JUNIPER 이외에 FOUNDRY와 같은 스위치 장비제조업체의 참여가 시작되었으며, 특히 IPv6 라우터 분야에서의 일본제품의 약진이 크게 두드러졌다.

- **IPv6 무선인터넷 :** IPv6 핵심기술들은 표준화가 되어 있는 상태이며, IPv4에서 IPv6로의 전한시기가 언제냐 하는 것만 남아 있는 현실이다. IPv6로의 전환은 단계적으로 전환될 가능성이 높지만 IMT-2000으로 대표되는 차세대 무선인터넷의 고도화를 위하여 IPv6 도입은 필연적이다. 따라서 IPv6는 유선 인터넷보다는 무선인터넷 분야에서 더 빨리 상용화될 가능성이 높다.

(2) NGcN(차세대 통합 네트워크)

- **NGcN의 정의 및 개요 :** 차세대 통합 네트워크 (Next Generation convergence Network)는 진보된 패킷 기반의 네트워크 기술을 활용하여 유선과 무선 통신망 방송과 통신, 인터넷 등 모든 종류의 통신망을 통합 수용하는 기술로써 모든 서비스의 융합 및 고품질 서비스를 제공할 수 있는 통합 네트워크를 의미한다.

차세대 통합 네트워크는 기본적으로 국제적인 정의에 따르는 차세대 네트워크(NGN) 기술인 패킷 기반의 통합 기술에 기반하고 있다. NGN에서는 통신 서비스 계층과 통신망 하부구조인 제어 및 전송 계층이 분리되며 각 계층이 독립적으로 단계적인 진화가 가능한 구조를 가지고, 이들 계층 간에는 표준화된 개방형 인터페이스가 정의되어 사용된다.

NGcN의 개념은 〈그림 4-5〉에서와 같이 기존의 자원 및 시설의 재활용을 최대화하고 새로운 IP 기반의 멀티미디어 서비스를 수용하기 위한 방향으로 전개되고 있으며, 따라서 패킷 기반의 멀티서비스 코어 네트워크와 기존의 유무선 네트워크 간의 다양한 상호연동 및 통합 운용관리 기술을 정의한다.

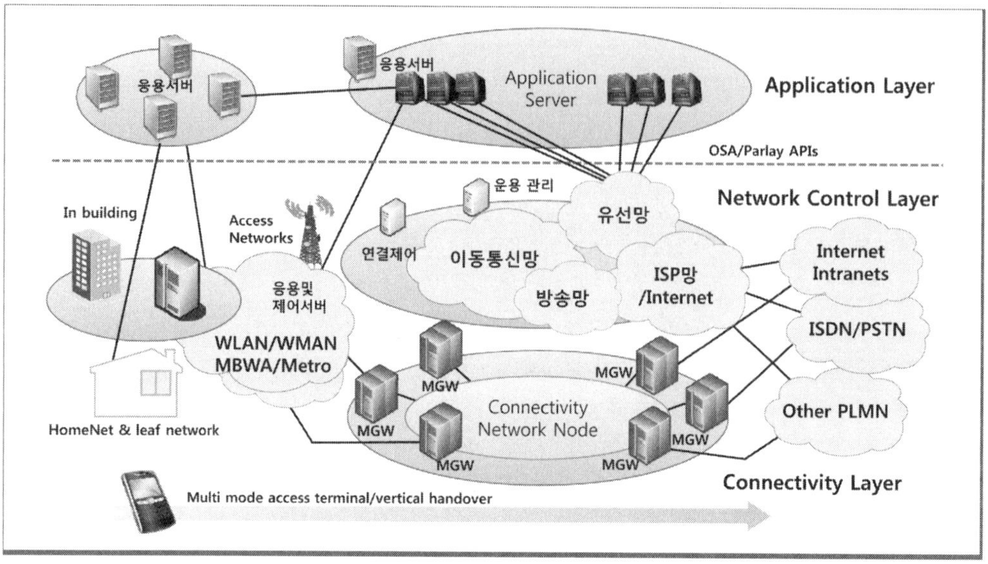

〈그림 4-5〉 NGcN의 개념도

• **NGcN의 특징**

- **보다 더 광범위한 네트워크 융합** : 단순히 통신사업자 망의 IP 기반 전화 또는 음성 서비스 통합기술을 중심으로 하고 있는 현재의 NGN 비전보다 NGcN은 다양한 사업자의 서비스 영역을 통합화하는 보다 더 광범위한 융합을 추구하므로, 고려되는 통합망의 자원 운용 범위가 더 광범위한 국가망의 계위가 된다. 구체적으로는 네트워크 QoS 및 보안, 간결한 라우팅 및 망 연동 구조, 보편적이고 효율적인 고속 스위칭/라우팅 기술, 트래픽 엔지니어링 기술 등이 강조 된다.

- **다양한 사업자 형태를 위한 통합형 시스템 제어/관리 기술의 진보적 전개** : 광범위한 통합 네트워크 인프라가 제공됨으로써 망을 구분 정의하는 전통적 기반인 신호/제어 및 관리 계층의 통합 및 연동성이 국토 전체에서 보편적으로 용이하게 지원 가능하다고 볼 수 있으며, 이를 활용한 다양한 사업형태의 신규형성이 용이하게 되는데, 이는 통신·방송 융합서비스, 이동 인터넷 전화, 유무선 통합 가상사설망 사업, 유무선 사업자 통합 망 등의 다양한 사업형태로 나타날 수 있다. 이러한 양상은 실질적으로는 미디어 처리기술, 망 운용관리 기술, 이종 망간 연동 및 이동성 제어/관리 기술, 단말 및 서비스 호환성 보장기술, 통합번호/주소관리, 망간 서비스 협약관리 기술, 인증 및 과금 제어 기술 등 전반적인 망운용 기술의 IP 기반 통합이라는 진보적 적용을 촉진할 것이다.

- **다양한 통합형 사업/서비스 진화의 가속화** : 제어계의 핵심이 되는 소프트 스위치는

NGcN에서는 상하위 계위간 역할 분담이 가속화되어, 경쟁적 통합 사업자들의 서비스 경쟁기반으로써의 성격이 강화된다. 여기에 새로운 유비쿼터스 서비스 개념들이 액세스 위주로 도입 적용되어 다양한 서비스와 액세스간 통합이 강화될 것이다.

(3) 그리드

- **그리드(GRID)의 개념 :** 그리드는 지리적으로 분산되어 있는 고성능 컴퓨팅 자원을 네트워크로 상호 연동하여 조직과 지역에 상관없이 사용할 수 있는 환경을 말한다. 그리드라는 단어는 1990년 중반 미국의 슈퍼컴퓨팅센터를 중심으로 고성능의 분산 컴퓨팅 인프라를 구축하는데서 비롯되었고, 고성능 자원, 대용량 정보 및 혁신적인 애플리케이션에 초점이 맞춰진 것이 일반적인 분산 컴퓨팅과는 구별된다. 그리드는 일반적으로 계산 그리드(Computational grid), 데이터 그리드(Data grid), 액세스 그리드(Access grid)로 구분할 수 있다.

  - **계산 그리드 :** 분산되어 있는 고성능 컴퓨팅 자원을 연결하여 하나의 가상공간에서 사용함으로써 지금까지 불가능했던 연구를 수행하기 위한 환경을 제공한다.

  - **데이터 그리드 :** 한 곳에 집중된 대량 데이터를 효율적으로 공유하고 여러 곳에 분산되어 있는 대량의 데이터 및 DB에 실시간으로 접근하기 위하여 단계적이고 체계적인 데이터 접근체계를 구축하는 기술을 말한다.

  - **액세스 그리드 :** 동일 분야 연구자들의 공동 연구나 정책 결정을 위한 다양한 분야 연구자들이 원격지에서 접근하여 의견을 교환하고 협력할 수 있는 고성능 협업 환경을 구축하는 기술이다.

- **그리드의 구조 :** 그리드 구조는 〈그림 4-6〉과 같은 각각의 계층으로 나뉘어져 분류된다. 그리드 구조의 다양한 계층을 나타냄에 있어 흔히 모래시계 모델이 사용되는데 모래시계의 좁은 목 부분은 핵심적인 기능과 프로토콜을 나타낸다. 모래시계 모델의 상위부분에는 서로 다른 고수준 기능들이 매핑 되고 이와 같은 기능들은 핵심 프로토콜을 통해서 모래시계의 아래 부분에 위치하는 수많은 기반 기술과 대응 된다.

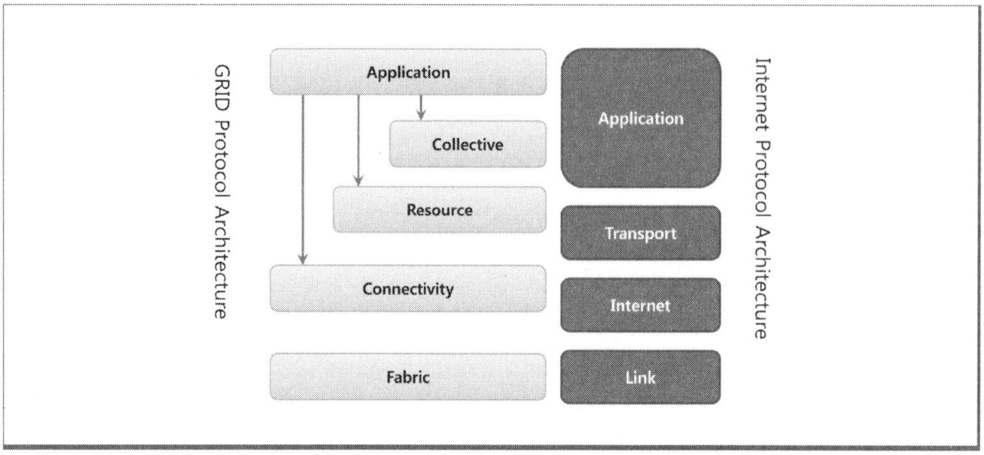

<그림 4-6> 그리드 구조 계층과 인터넷 프로토콜 계층 간의 관계

- **Fabric 계층 :** 그리드 프로토콜에 의해서 제어되는 공유 액세스에 자원을 제공하는 역할을 담당한다. "자원"은 분산 파일 시스템, 컴퓨터 클러스터, 분산 컴퓨터 풀 등의 논리적인 집합일 수 있고 계산지원, 저장시스템, 카탈로그, 네트워크 자원과 센서 등일 수 있다.

- **Connectivity 계층 :** 그리드에 한정적인 네트워크 트랜잭션 처리를 위하여 요구되는 핵심적인 통신과 인증 프로토콜을 정의한다. 통신 프로토콜은 Fabric 계층 자원들 간의 데이터 교환을 활성화 하고, 인증 프로토콜은 사용자와 자원의 식별을 검증하는 암호화 보안 메커니즘을 제공한다.

- **Resource 계층(단일자원 공유) :** 개별적인 자원 상에서 이뤄지는 공유 작업에 대한 보안 협상, 초기화, 모니터링, 제어 등을 위한 프로토콜을 정의한다. 이러한 Resource 계층의 프로토콜을 구현하기 위해서는 Fabric 계층의 함수를 사용하여 지역 자원들을 제어하고 액세스 한다. Resource 계층은 단지 개별적인 자원에만 한정되며, 따라서 전역적인 상태와 분산 집합체상의 개별적인 활동들은 무시하는데, 이러한 내용들은 Collective 계층에서 다뤄지게 된다. Resource 계층의 두 가지 부분은 다음과 같다.

  - **Information 프로토콜 :** 자원의 상태와 구조에 대한 정보, 즉 자원의 구성, 현재 부하, 그리고 사용정책 등에 대한 정보를 얻기 위해 사용.

  - **Management 프로토콜 :** 공유 자원에 대한 액세스를 협상하는데 사용된다. 예를 들면 자원 예약과 품질보장 서비스 등의 자원 요구 사항을 정의하고 프로세스 생성 혹은 데이터 액세스와 같은 작업수행 등을 관리한다. 이외에 Management Protocol은 작업의

현황 모니터링, 작업 제어 등을 담당한다.

- **Collective 계층 :** Resource 계층이 단일 자원과의 상호작용에 초점을 맞추었다면 그리드 구조의 다음 계층은 자원의 집합을 통한 상호작용에 관련된 서비스와 SDK(Software Development Kits) 및 프로토콜을 포함한다. 이러한 이유로 이 계층을 Collective 계층이라고 부른다. Collective 계층이 수행하는 기능은 다음과 같은 것들이 있다.
  - 디렉터리 서비스
  - Co-Allocation, Scheduling, Brokering Service
  - 모니터링과 진단 서비스
  - 데이터 복제 서비스
  - 그리드가 가능한 프로그래밍 시스템
  - Workload 관리시스템과 협업 프레임워크
  - 소프트웨어 발견 서비스
  - 커뮤니티 인증 서비스
  - 커뮤니티 계정과 지불 서비스
  - 협업 서비스
- **Application 계층 :** 마지막 계층은 VD(Virtual Organization) 내에서 동작하는 사용자 애플리케이션들로 이루어져 있다. 각각의 계층에는 지원관리, 데이터 액세스, 자원 발견 등과 같은 유용한 서비스에 접근하기 위해 정의된 프로토콜이 있으며 API가 역시 제공된다.

• **그리드 컴퓨팅 환경**

- **그리드 협업 환경 :** 원거리에 있는 연구자들이 협업하여 하나의 과제를 공동으로 수행하기 위해서는 가상현실을 위한 시스템, 고해상도 장비 등 고성능 협업 장비들이 필요하다. 이들 장비가 위치하는 많은 사이트들 사이에는 네트워크로 연결되어 있음은 물론이고, 오디오, 비디오, 제어 명령, 데이터 등을 포함하는 다양한 자료들이 협업이 진행되는 동안 대화식으로 빈번하게 주고받게 된다. 이런 응용분야들은 주고받아야 할 다양한 데이터들이 QoS적인 특성을 가지고 있으며, 이들 흐름의 특징이 체계적으로 관리되는 QoS 기능이 필요하다.

- **대용량 데이터 전송 :** 어떤 영역에서는 많은 데이터들이 원격으로 가시화되지 않고 일부분 또는 전체적으로 원격지 저장장치에 전달된다. 저장 장치에 전달된 후 데이터에 대한 작업이 이뤄지기 때문이다. 이때 관계되는 여러 자원들과 네트워크는 여러 사람이 공유하는 것이기 때문에 여러 자원들의 사용과 기가(Giga)급 또는 테라(Tera)급 전송 사이에는 시간적인 일치를 보아야 한다. 일치를 위해 필요한 것은 충분한 대역폭이 아니라 정해진

시간 내에 전달되어야 한다는 QoS의 보장이다. 이와 같은 목적을 달성하기 위해 네트워크뿐만 아니라 저장장치와 CPU 등 여러 자원간의 스케줄링이 필요하다.

(4) 홈 네트워킹

- **홈 네트워킹의 정의 :** PC와 인터넷을 중심으로 한 90년대 디지털 혁명은 산업현장에 엄청난 영향을 미쳐 모든 기기를 디지털화시키고 생활양식을 바꾸어 놓았다. 이와 같은 디지털 물결은 최첨단 정보기기에서 시작하여 산업현장의 각종 기기와 가전제품까지 확산되어가고 있다. 이로써 21세기는 정보화가 산업현장에서 가정 내부로 들어감으로써 가전제품이 또 하나의 정보통신의 중심이 될 것으로 보인다. 최근 들어 컴퓨터 보급이 확산되어 2대 이상의 가구가 늘어나고, 점점 더 많은 전자기기를 소유하게 되면서 각각의 장치들을 한데 묶어 서로 연결하고 인터넷 접속을 통해 더욱 편리함과 부가가치를 창출하고자 하는 욕구가 증대되고 있다. 이와 같은 가정 내의 각종 기기를 유선 또는 무선으로 연결하여 하나로 묶어 관리하는 것이 신 개념의 네트워크인 홈 네트워크(Home Network)이다.

홈 네트워크란 가정 내의 모든 기기, 즉, 컴퓨터 관련 기기나 A/V 기기, 홈오토메이션을 위한 제어나 보안기기, 그리고 게임기와 같은 오락기기 등을 모두 하나의 통신망으로 묶어서 정보를 공유하고 제어하는 모든 기술 및 서비스를 뜻한다. 가정 내 사용자들에게 가전제품들이 원래의 용도 외에 제품 간에 커뮤니케이션을 함으로써 우리의 삶을 보다 풍요롭고 편리하게 하는 홈 에듀테인먼트(Home Edutainment) 시대로 발전할 것이다.

- **홈 네트워크의 구성 :** 가정 내의 정보기기들을 유선 또는 무선의 다양한 인터페이스로 네트워킹을 이루고 있다. 이와 같은 홈 네트워킹을 통해서 얻을 수 있는 서비스들은 다음과 같다.
  - 가정관리 서비스
  - 원격제어 서비스
  - 정보검색 서비스
  - 정보통신 서비스
  - 엔터테인먼트 서비스
  - 기타

- **홈 네트워크의 구조 :** 홈 네트워크는 〈그림 4-7〉과 같이 각종 정보단말기를 유선, 무선 또

는 전력선 통신 인터페이스를 거쳐 홈 게이트웨이를 통해 다양한 가입자망에 접속 된다.

가정 내 기기들을 관리 제어하는 홈 네트워크 제어기술은 가전업체들이 내세우는 HAVI(Home Audio/Video Interoperability), Sun의 Juni, MS 진영의 UPnP(Universal Plug and Play), 삼성전자등의 HWW(Home Wide Web)와 HPnP, OSGI(Open Service Gateway Initiative) 및 Echelon과 회원사의 LonWorks 등의 경쟁이 치열하다.

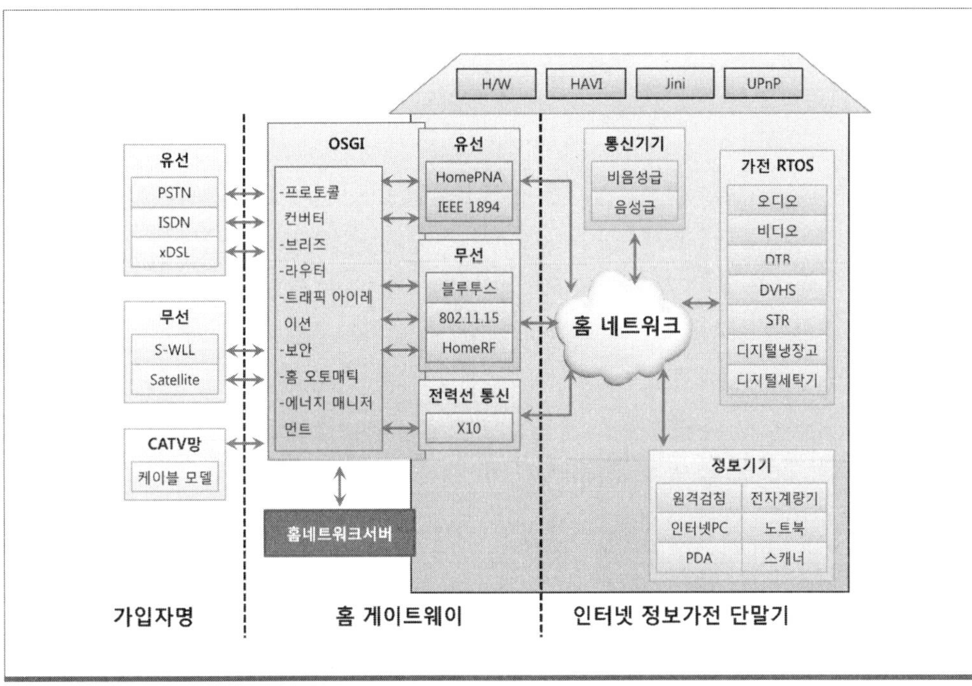

〈그림 4-7〉 홈 네트워크의 구조

한편, 홈 네트워크 전송기술은 크게 유선과 무선방식으로 나눈다. 유선방식에는 고속으로 데이터를 전송할 수 있는 별도의 통신선로를 이용하는 이더넷과 IEEE1394, 기존의 전화선을 활용하는 홈PNA, 전력선을 이용하는 PLC(전력선 통신) 등이 있다. 이더넷은 LAN에서 사용되는 통신방식을 사용하는 100Mbps 이상의 속도로 현재 시공되는 사이버아파트를 중심으로 급속히 보급되고 있다. IEEE1394는 고속으로 데이터 패킷 전송이 가능해 A/V기기에 적합한 기술로 가전업체들의 지지를 받고 있다. 기존 전화선을 이용하는 홈PNA는 별도의 배선 없이 홈 네트워크를 구축할 수 있을 뿐만 아니라 기술에 대한 신뢰가 높고 안정적이지만 한 가구당 하나의 전화번호만을 사용해야 하는 단점이 있다. PLC 방식은 가정 내 전기 콘센트에 각종 기기를 쉽게 연결할 수 있는 가장 효율적인 홈 네트워크 솔루션이다. 그러나 기기간의 상호 간섭으로 인한 잡음등과 속도가 느린 것이 단점이다. 그리고 국내 표준 단체의 하나인 한국정보통신기술협회(TTA)는 댁내망의 표준으로 이더넷과 홈PNA2.0을 채택한 바 있다. 또한 무선 전송기술은 2.4GHz 대역의 홈RF IEEE 802.11b블루투스, 5GHz 대역의 하이퍼 LAN2 IEEE 802.11a 및 IrDA(적외선통신)등이 있다. 홈RF는 IBM등의 기업이 SWAP(Shared Wireless Access Protocol)을 발표하여 출발한 방식으로 ISM 밴드를 사용하여 최대 1.6Mbps 속도를 갖고 있기 때문에 멀티미디어 통신에 부적합하고 다른 2.4GHz 대역을 사용하는 방식과 주파수가 겹치는 문제가 있다.

IEEE 802.11b는 고속 전송, 가격 하락, 광대역의 음성전송 등 많은 장점으로 다른 표준보다 경쟁우위를 보이고 있다. 블루투스는 저가에 전력소모가 적은 무선 기술로서 PDA휴대전화무선, 키보드무선, 헤드셋 등 개인 네트워크용으로 설계되었으며 기업들의 외면으로 예상보다 확산속도가 느리다. 최근에는 5GHz 대역의 무선기술인 IEEE802.11a, 하이퍼 LAN2 등이 주목받고 있다. 기존 2.4GHz 대역의 무선기술의 단점을 보완하여 멀티미디어 환경에 적합한 방식으로 인식되고 있다. 당분간 유선을 중심으로 한 이더넷과 IEEE1394, 홈PNA, PLC 등의 홈 네트워크 시장이 형성되면서 부분적으로 IEEE802.11b나 블루투스를 적용하여 유무선이 결합된 방향으로 진행될 것으로 예상된다. 그렇지만 설비 및 설치의 간편성 때문에 장기적으로 무선기술이 홈 네트워크의 중심 역할을 할 것으로 보인다.

- **블루투스 :** 블루투스란 휴대용 장치간의 양방향 근거리 통신을 복잡한 케이블 없이 저가격으로 구현하기 위한 근거리 무선 통신 기술, 표준, 제품을 총칭하는 용어이다.

블루투스는 유비쿼터스 네트워크 기술로서 크기가 작고, 저렴한 가격과 적은 전력 소모로 이동통신 단말기, 휴대용 PC 등과 같은 휴대장치, 네트워크 액세스 포인트, 기타 주변 장치들을 10m, 100m 내의 무선 연결을 가능하게 한다.

블루투스의 장점은 소형 단말 및 소규모 영역에서의 때와 장소에 구애됨 없는 간편한 네트워킹을 통한 일상 활동의 편리성을 도모할 수 있다는 것이다. 〈그림 4-8〉는 블루투스의 구성을 나타낸 그림이다.

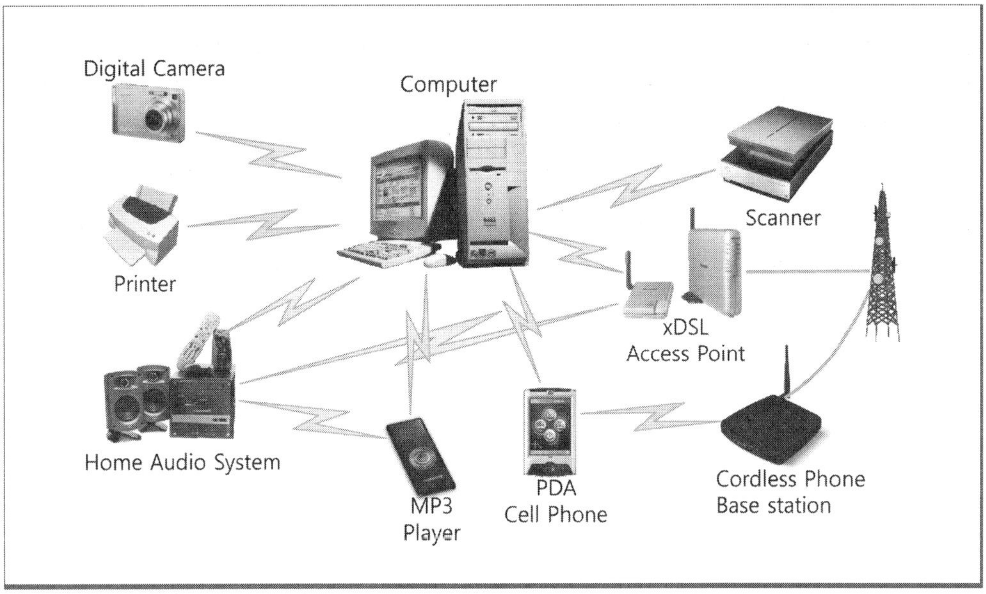

〈그림 4-8〉 블루투스의 구성도

블루투스 기술에 대한 규격 작성은 블루투스 SIG에서 담당하고 있으며, IEEE802.15 위원회에 제안되어 공식 표준화되고 있다. WPAN(Wireless Personal Area Network) 무선통신기술 표준화를 개발하는 것을 목표로 하고 있다. 블루투스는 2.4GHz ISM 대역의 라디오 주파수를 사용함으로써 장애물이 있을 경우에도 무선 데이터통신을 구현한다. 블루투스는 특히 이동전화 단말기/PDA 등 개인 통신기기, 헤드 셋/키보드/주변기기/프린터와 같은 주변기기, 유선으로 PC에 접속된 기기들과 같은 개인용 네트워크(PAN : Personal Area Network)로써 디자인되었다. 블루투스의 개발 초기에는 적용범위의 제약을 받았으며 최근에는 더 넓은 지역의 방대한 네트워크를 향한 블루투스 기능이 제공되고 있다.

(5) UWB(Ultra-Wide Band)

- **UWB의 정의 :** UWB는 가정에서 컴퓨터와 디지털카메라, 디지털 TV 등의 광대역 정보가 필요한 가전기기들끼리 자발적으로 통신을 주고받을 수 있는 광대역 무선기술과 사물과 환경의 변화를 실시간 감지, 추적하는 특정 용도의 센서간의 저 전송속도로 네트워크 하는 무선 기술을 동시에 만족시킬 수 있다.

UWB 무선기술은 디지털 부호 정보를 나노세컨드 이하의 매우 짧은 폭을 가지는 임펄스 신호로 변환해서 무선으로 전송하는 기술로서 광통신과 같은 수백 Mbps의 초고속

통신이 가능하며 매우 낮은 송신전력의 사용으로 배터리가 기존 무선통신방식보다 수십 배 이상 오래 사용할 뿐 아니라 송수신 장치도 획기적으로 소형화 할 수 있어 기존의 무선통신 한계를 극복할 수 있는 기술이다. 이를 기존의 협대역 시스템 및 3G셀룰러 기술로 설명되는 광대역 시스템과 구분하기 위해 중심 주파수의 20%이상의 점유 대역폭을 차지하는 시스템(예를 들어 중심 주파수가 4GHz라면 최소 3.2GHz대역과 4.8GHz대역), 혹은 5000MHz이상의 점유 대역폭을 차지하는 무선 전송 기술이라고 정의하고 있다. 〈그림 4-9〉은 협대역, 광대역 CDMA, UWB 스펙트럼을 비교한 것이다.

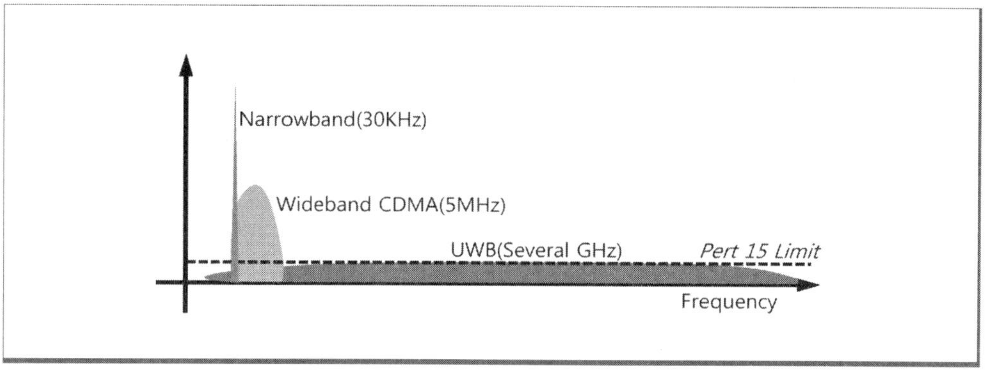

〈그림 4-9〉 협대역, 광대역 CDMA, UWB 스펙트럼 비교

- **UWB의 특성**
  - **광대역성 :** UWB의 정의에서 보듯이 점유 대역폭이 최소 500MHz이상이 되므로 통신이론상으로도 전송용량은 전송속도에 비례하여 증가하므로 점유 대역폭을 증가하면 할수록 광대역 용량을 제공할 수가 있게 된다.
  - **송수신기의 소형화, 저전력화, 저가격화 :** 같은 기저대역에서의 직접 변화에 의한 방식을 사용하므로 협대역 통신 방식과 달리 송/수신기에서의 주파수 천이 과정(Carrier-Free)이 필요치 않으므로 구성이 상대적으로 간단하다. 이러한 UWB 시스템의 간단한 구조는 저가격화를 시킬 수 있을 뿐 아니라 기존 통신보다 저전력 소비를 가능하게 하고 있다.
  - **정밀한 위치 인식 및 추적이 가능 :** UWB 시스템은 매우 짧은 펄스를 이용한 레이더에서 진화하여 통신에 적용된 방식으로 짧은 펄스에 의한 분해 능력을 이용하여 cm 정도의 정밀도를 구현할 수 있다.

이러한 특성은 UWB와 경쟁관계에 있는 타 기술에 비해 확실한 비교우위를 점할 수 있는 분야이며 유비쿼터스 환경에서 반드시 요구하고 있는 특성이기도 하다. UWB 시스템은 기본적으로 매우 넓은 주파수 대역폭에 매우 낮은 전력을 이용하여 통신을 하므로 기존 협대역 시스템과의 공유가 용이하고 현재 개발되고 있는 다른 무선 데이터용 통신 시스템에 비해 월등히 높은 데이터 전송율을 제공할 수 있다. 이러한 UWB 기술은 휴먼 인터페이스를 비롯하여 미래 정보가 전용 홈 네트워크, WLAN(Wireless Local Area Network), WPAN(Wireless Personal Area Network) 등 구축에 유용하게 사용될 것으로 기대되며 이외에도 자동차용 ITS(Intelligent Transport System) 통신 산업분야에서의 물류 공장기계 컨트롤, 자동차 충돌방지, 산업용 거리 측정기, 초정밀 3차원 레이더, 보안감시, 재난구조 및 의료기기에도 광범위하게 활용되는 것으로 예상된다.

(6) QoS(Quality of Service)

- **QoS의 개념** : 한정된 네트워크 자원을 이용하여 다양한 애플리케이션을 제공하기 위해선 차등화 된 서비스를 제공하기 위한 기술의 도입이 필요하다. 이러한 기능을 제공하는 것이 QoS 기술과 CoS(Class of Service) 기술이다. 통칭 QoS 기술이라고 불리는 것이 일반적이나 다소 협의의 의미에서 구분이 있다. 〈그림 4-10〉에서 QoS와 CoS에 대한 개념적 비교를 보여주고 있는데 QoS는 선택된 네트워크 트래픽 혹은 애플리케이션에 대해 더 나은 혹은 차별화 되는 서비스를 제공하는 네트워크의 능력을 말한다.

QoS는 각 flow 별로 end-to-end로 보장되어야 한다. flow라 하는 것은 사용자와 서버 혹은 사용자와 사용자 사이에 존재하는 애플리케이션의 세션을 말한다. 예를 들어 FTP를 사용해서 파일을 전송하는 경우 파일이 전송되는 동안 하나의 세션이 존재하게 되고 이러한 세션을 통해 전달되는 데이터를 트래픽 이라고 한다. 각각의 flow에 대해 QoS를 보장한다는 것은 각 flow가 요구하는 트래픽 특성, 즉 대역폭이나 지연, 패킷 손실과 같은 성능 기준을 만족시켜 준다는 것을 의미한다. 이를 위해서는 서로 다른 flow에 속한 트래픽들이 다른 취급을 받아야 한다. 여기서는 전달 우선순위도 포함된다. QoS가 end-to-end로 보장된다는 것은 사용자와 서버 사이에 여러 개의 스위치/라우팅 노드가 존재할 지라도 네트워크 환경의 변화에 상관없이 특정 flow에 대해 일관된 성능을 유지해 준다는 것을 의미한다.

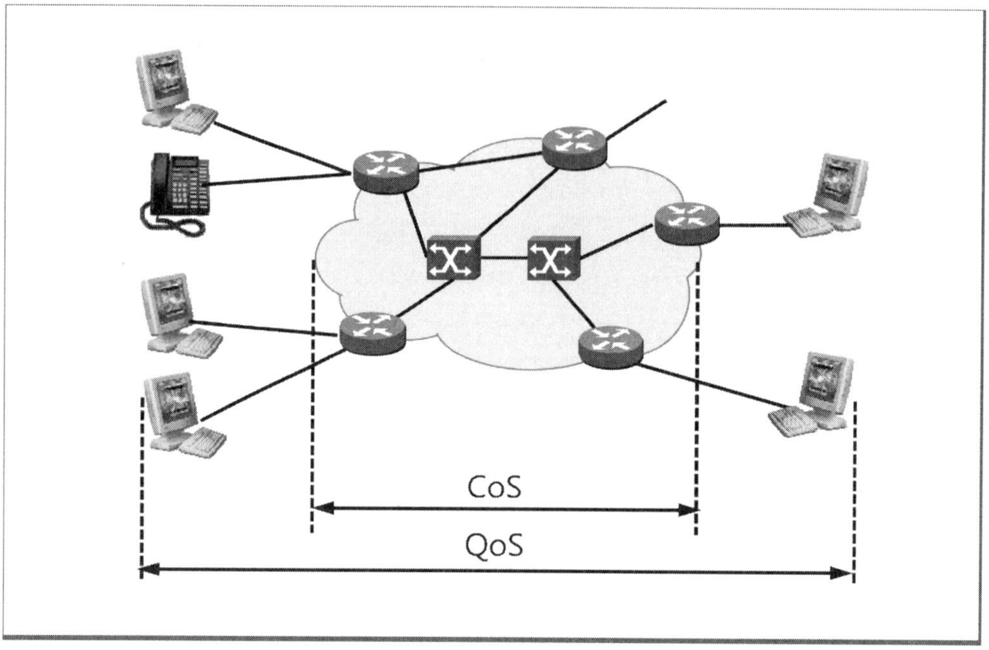

〈그림 4-10〉 QoS와 CoS

- **QoS 프레임워크 :** QoS를 지원하기 위해서는 일정한 형태의 프레임워크(framework)가 있어야 하는데, 다시 말하면 각 flow에 대해서 차별화된 서비스를 제공하기 위해서는 구조적인 모델이 있어야 한다. 먼저 네트워크로 입력되는 트래픽을 다양한 기준에 따라 여러 개의 트래픽 클래스로 구분하며 구분된 트래픽에 대하여 각기 다른 QoS 프로파일을 가지고 트래픽을 처리하게 된다.

인터넷에서 이러한 QoS를 제공하기 위한 두 가지 큰 프레임워크가 있는데 IntServ(Integrated Services)와 DiffServ(Differentiated Services)가 그것이다. IntServ는 개별 flow에 대한 QoS 지원을 제공하며 따라서 라우터에서는 낱낱이 모두 자원 예약을 해주기 위한 시그널링을 해줘야 하고 이와 관련된 상태 정보를 유지해야 한다. IntServ에서는 최선형 서비스 이외에도 보장형(guaranteed)서비스, 제어 부하형(controlled-load)서비스를 정의하고 있다. IntServ에서는 트래픽 flow들의 QoS 지원을 위해 트래픽 flow로 관리해야 하며 이 경우 네트워크 규모가 커지게 되면 확장성 문제에 직면하게 된다. IntServ는 DiffServ의 확장성 문제를 해결하기 위해서 제안된 방식으로, 개별 flow가 아닌 다수의 flow들을 묶어서 하나의 집약된 flow를 구성함으로써 QoS 제어를 해야 할 flow의 수를 줄이는 방식으로 확장성 문제를 해결하였다(flow의 집약은 flow 식별을 위한 패킷 헤더 필드 수를 줄이거나 필드 값의 범위를 확대함으로써 가능해진다). 또한 트래픽 조절 DiffServ를 도메인의 경계에서만 하도록 함으로써 DiffServ 도메인 내에서 개별 flow별 상태 관리와 홉 당 시그널링을 하지 않게 해서 확장성의 문제를 해결하였다.

(7) USN

- **USN의 개념 및 발전 단계 :** USN(Ubiquitous Sensing Network)이란 u-센서 네트워크라고도 지칭하며, 〈그림 4-11〉에서 보는 바와 같이 필요한 모든 것(곳)에 전자태그를 부착하고(Ubiquitous), 이를 통하여 사물의 인식정보(Identification)를 기본으로 주변의 환경정보(온도, 습도, 오염정보, 균열정보 등)까지 탐지하여(Sensor), 이를 실시간으로 네트워크에 연결하여 정보를 관리하는 것을 말하는 것으로(Network), 궁극적으로 모든 사물에 computing 및 communication 기능을 부여하여 anytime, anywhere, anything 통신이 가능한 환경을 구현하기 위한 것이다. u-센서 네트워크 기술의 발전 단계는 〈그림 4-12〉에서 보는 바와 같이 먼저 인식정보를 제공하는 전자태그를 중심으로 발전하고 이에 Sensing 기능이 추가되고 이들 간의 네트워크가 구축되어 자율 센서 망 형태로 발전할 것이다.

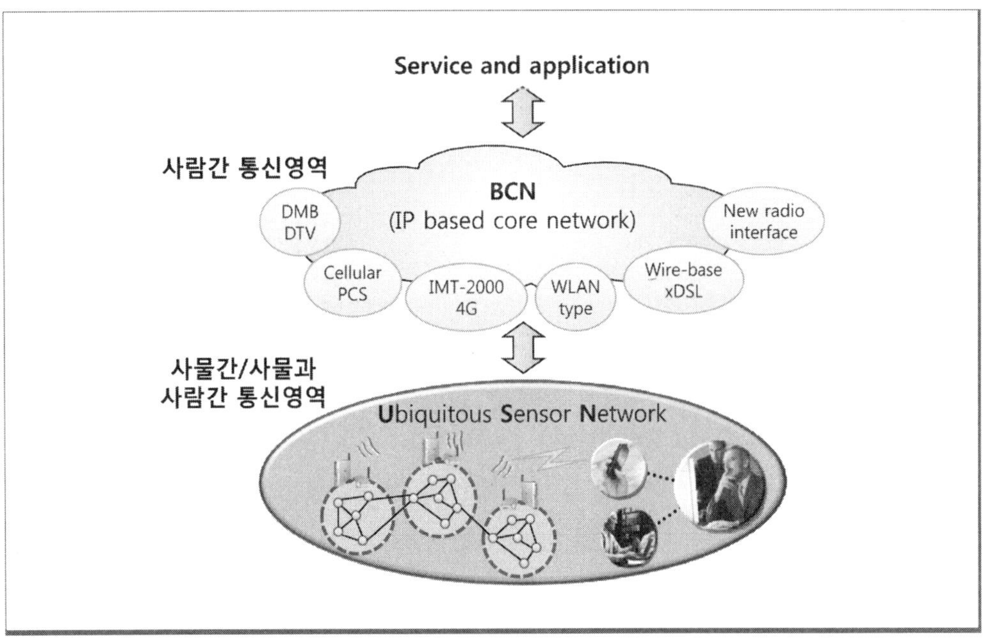

〈그림 4-11〉 USN의 개념도

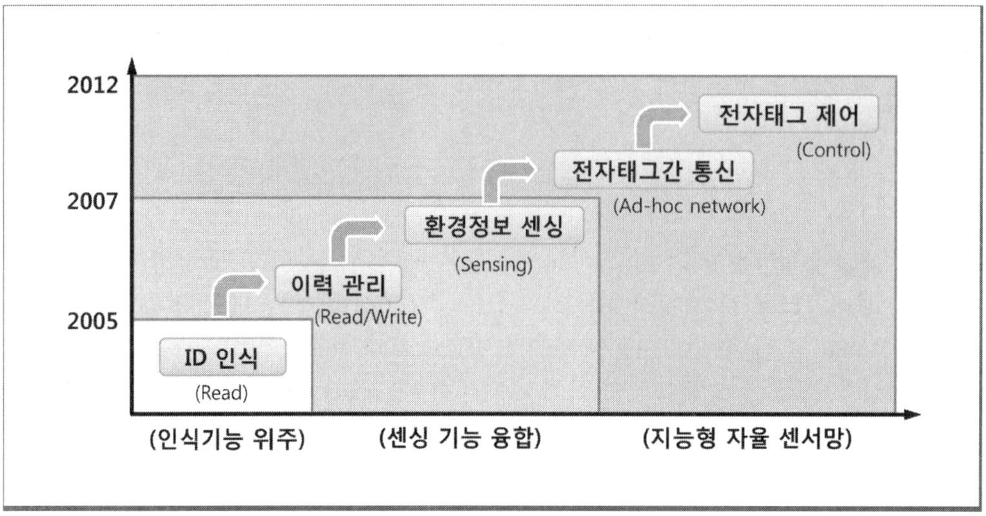

〈그림 4-12〉 u-센서 네트워크 기술의 발전 단계

- **USN 기술개발 동향**

  - **미국 :** MIT를 중심으로 전자태그를 이용한 상품관리를 위하여 북미지역코드 관리기관(UCC, Uniform Code Council), 국방성, 업체 등이 협력, Auto-ID 센터를 설립(1998년)하여 기술개발과 표준화를 추진해 왔으며, 개발된 기술에 대한 보급과 새로운 연구개발을 시작하기 위해 2003년 10월에 Auto-ID 센터를 EPC global과 Auto-OD Labs로 분리하여 새롭게 출범하였다.

  - **유럽 :** 2001년에 시작된 정보화사회기술계획(IST, Information Society Technologies research program)의 일환으로 "사라지는 컴퓨팅 계획(Disappearing Computing Initiative : 일상 사물에 전자태그를 부착하여 사물간의 지능적이고 자율적인 감지와 통신이 가능한 환경을 구축)" 사업을 통해 관련 기술 개발 중에 있다. 또한 여러 나라에서 전자태그를 실생활에 적용하는 Future Store 프로젝트, SCM 영역에 적용한 ParcelCall 프로젝트, MyGROCER 프로젝트 등이 진행 중에 있다.

  - **일본 :** 모든 사물(공간, 의복 등)에 초소형 칩을 이식하고 네트워크를 구성하여 통신이 가능한 유비쿼터스 컴퓨팅 환경을 구축하기 위해 유비쿼터스 ID 센터를 설립(2003년)하여 추진 중이며, 경제 산업성(METI) 주관으로 5엔 태그 실현을 목적으로 100여개 기업이 참여하는 컴소시엄을 구성하여 기술 개발 및 확산 전략을 수립하고 프로젝트를 시작하였다.

- **향후 전망 :** u-센서 네트워크 기술 발전은 〈그림 4-13〉에서 보는 바와 같이 칩의 가격, 크

기, 성능 등 전자태그(센서) 기술의 발전에 따라 시장에서의 적용이 확산되면서 단계적인 발전이 예상 된다. 전자태그가 소형화, 지능화되는 데 비하여 가격은 수 센트로 저가화가 실현되면서, 물류, 유통분야 및 환경, 재해예방, 의료관리, 식품 관리 등 실생활에서의 활용이 확대될 것이다. 현재 읽기 전용 칩 가격은 5~20센트로 태그 가격은 약 10~50센트이나, 태그 가격은 수년이내 5센트 이하로 하락할 전망이며, 1센트 이하로 칩을 구현하기 위해서는 chipless 기술사용이 불가피하며, 2007년부터는 chipless 태그의 시장 점유율이 10%로 높아질 전망이다. 한편, 태그의 기술은 현재의 고정된 개체 인식 코드 획득 수준에서 2007년경 다 기능 태그에 의한 상황인지처리 수준으로 진화하여, 2010년 이후에는 개체 간 통신기능을 갖춘 지능형 u-센서 네트워크로 발전될 전망이다.

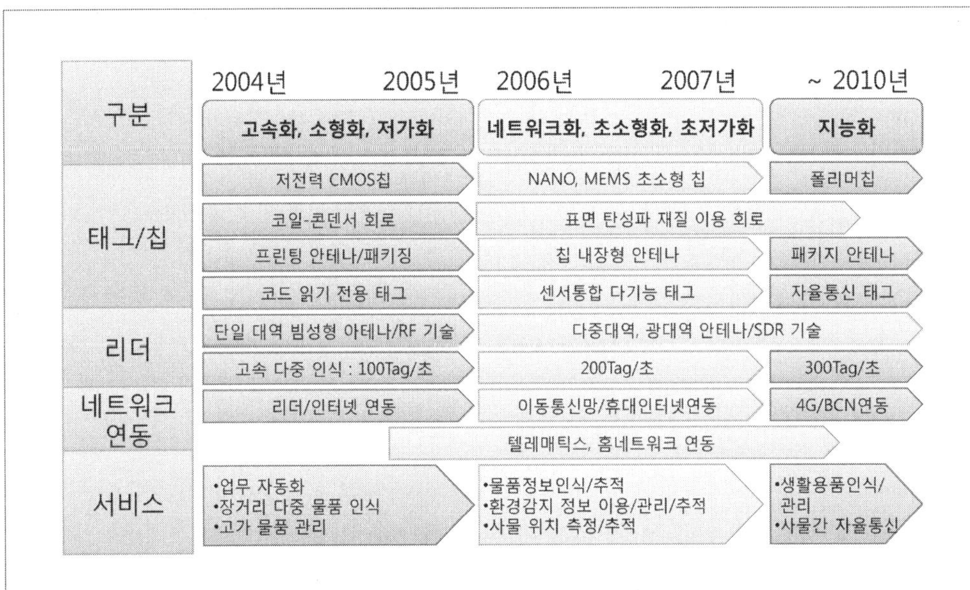

〈그림 4-13〉 USN 기술발전 전망

(8) 인터넷 전화

• **인터넷 전화의 정의 및 구분 :** 인터넷 전화(IP Telephony)는 일반적으로 음성을 데이터 신호로 변조하여 인터넷 회선을 통하여 전화통화를 가능케 하는 것을 말한다. 또한 인터넷 전화라 함은 사설 혹은 공중 인터넷 망의 구분 없이 IP망을 이용하거나 혹은 패킷교환 방식으로 전송되는 음성전화를 통칭하는 것으로 한다. 사용하는 망의 종류에 따라 인터넷 전화를 구분하는 용어들이 여러 가지 존재한다. ITU는 VoIP는 사설망, Internet Telephony는 공중망을 이용하는 것으로 정의하고 있다. 또한 기술적인 측면에서 VoIP는 사설망,

VoI(Voice over the Internet)은 공중망을 의미하기도 한다.

- **인터넷 전화의 구분 :** 인터넷 전화는 양측 단에서 사용되는 단말기의 종류에 따라 PC to PC, PC to Phone, Phone to Phone의 세 가지로 우선 구분할 수 있다. 이상의 세 가지 서비스를 협의의 인터넷 전화라고 한다면, PC to fax, fax to fax 서비스와 인터넷 회의, 메시지 통합처리 등을 포함하는 것을 광의의 인터넷 전화라고 할 수 있다. Phone to Phone 인터넷 전화는 국내 별정 1호 사업자가 주로 제공하며, PC to Phone 인터넷 전화는 별정 2호 사업자가 주로 제공하고 있다.

〈표 4-7〉 인터넷 전화 서비스의 구분

구분	내용		
협의	PC to PC	고객장비	송수신에 필요한 PC, 모뎀 장착 노트북이나 PC
		인터넷접속	송수신자 인터넷접속(모뎀 다이얼업이나 LAN)
		규제문제	PS수 접속 불필요
	PC to Phone	고객장비	한쪽만 PC 필요
		인터넷접속	한쪽이 인터넷 접속
		규제문제	한쪽이 PSTN 접속
	Phone to Phone	고객장비	일반전화
		인터넷접속	인터넷 접속 필요 없음(게이트웨이가 망 접속 제공)
		규제문제	양쪽 PSTN 접속(재판매에 민감한 국가 규제 대상)
광의	위에서 언급한 서비스 외에 PC to fax, fax to fax 서비스와 인터넷 회의, 메시지 통합 처리 포함		

- **인터넷전화 서비스 발전 단계**

- **1998년 이후(Phone to Phone 방식) :** 1998년 별정 1호 사업자의 Phone to Phone 국제 전화를 시작으로 인터넷 전화가 제공되기 시작했다. 〈그림 4-14〉와 같이 인터넷 전용회선으로 국제구간을 연결하여 서비스를 제공하는 형태이다.

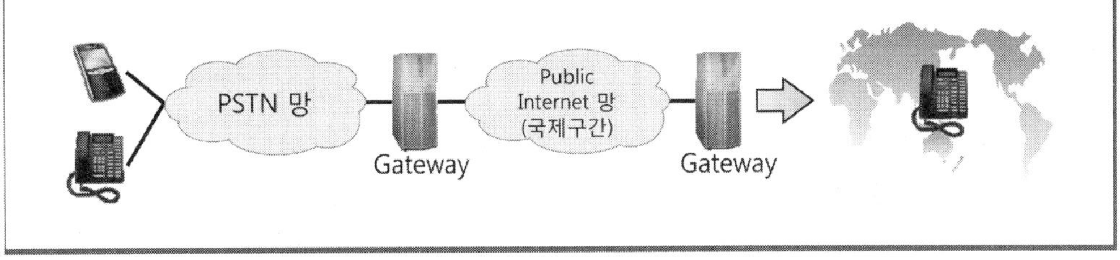

〈그림 4-14〉 Phone to Phone 방식

이것은 기존의 PSTN 전화 가입자가 사업자 식별번호를 이용해서 발신하고 착신함으로 별도의 가입자번호는 필요 없다. 사업자들이 시외 혹은 국제전화 식별번호를 정부로부터 부여받아 서비스를 제공하는 형태다.

- **2000년 이후(PC to Phone 방식) :** 2000년 새롬기술의 무료 인터넷 전화 서비스인 다이얼패드가 시장에 등장하였다. PC를 통하여 다이얼패드의 홈페이지에 접속하여 전화를 발신할 수 있었으며, 사업자는 광고를 통하여 매출을 올리고 통화비용을 무료로 하는 사업 모델을 초기에 채택했었다〈그림 4-15〉.

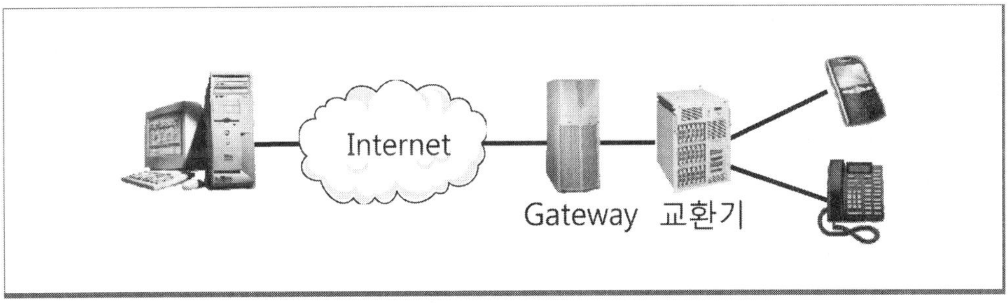

〈그림 4-15〉 PC to Phone 방식

- **2001년 이후 (IP Phone/기업용 솔루션/부가기능 추가) :**
  - **IP Phone :** 2001년 이후 PC to PC 방식 발신전용서비스에서 IP Phone 등을 활용하여 발신과 착신이 모두 가능한 인터넷 전화 서비스들이 별정통신 사업자들을 중심으로 시장에 속속 등장하고 있다. 〈그림 4-16〉과 같이 IP Phone은 단말기에 인터넷 회선을 곧바로 연결하여 사용하는 것이다.

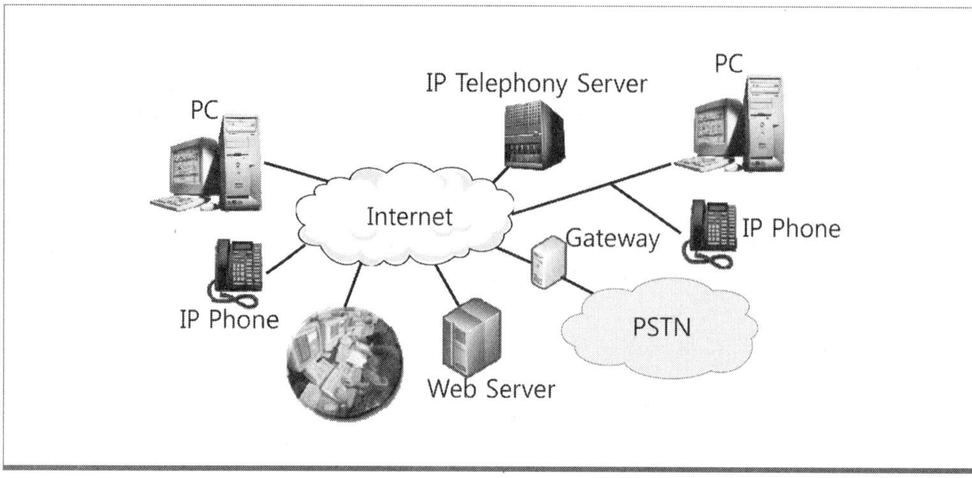

〈그림 4-16〉 IP Phone 망 구성도

- **기업용 솔루션 :** 기업고객을 위해서는 기업용 솔루션이 개발되고 있다. 대표적인 것이 소용량 게이트웨이를 통해서 발신만 인터넷회선으로 가능케 함으로써 통신비용을 절감하게 하는 것이며, 상황에 따라 PSTN 전화와 인터넷 전화를 번갈아가며 사용할 수 있게 하는 서비스도 개발되었다. 기업용 솔루션은 본사와 지사 간 통화 혹은 본사와 지역지사 간 연결이 필수적인 기업들을 중심으로 퍼져가고 있기도 하다.
- **부가기능 추가 :** PC to Phone 인터넷 전화의 사용상 불편함과 유료화 등을 이유로 인터넷 전화 시장의 대세가 IP Telephony 쪽으로 기울자 사업자들은 기존 서비스에 여러 가지 부가기능을 추가하고 있다. 메신저 기능에 인터넷폰을 추가한 새롬기술의 '스마츠 메신저'는 MSN 메신저의 음성채팅과 동일한 서비스로써 메신저에 등록된 이름을 클릭하면서 인터넷 전화를 이용하는 것이다. 웹투폰의 와우콜은(www.wowcall.com)은 사이버 머니인 '와우'를 통하여 통화하는 방식에 유료 영상회의 서비스를 추가했다.

(9) AD-HOC

- **AD-HOC의 정의 :** 인터넷의 급속한 성장 속에서 인터넷 사용자들은 지금까지 LAN, xDSL, 케이블 모뎀 등의 유선을 통하여 제한된 시·공간에서 통신하였다. 그러나 인터넷의 확장과 단말기의 하드웨어 무선통신 기술개발이 이루어짐에 따라 시·공간상의 제한없이 인터넷을 사용하고자 하는 욕구 또한 증가 하였다. 유일한 해결 방법은 무선 매체를 이용하는 것이다.

무선 매체는 〈그림 4-17〉과 같이 기존 통신 인프라(기지국, AP)의 지원 여부에 따라서 두 가지로 분류한다. 이동 단말들이 유선 환경에 기반을 둔 기지국이나 AP를 중심으로 구성되는 인프라가 있는 **Infrastructure 네트워크**와 기지국이나 AP의 도움 없이 순수하게 이동 단말들로 구성된 인프라가 없는 **Ad-Hoc 네트워크**로 분류할 수 있다.

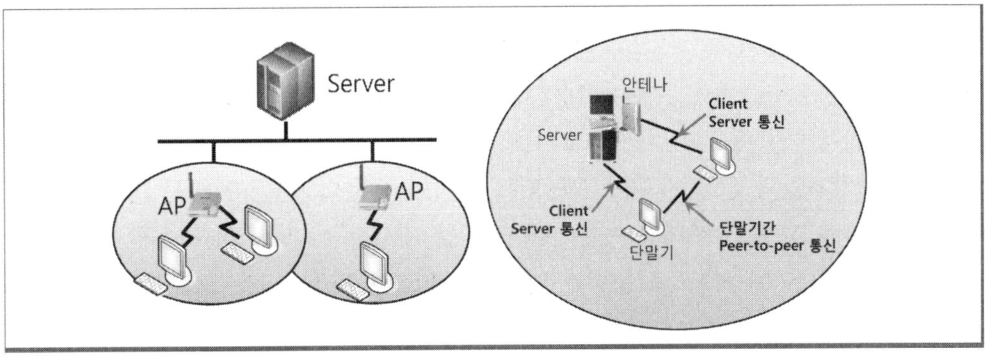

(a) Infrastructure 네트워킹 **(b)** Ad-Hoc 네트워킹

〈그림 4-17〉 무선 네트워크의 종류

〈그림 4-17〉의 (a)는 마지막 부분이 무선으로 유선 네트워크와 연결되어 Last Hop Network라 한다. 기존의 설치된 인프라(기지국, AP)를 통해서만 데이터의 송수신과 같은 통신이 이루어지는 구조로 현재 많이 접하고 있는 이동전화망이나 무선 LAN 등을 예로 들 수 있다. 인프라가 있는 네트워크는 기존 인프라를 통해서만 통신이 가능함으로 지진과 같은 재해, 테러, 전쟁과 같은 상황에서 기지국이나 AP의 고장 유선단절과 같은 상황 발생 시 통신을 할 수 없는 단점이 발생한다. 〈그림 4-17〉 (b)는 중앙 집중화된 관리가 지원되지 않는 환경에서 지정된 이동성 지원 기반 시설의 도움 없이 임시 망을 구성하는 이동 호스트와 무선 인터페이스의 집합인 Ad-Hoc Network이다. 이러한 망구조에서 각 이동 호스트는 단말 호스트이면서 라우터로 동작하여 패킷을 다른 이동호스트로 전달한다. 이 때 이동성 지원 기술은 위치 정보가 서로 다른 하드웨어 특성 영역 혹은 서로 다른 이동 통신망 사이에서 단말의 이동을 추적하고 필요하다면 네트워크 구성 요소 사이에 상호 전달하는 데 소요되는 방법론을 통칭한다.

Ad-Hoc Network는 기존 인프라가 필요치 않는 특성으로 인하여 임시 구성용 네트워크이나 지진, 태풍, 테러 등에 의한 재해/재난 지역과 특히 전쟁터와 같은 기반 시설이 없는 환경에서 적용가능토록 주로 군사용 망에 중점을 두어 연구 개발되어 왔다. 그러나 최근의 인터넷의 급속한 성장을 배경으로 Ad-Hoc 통신망은 초기의 원거리 망에서 근거리 지역망, 일반 대중의 가정 내 개인용 컴퓨터 IP간 통신망 요구의 증대 및 이에 이동성을 부여하기 위한 연구와 함께 이를 지원하기 위한 근거리 지역망에서 상업적으로 주목받기 시작했다. 최근 유비쿼터스 네트워크 기술로서 부각되고 있는 블루투스, HomeRF Ad-Hoc 등은 통신망의 좋은 예이다.

모든 노드들이 라우터 역할과 이동노드로서의 역할을 동시에 수행하는 Ad-Hoc 네트워크 라우팅 프로토콜은 다음과 같은 문제를 고려해야 한다.

첫째로 Ad-Hoc 노드들은 제한된 대역의 무선 링크로 연결된다. 그러므로 제한 된 대역을 최대 활용하기 위하여 라우팅 오버헤드는 작아야 한다. 둘째로 Ad-Hoc 노드들은 저장, 배터리 용량과 같은 자원이 제한되는 랩탑이나 손으로 들 수 있는 장치가 될 것이다. 그러므로 과도한 플러딩 사용과 주기적인 메시지는 최소화하여야 한다. 셋째로 Ad-Hoc 노드들은 이동하므로 동적인 네트워크 위상을 가진다. 따라서 빨리 위상 변화를 반영하고 대체 경로를 사용하여야 한다.

4.4 실시간 OS 기술

(1) 임베디드 OS

- **임베디드 소프트웨어의 정의 :** 임베디드 소프트웨어는 마이크로프로세서 위에 내장되어 특정한 기능을 수행하는 소프트웨어를 지칭하는 것으로 산업 및 군사용 제어기기, 디지털, 정보가전기기, 자동센서장비 등의 기능을 다양화하고 부가가치를 높이는 핵심 소프트웨어로 일상생활 속에서 쉽게 접하는 휴대폰, TV, 세탁기, 기차, 비행기, 엘리베이터 등의 제품 안에 내장된 임베디드 시스템에서 하드웨어를 제외한 나머지 부분이라고 할 수 있다. 임베디드 소프트웨어는 시스템 소프트웨어, 제어 멀티미디어 미들웨어, 통신 미들웨어 등으로 구성되며 실시간성과 고 신뢰성 등의 특성을 제공한다.
- **실시간 시스템**
  - **실시간 시스템이란 :** 특정 반응에 대해 정해진 시간 내에 행동할 수 없을 때 문제가 발생하는 시스템으로, 그 결과가 산출되어야 하는 시간에도 적시성(timeliness)을 가지며 외부 자극에도 예측 가능한(predictable) 방식으로 반응하는 시스템을 말한다. 여기서 timeliness란 열악한 환경 하에서도 데드라인(deadline) 이내에 논리적으로도 정확한 출력 값을 산출해 내는 것을 말하며 데드라인이란 반응에 요구되는 시간의 한계 값을 지칭한다.

- 실시간 시스템의 분류는 다음과 같이 이뤄진다.
  - **Hard 실시간 시스템 :** 제어작업이 데드라인을 어기는 경우 시스템에 심각한 영향을 주는 time-critical 속성을 지닌 시스템으로 항공기, 우주왕복선, 자동차 등이 그 예이다.
  - **Soft 실시간 시스템 :** 데드라인을 어긴 단위 제어 작업의 무효화로 시스템의 평균적 성능에 미세한 영향을 주는 시스템이며 컴퓨터, 정보기기, 네트워크 관련기기 등이 대표적인 예이다.

• 임베디드 소프트웨어의 특징은 다음과 같다.

- 임베디드 소프트웨어가 실행되는 시스템의 용도에 따라 연성 혹은 경성 실시간 처리를 지원하여야 함
  - **연성 OS :** 휴대폰, 디지털 TV 등과 같이 시간의 제약성이 적은 응용 분야에 사용되는 임베디드 OS로서, WinCE, 임베디드, 리눅스 등이 대표적임
  - **경성 OS :** 미사일, 항공기 등과 같이 정해진 시간 안에 반드시 작업을 처리하여야 하는 임베디드 OS로서, VxWorks, VRTX 등이 대표적임
- 소프트웨어의 오동작 및 작동 중지가 허용되지 않는 임베디드 시스템에서는 고도의 신뢰성이 요구됨
- 임베디드 시스템은 크기, 가격 및 발열 등을 이유로 제한된 하드웨어 자원으로 구성되므로 임베디드 소프웨어는 경량화, 저전력 지원, 자원의 효율적 관리 등의 하드웨어에 최적화되는 기술을 지원하여야 함
- 범용 데스크탑 또는 서버에서 실행되는 패키지 소프트웨어와 달리 특정 시스템에서의 실행을 목적으로 개발됨
- 탑재될 임베디드 시스템의 기능에 따라 소프트웨어의 기능이 결정되며 임베디드 소프트웨어의 개발은 풍부한 하드웨어 지식과 시스템 소프트웨어 개발 경험을 요구함
- 시장을 지배하기 위해서는 다양한 기종과 규격의 마이크로프로세서에 최적화된 별도의 솔루션이 동시에 제공되어야 함
- 고난도의 임베디드 소프트웨어 응용을 빠르고 안정되게 개발하기 위한 개발 도구가 필수적임
- 임베디드 S/W는 최종제품의 고부가가치 실현을 위한 중간재 성격의 원천 S/W로 생산에서 소비까지 모든 가치사슬과 연관되어 전후방 효과가 매우 큼

- **임베디드 OS :** 유비쿼터스 컴퓨팅 기기들의 실시간 처리를 위해서 임베디드 S/W중에서도 실시간 운영체제는 그 중요성이 매우 크다. 초기에는 산업용 기기들이 간단한 제어 프로그램만으로도 동작하였으나 최근에는 많은 정보기기들이 멀티미디어 처리와 같은 복잡한 처리 능력을 요구하면서 임베디드 운영체제가 등장하게 되었다. 또한 멀티태스크 네트워크 기능에 대한 요구는 임베디드 운영체제의 진화를 촉진하고 있다. 이처럼 최근 실시간 운영체제는 유무선 통신과 디지털 정보기기를 기반으로 하여 홈 네트워킹과 인터넷 정보가전에 의한 스마트 홈(Smart Home) 시대의 도래를 위한 기폭제 역할을 하고 있다. 이는 점차 발전하여 유무선 인터넷과 각종 모바일 컴퓨터에 의한 스마트 시티즌(Smart Citizen) 시대를 거쳐 도시 생활환경 속의 유비쿼터스 컴퓨팅에 의한 스마트타운(SmartTown) 등의 영역으로 그 활용 분야가 급격히 확장되어 발전할 전망이다. 즉, 나아가 모든 곳에 편재되어 상황에 대한 정보를 인식하여 실시간으로 처리하는 유비쿼터스시대의 정보화 기기들의 구현을 위하여 실시간 운영체제의 발전은 필수적이 요소이다. 임베디드 소프트웨어와 임베디드 OS에 대한 보다 자세한 사항은 5장에서 다시 다루도록 한다.

4.5 센싱 기술

(1) 상황 인식

- **상황인식 기술의 정의 :** 상황의 본질적인 정의는 "실세계(Real World)에 존재하는 실체(Entity)의 상태를 특정화하여 정의한 정보"라고 정의할 수 있으며, 여기서 실체란 인간, 장소 또는 사람과 서비스간의 상호 작용을 의미한다고 할 수 있다. 이러한 정의는 개발시 주어진 응용 서비스 시나리오를 위한 상황 전개 작업을 용이하게 할 수 있다. 만약 이러한 정보가 상호 작용하여 참여자의 상황을 특성화 할 수 있으면 그 정보가 상황이 된다고 볼 수 있다. 기본적인 상황 인식 응용을 예로 들면 실내 이동식 안내(Tour guide)를 들 수 있다. 이 경우 확실한 실체는 '사람', '응용' 및 'tour site'의 3개가 된다. 이 예에서 우리는 '날씨'와 '다른 사람의 존재'라는 2종류의 정보를 사용할 수 있는데 이 경우 둘 중 하나가 '상황' 인지를 결정하기 위하여 '정의'를 사용한다. '날씨'는 '응용'에 영향을 미치지 않는데 그 이유는 '날씨'가 실내와의 상관관계 측면에서 낮은 관련성이 있기 때문이다. 하지만 '다른 사람의 존재'의 경우, 사용자의 주변 상황에 특징을 짓는데 사용할 수 있다. 사용자가 다른 사람과 실내에서 tour를 한다며 이들이 방문하는 곳이 다른 사람에게 특별한 흥미를

줄 것이다. 그러므로 '다른 사람의 존재'는 상황이 될 수 있다. 왜냐하면 사용자의 주변 상황을 특징화할 수 있기 때문이다.

상황인식 기술을 효과적으로 사용하려면, 본질적으로 상황이 무엇이고 이를 어떻게 사용할 수 있는지 그리고 이를 사용하기 위한 기술 구조에 대한 이해가 필요하다. 상황에 대한 이해는 응용 개발자가 응용 서비스에 어떤 상황을 활용할지를 선택할 수 있도록 할 것이며 상황을 활용하는 방법을 이해하면 개발자가 응용 서비스에서 지원할 상황인식 행위가 무엇이 될지를 결정할 수 있을 것이다. 또한 상황과 관련된 기술 구조에 대한 이해는 개발자가 응용 서비스를 용이하게 구축하는 것을 지원할 것이다. 이러한 기술 구조의 이해를 위하여 상황을 기반으로 하는 '서비스'와 '추상화'의 이해가 우선 요구된다. 이러한 분야를 포괄적으로 포함한 상황인식 컴퓨팅의 기술적 배경을 이해하기 위하여 상황 인식 컴퓨팅과 상황 인식 응용(Context-aware Applications) 서비스의 개념에 대하여 논한다. 상황인식 기술 전반에 대한 개념적인 구성은 〈그림 4-18〉과 같이 표현할 수 있다.

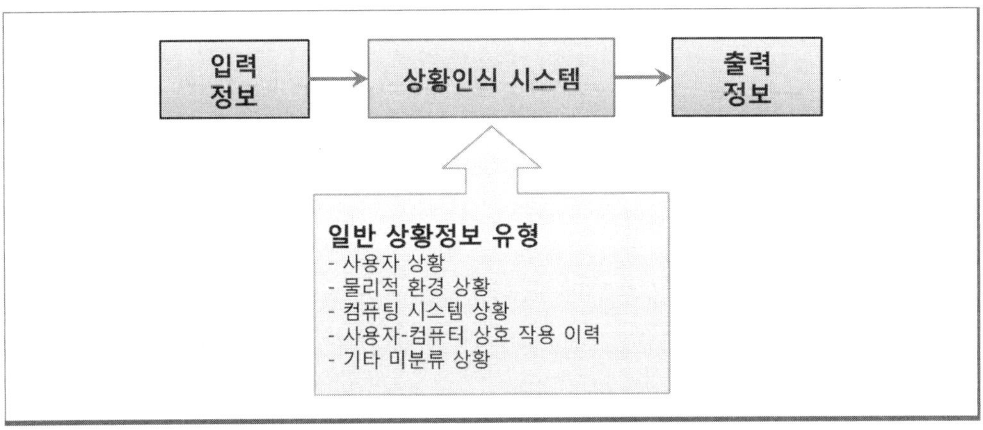

〈그림 4-18〉 상황인식 개념도

상황인식 컴퓨팅은 1994년 Schilit와 Theimer에 의하여 최초로 논의된 바 있다. 그 당시 상황인식 컴퓨팅을 '사용 장소, 주변 사람과 물체의 집합에 따라 적응적이며, 동시에 시간이 경과되면서 이러한 대상의 변화까지 수용할 수 있는 소프트웨어'로 정의하였다. 이후 상황인식 컴퓨팅을 정의하고자 여러 차례 시도하였으나 대부분의 경우, 지나치게 특정적이었다. 최근에 개선된 상황인식 컴퓨팅의 정의는 "사용자의 작업과 관련 있는 적절한 정보 또는 서비스를 사용자에게 제공하는 과정에서 '상황'을 사용하는 경우 이를 상황인식 시스템으로 정의"할 수 있다.

이러한 정의에 대한 이해를 통하여 상황인식 응용이 지원해야 할 행동과 특징이 무엇이고, 이러한 행동을 수행하기 위하여 요구되는 상황이 무엇인지를 개발자가 용이하게 결정할 수 있게 된다. 응용 개발자는 설계에서 실제 구현으로 연결되는 과정에서 2가지 접근 방법을 이용할 수 있다. 하나는 설계자가 구조적인 서비스 또는 특징을 조합하여 응용을 구축하는 접근방법과 다른 하나는 설계자가 대상이 되는 응용을 좀 더 높은 차원에서 생각할 수 있도록 추상화하는 접근 방법이다. 이를 지원하는 기술로는 상황인식 응용 개발 도구 기술이 요구되는데 이 기술에 포함될 내용으로는 상황의 획득과 접근, 상황인식 응용에 독립적인 상황인식 정보의 저장, 배포 및 실행이 포함되어야 한다. 또한 상황 정보의 추상화를 위한 기술(Abstraction), 상황 정보를 해석하는 기술(Interpretation) 그리고 유사한 상황 정보를 수집하는 기술(Aggregation)의 3가지 기술 요소가 기본적으로 필요하다.

(2) RFID

- RFID(Radio Frequincy Identification Description)의 정의 : RFID란 반도체 칩과 안테나 리더기로 구성된 무선주파수 시스템을 말한다. 라디오 주파수 방식의 통신 방식으로 RFID는 물체나 동물 또는 사람 등을 식별하기 위해 전자기 스펙트럼 부분의 무선 주파수 내에 전자기 또는 정전기 커플링 사용을 통합시킨 기술이다. 반도체 칩에는 태그가 부착된 상품의 정보가 저장되어 있고, 안테나는 이러한 정보를 무선으로 수 m, 수십 m까지 날려 보내며, 리더기는 이 신호를 받아 상품정보를 해독한 후 컴퓨터로 보낸다. 따라서 태그가 달린 모든 상품은 언제 어디서나 자동적으로 확인 또는 추적이 가능하다.
- RFID는 이미 교통카드, 사원증 등 스마트카드에 활용되고 있는 무선인식기술로 주파수 대역에 따라 작동거리가 다르다. 지금까지는 주로 10cm 이내의 접촉식 카드(13.56MHz)가 보편적이었으나 900MHz 및 2,450MHz RFID Tag는 비접촉 식으로 3m 이내의 거리에서 인식할 수 있다. RFID Tag는 기존 바코드를 대체하고 유비쿼터스를 실현하는 핵심 소재이며 상품의 저장, 전송, 추적 등 유통, 물류분야, 전자도서관, 전자 지불, 보안 등 다방면에 광범위하게 적용될 것이다.
- **RFID의 구성 요소 :** RFID는 크게 물품 등 사물에 부착하는 태그(칩)와 이를 읽어내는 리더기, 내장되는 정보를 식별하는 코드, 미들웨어 등 소프트웨어 등으로 구성된다. 〈그림 4-19〉은 RFID의 구성을 나타낸 그림이다.

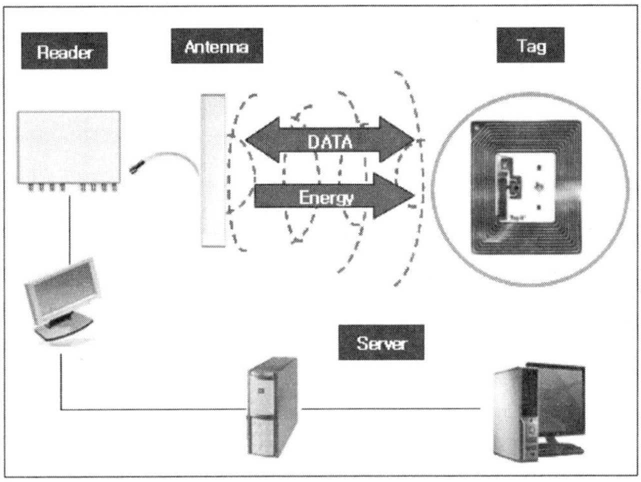

〈그림 4-19〉 RFID의 구성

- **RFID의 구동과정 :** RFID는 리더기가 태그로 전파를 송신하면 태그가 수신된 전파로부터 에너지를 얻어서 활성화된다. 활성화된 태그는 자신의 정보를 리더기로 송신한다. 태그가 송신하는 전파의 에너지원을 얻는 방법에 따라 수동형과 능동형으로 구분되는데, 수동형은 리더기로부터 수신되는 전파에서 송신 에너지를 얻고, 능동형은 별도의 배터리에서 송신 에너지를 얻는다. 리더기는 수집된 정보를 네트워크를 통해 센터에 전달한다.

- **EPC 코드체계 :** RFID를 이용해 사물의 식별이 가능해야 하므로 용도에 따라서 단위지역 또는 전 세계적으로 유일한 인식번호를 부여하는 식별체계를 정립해야 한다. 현재 유럽표준화기구(EAN)와 북미표준화기구(UCC)가 공동 제안한 EPC(Electronic Product Code)와 일본에서 제안한 u-ID 체계가 있으며, 국제표준화가 진행되고 있다. 한편 인터넷 주소체계로는 IPv6를 추진하고 있어 EPC와 연계를 위한 코드체계의 표준대응방안을 수립할 필요가 있다.

- 현재 RFID는 비 접촉 무선인식 기술로 기존의 바코드의 느린 인식속도 인식율, 저장능력의 한계를 극복하여, 비즈니스 활동에 혁신적 변화를 가져올 뿐만 아니라 기술발전 추세에 따라 Active RFID의 사용이 활성화될 경우 유비쿼터스 네트워크의 센서기능을 담당하게 될 핵심 기술로서 정부 및 해당 업계의 관심이 고조되고 있다. RFID와 RFID 태그에 대한 보다 자세한 사항은 6장에서 다시 다루도록 한다.

4.6 디바이스

(1) IT SoC

- **IT SoC의 정의 :** IT SoC(System-on-a-Chip)은 사용자가 요구하는 IT 시스템 솔루션을 반도체 수준에서 제공하는 기술을 지칭한다. 이를 위해 IT SoC에는 〈그림 4-20〉에서와 같이 신호를 제어·가공·처리하는 CPU/DSP, 논리모듈, 메모리, 내장형 SW 등이 포함되고 있으며, 통신이나 방송 단말의 저전력/고성능화를 위해 RF 송수신, 영상센서, MEMS 등과 같은 기능도 점진적으로 탑재될 것으로 전망된다.

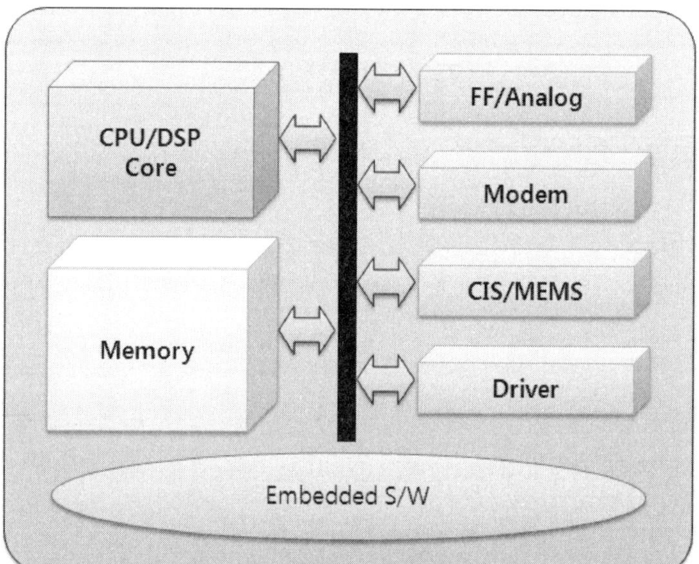

〈그림 4-20〉 IT SoC의 개념도

- **IT SoC의 기술동향 :** 반도체 공정 기술은 18개월에 2배의 집적도 향상을 이룩하여 왔으며 최근부터는 0.13cm의 공정이 SoC 개발에 활용되고 있다. 공정 기술이 진보하면 소자의 크기가 줄어들게 되어 집적도와 소비 전력 절감 효과를 얻을 수 있다. 그러나 소자의 크기가 작아지면 게이트와 채널에서 발생하는 누설전류는 증가하여 전체 소비전력과 단위 면적당 에너지 밀도는 증가하게 된다. 특히, 소자의 크기가 수십 나노 급 수준으로 줄어들게 되면 누설 전류의 영향에 의해 칩에서 소모하는 전력은 상당한 수준으로 증가할 것으로 예상된다.

또한 인터커넥션에 의한 신호간섭 등이 회로 동작에 심각한 영향을 초래할 수도 있다. 일반적으로 메모리 반도체는 제조 중심의 공정 및 장비 기술에 의해 발전하지만, IT SoC는 설계기술의 혁신을 바탕으로 고성능, 저전력을 추구하는 형태로 발전하고 있다. 설계 기술의 혁신은 크게 설계 재사용 기술, SoC 자체의 기술 등의 두 가지로 구분할 수 있다.

- **설계 재사용 기술 :** 표준화된 설계모듈이나 IP의 통합을 원활하게 하는 플랫폼의 개발에 의해서 설계에 소요되는 비용이나 기간을 줄이는 것을 목표로 한다. 집적도가 증가할수록 많은 기능을 칩 내에 탑재시키는 것이 가능하지만 설계 기간은 점차 줄어들고 있다. 설계 기간 단축은 제품 수명의 축소에 따라 일어나는 현상으로서, 단일 기관이 SoC에 집적하는 모든 기능을 주어진 시간 내에 설계하기 어렵게 한다. 제삼자의 설계를 활용하기 위한 IP 기술 개발에 많은 노력이 집중되고 있으나 모든 응용 분야에 자유롭게 이식될 수 있도록 IP를 설계하는 것은 쉽지 않다.

최근 효과적인 설계 재사용 기술로서 인식되는 방안은 적용 분야에 맞는 SoC 플랫폼을 미리 정의하고 그에 맞도록 IP를 개발하는 것이다. 선호하는 SoC 내부 구조나 인터페이스를 하나의 통일된 규격으로 정의하고 운용하면 IP 제공자들이 솔루션을 제공하거나 IP의 DB화가 원활하게 이루어질 수 있는 장점이 있다.

- **SoC 재사용 기술 :** 기존 FPGA와 유사하게 사용자에 의해 재구성 가능하도록 SoC를 제작함으로서 하나의 칩이 다양한 목적으로 활용되게 하는 것을 목표로 한다. SoC 기능의 복합화 및 NRE(Non-Recurring Engineering) 비용 증가 등의 이유로 세계적으로 SoC의 신규 설계 수량은 점진적으로 줄어들고 있다. 특히 IT 경기가 부진하였던 2001년에는 전년 대비 36% 정도의 신규 수량의 감소가 발생하였다. SoC 재사용 기술 혹은 재구성형 SoC 기술은 NRE 비용 증가에 효과적으로 대응하는 차세대 기술로서 활발히 연구되고 있다.

(2) MEMS(Micro Electro Mechanical Systems)

- **MEMS의 정의 :** MEMS란 마이크로 시스템, 마이크로 머신, 마이크로 메카트로닉스 등의 동의어로서 혼용되고 있으며 번역하면 초소형 시스템이나 초소형 기계를 의미한다. 아직까지 정식으로 논의 되어 선정된 단어는 없지만 현재 선도 기술 사업으로 진행되고 있는 기술개발 과제명은 초소형 정밀기계 기술개발이라 부르고 있다. 현미경에 의하지 않고서는 형체를 알 수 없을 정도로 작은 기계가 공상소설의 영역을 벗어나 이제 현실공학의 새로운 분야로 정착 되었다. 한마디로 말해 개미와 같은 마이크로 로봇을 인공적으로 만들어서 미소한 운동이나 작업을 시키려고 하는 것이다. 즉 개미의 눈이나 촉각에 해당하는 각종 센

서, 뇌나 신경에 해당하는 논리 회로, 팔과 다리에 대응하는 마이크로 메커니즘, 그것을 움직이게 하는 마이크로 액추에이터를 하나로 하는 시스템을 일컫는다. 크기는 수mm에서 수nm까지에 이르며 수cm크기라 해도 마이크로 머신이라고 불리는 경우도 있다. 마이크로 머신의 아이디어가 제창된 초기에는 혈관 내를 돌아다니면서 환부를 치료할 수 있는 기계에 대한 구상도 있었다. 허나 지금 기존의 기계를 단순히 축소해야 마이크로 머신이 되리라는 생각은 이제 과거의 것이 되었다. MEMS란 마이크로머신이 느끼고 생각하며, 운동하는 시스템을 일컫는다. 〈표 4-8〉은 반도체 기술과 MEMS 기술을 비교한 것이다.

〈표 4-8〉 반도체 기술과 MEMS의 비교

비교 항목	반도체 기술	초소형 정밀기계기술(MEMS)
탄생배경	1960년대 초반 반도체의 회로집적화로 탄생	반도체 기술에서 파생
특색	좁은 면적에 많은 회로를 얇게 2차원적으로 집적화	3차원적으로 공간을 마련하고 전기선처럼 회로를 배열
제품에서의 역할, 응용	인간의 두뇌(기억 및 정보처리)에 해당함. 정보통신, 컴퓨터에 집중적으로 응용	인간의 감각기관(눈, 코, 귀, 피부) 및 손발의 역할 자동차, 디스플레이를 포함한 가전 등의 기간산업과 앞으로 다가올 항공, 우주 산업, 의료, 생물, 제약 산업에까지 응용
산업 및 경제에 미친 영향	80년대 및 90년대 세계적 경쟁의 각축장, 한국의 수출 주력상품	2010년대 경제 및 경쟁력에 파급효과 및 다양한 상품으로 주력산업 가능
현재까지 개발된 상품	메모리 소자, 마이크로프로세서, 비메모리 소자	잉크젯 프린터 헤드, 자동차 에어백용 충돌감지 센서, 압력 센서 등은 세계적인 상품으로 이미 시장을 형성하고 있다.

• **MEMS의 역사와 MEMS 정의의 변화**

- **1960년대 초 :** MEMS는 실리콘 가공기술에서 시작되었으므로 최초의 연구는 실리콘 기판상에서 미세 기계요소 즉, 밸브, 모터, 펌프, 기어 등의 부품을 2차원 평면으로 제작한 것이 그 시초였다. 이의 발전은 마이크로 센서의 수요 확대에 힘입어 실리콘 기판위에 압력센서, 가속도 센서등과 신호처리용 집적회로, 그리고 센서에 의해서 제어가 가능한 마이크로 액추에이터를 직접화하여 인텔리전트 시스템을 구현하려는 의도가 있었다.

- **1970년대 :** 이방성 에칭을 이용한 여러 가지 디바이스가 연구되었고 이를 이용한 3차원 구조를 가진 광학 디바이스, 잉크젯, 홀로그래피 등이 연구 되었다. 이처럼 반도체 기판 자체를 에칭하여 3차원구조를 만드는 것을 마이크로 머시닝이라 하고 Bulk Machining 이라고 부른다.

- **1980년대 이후 :** Surface Micro Machining기술로 기판을 손대지 않고, 기관위에 증착된 희생 박막을 에칭해서 박막으로된 3차원 구조물을 만들게 되었다. MEMS에서 말하는 3차원 구조란 반도체에 비해 두께가 훨씬 크다.

- **현재 :** LIGA, LASER, 전기방전 등등의 여러 제작 기술이 개발되고 있고 이에따라 계속해서 MEMS의 연구는 발전하고 있다.

• **MEMS의 역할 :** 이제 21세기 유비쿼터스 시대를 주도할 핵심기술 중 하나로 인식되고 있는 MEMS 기술은 이미 우리가 흔히 접할 수 있는 정보기기 관련 시스템의 센서나 프린터 헤드와 같은 중요한 부분에 이용되고 있으며 생명공학, 미세 유체 및 화학분석, 운송 및 항공, 광학 그리고 로봇 등과 같이 거의 모든 산업 분야에서 구조, 부품 및 시스템 제조를 위한 핵심 기술로 활용되고 있다.

(3) 차세대 전지

- 유비쿼터스 시대를 맞이하여 모든 곳에 센서를 식재하기 위해선 전지의 고도화가 필수적이다. 수없이 많은 모든 컴퓨팅 기기에 유선으로 전력을 공급하는 것은 불가능하기 때문이며 초소형의 센서에 전지를 식재하기 위하여 초소형·고성능을 실현해야 한다.

- 지구상에 존재하는 금속 중 가장 가벼운 리튬을 이용하는 리튬 이온 전지는 고성능 초경량을 실현할 수 있는 고성능 전지로서 1991년 Sony에서 최초로 상업화한 이후 1995년부터 그 수요가 급증하고 있다. 그 동안 고가의 휴대형 디지털 전자제품으로 그 용도가 다소 제한되어 왔으나 최근 가격도 낮아지고 높은 전압 높은 에너지 저장 밀도와 저 중량 특성에 힘입어 급속히 기존의 이차전지(특히 Ni-MH)를 대체하고 있다. 안전성 면에서는 과충전과 과방전을 막는 보호회로에 의존해야 하는 등 불완전한 형태로서 출발하였으나, 성능과 안전성 개선을 위한 노력이 폭넓게 지속적으로 전개되어 현재 급속히 시장을 확장하고 있다.

- 차세대 이차전지의 핵심은 리튬이차전지에 의해 좌지우지되고 있으며 특히 리튬이온이차전지와 리튬폴리머이차전지가 중심 역할을 수행하고 있다. 〈그림 4-21〉은 차세대 전지의 이용 분야를 나타낸 그림이다.

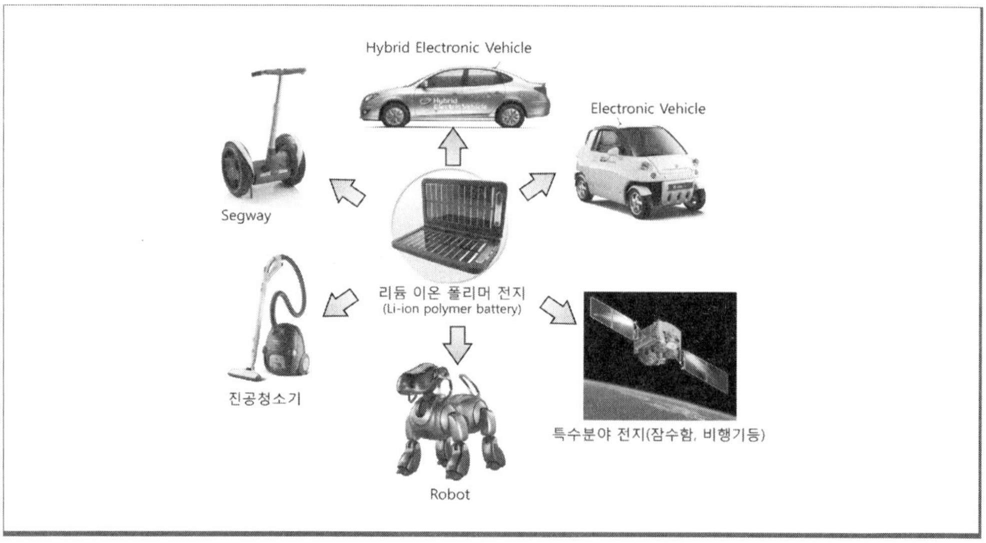

〈그림 4-21〉 차세대 전지 이용 분야

- 세계 2차 전지 산업은 고성능 2차 전지(Ni-MH, 리튬이온, 리튬폴리머) 중심으로 흘러가고 있다. 매출의 절반 이상은 리튬 계열 2차 전지가 차지하고 있으며 대표적인 생산 국가는 일

본, 한국, 중국이다. 산업화 단계에서 성숙기에 들어서고 있는 리튬 2차 전지는 리튬 이온 2차 전지(원통형, 각형 및 파우치형), 리튬 이온 폴리머 2차 전지이다. 20여 년 전부터 연구, 개발되고 있는 리튬메탈 폴리머 2차 전지와 리튬메달설퍼 2차 전지는 안정성 및 cycle life 성능에 신뢰성이 확보되지 않아 상업화하기에는 아직도 많은 검증 기간이 필요한 상황이다. 소형 휴대 기기 시장은 리튬 이온 전지가 주도하고 있으며, 지속적인 성능 향상에 따라 HEV/EV 등 중대형 전지 시장도 주도하게 될 것이다.

(4) 지능형 서비스 로봇

- **지능형 서비스 로봇의 정의 :** 지능형 로봇은 21세기에 우리의 삶에 가장 큰 변화를 가져다 줄 것이 분명하다. 지난 100년간 자동차와 컴퓨터가 큰 변화를 가져다 준 것처럼 향후 100년간은 로봇이 커다란 변화의 중심이 될 것이다. 이러한 흐름을 잘 인지한 정부에서는 2003년 8월, 지능형 로봇을 우리나라의 10대 차세대 성장 동력산업의 하나로 선정하였으며 산자부가 주관부처가 되어 과기부, 정통부와 함께 국가적 프로젝트를 시작하고 있다. 차세대 성장 동력으로서의 지능형 로봇은 2004년부터 5년 이내에 상품화 개발이 되어 2013년에는 상당한 시장의 규모를 확보하여 국민소득 2만달러의 달성에 큰 기여를 할 수 있는 로봇을 의미한다. 즉 정보에서 보는 지능형 로봇은 이러한 시대적, 경제적 의미가 강하다.

모든 로봇에는 (1) 자신과 외부의 상태를 센싱(Perception)하고, (2) 이를 바탕으로 판단을 하는 지능(Cognition)과 (3) 지능이 결정하는 운동기능(Manipulation)이 세 가지 중요한 필수 요소로 들어 있다. 따라서 로봇에는 사용 환경과 작업 능력에 따라 레벨은 다르지만 어느 정도의 지능을 반드시 가지고 있다고 볼 수 있다. 이는 로봇이 맨 처음 소설(로봇이라는 단어는 1921년 카렐 챠베크의 Rossum's Universal Robots이라는 희극에 처음 사용함)에 탄생할 때부터 그랬다. 1960년대 처음으로 산업용 로봇이 된 Unimation사의 Umimate와 현재 Honda의 ASIMO와 같은 인간형 로봇도 똑같이 센싱하고 판단하고 운동하는 능력을 가지고 있다. 이러한 공통의 요소 기술이 컴퓨터의 발전에 의해 많이 향상되고 있는 것이 사실이다. 그렇지만 기술적인 의미에서 현재 차세대 성장 동력으로서의 지능형 로봇이 모든 종류의 로봇을 의미하지는 않는다. 좀 더 세분하여 구체적으로 정의를 내릴 수 있다.

현재의 지능형 로봇은 지금 개발되고 있거나 사용 중인 전체 로봇들 중에 지능의 레벨이 상당히 높은 첨단 로봇들을 포괄적으로 의미한다고 볼 수 있다. 즉, 지능형 로봇은 기존의 제조업에 사용되어 온 반복적인 작업을 수행하는 로봇과는 달리 현재의 발달된 기술로 연구 개발이 가능하며 현재와 가까운 미래의(먼 미래가 아닌) 시장에서 요구하는 기능과 성능을 가지는 로봇을 의미한다고 볼 수 있다. 기존의 제조업용 로봇은 그 로봇이 작업을 수행하는데 불편하지 않도록 잘 만들어진 공장 환경에서 주로 반복적인 작업을 하는 것이 대부분이다. 그런데 현재 시장에서 요구하는 로봇의 중요한 기능은 이런 공장 환경을 떠나 사람이 거주하는 공간(집, 사무실, 병원 등) 또는 사람이 접근하기 어려운 현장(관로, 고압선로, 화재지역, Micronano world 등)으로의 진출이다. 바로 이것이 기존의 로봇과 다른, 한 차원 높은 지능을 요구하는 이유이다. 이런 지능형 로봇은 IFR(국제로봇연맹)에서 다음의 〈표 4-9〉에서와 같이 분류되고 있다.

〈표 4-9〉 지능형 로봇의 분류

<table>
<tr><th>구분</th><th>대분류</th><th colspan="2">중분류</th><th>종류</th></tr>
<tr><td rowspan="3">지능형 로봇</td><td rowspan="3">서비스 로봇</td><td colspan="2">개인용 로봇</td><td>애완용로봇, 청소로봇,
경비로봇, 교사로봇 등</td></tr>
<tr><td rowspan="2">전문가용 로봇</td><td>공공서비스용로봇</td><td>의료로봇, 안내로봇 등</td></tr>
<tr><td>극한작업용로봇</td><td>재난구조로봇, 원전로봇 등</td></tr>
<tr><td></td><td colspan="3">산업용(제조용)로봇</td><td>용접로봇, 핸들링로봇, 도장로봇 등</td></tr>
</table>

지능형 로봇이 놓이게 될 새로운 환경은 로봇을 위해 변경되기 어렵기 때문에 로봇은 있는 그대로의 환경에서 자신의 임무를 수행하여야 한다. 로봇이 이러한 환경에서 성공적으로 목표점에 도달하기 위해서는 그 만큼 높은 지능으로 환경 대응이 이루어져야 한다(환경대응능력 : High Level of Environment Correspondence). 그리고 반복적이지 않은 작업을 수행하기 위해서 높은 지능에 의한 판단력을 가져야 한다(작업수행능력 : High Level of Dexterity). 그리고 인간과의 만남이 증가하기 때문에 인간을 상대하는 능력(상호작용능력 : High Level of Interaction)을 가져야 할 것이다. 이러한 세 가지 능력이 현재의 로봇 지능에 요구되는 3요소이다. 제조업용의 로봇에서도 점점 이러한 지능이 요구되는 유연 생산방식을 따라가고 있으므로 이들도 현재 지능형 로봇의 의미에 포함된다고 볼 수 있다.

기존의 로봇에서와 다른 크게 향상된 능력을 가지기 위해서 분명 새로운 기술이 요구된다. 기본이 되는 메카트로닉스 기술을 바탕으로 지난 20년간 엄청난 발전을 한 IT기술과의 접목이 가장 중요하다. 이러한 메카트로닉스기술과 IT기술의 접목을 디지털 퓨전(Digital Fusion)이라고 한다. 고속의 마이크로프로세서와 메모리, 디스플레이, 2차 전지, 유무선 통신, 콘텐츠 등의 IT 관련 요소 기술은 더욱 발달한 모터, 감속기, 인코더, 다양한 센서 등의 메카트로닉(Mechatronic) 기술과 결합되어 현재 요구되는 능력을 만족시키도록 융합되는 것이다. 약 2~30년 뒤 새로운 고도의 지능기술과 생물학(Biology) 기술과의 융합이 이루어질 때까지는 이 디지털 퓨전이 로봇기술 흐름의 중심이 될 것이다. 이러한 IT 기술과의 접목은 로봇이 마치 PC와 같은 모듈화된 제품으로 발전할 것이고 분업화된 산업구조를 가지게 될 것이라는 것을 예측 할 수 있게 한다. 즉, 우리는 현재 지능형 로봇 산업의 패러다임이 완전히 변하는 시기를 맞이하고 있다.

그러나 IT 기술과의 접목이 로봇의 지능을 즉각적으로 향상시키지는 못한다. 로봇의 내부에서 보다 빠르게 많은 양의 정보를 처리할 수 있다는 것, 그리고 통신기술에 의해 먼 거리에 정보를 빠르게 보내고 받을 수 있다는 것, 보다 쉽게 외부환경을 인식할 수 있다는 것, 보다 효과적인 방법으로 내부의 정부를 디스플레이 해 줄 수 있다는 것이 IT 기술과의 접목에서 우리가 얻을 수 있는 장점이다. 인간의 음성을 인식하는 능력의 향상, 그리고 스피커를 통해 로봇이 인간의 언어를 표현을 하는 능력은 분명히 크게 향상되었다. 귀와 입은 많이 발전하였다. 그러나 그 중간에 있는 두뇌의 발전은 아직도 많은 연구를 필요로 한다. ASIMO가 100개의 언어를 인식한다고 하고 또 발을 한다고 하는 것은 매우 간단한 듣는 말과 하는 말 사이의 연결고리를 가지고 있는 것이다. 인간의 두뇌가 하는 능력과는 매우 큰 차이가 있다. 인간의 언어 속에 숨겨진 의미를 정확히 이해하고 어떤 말을 해야 하는지 판단을 내리는 능력은 별도의 문제이다. 즉 핵심부분에는 지능이 존재한다. 지능은 로봇이 효과적으로 정보를 처리할 수 있는 운영체계로부터 고도의 판단을 내리기 위해 필요한 지능체계를 요구한다. 하지만 과거의 경험과 현재의 기술로 비추어 볼 때 효과적인 지능의 발전은 앞으로 더 많은 시간과 노력을 필요로 할 것이다. 따라서 현재 중요한 문제는 고도의 지능을 기다리는 것이 아니고 위에서 언급한 것과 같이 IT와의 접목 즉, 디지털퓨전이다.

역사적 관점에서 〈표 4-10〉과 같이 지난 과거와 미래를 고찰해 볼 필요가 있다. 지난 20년간 산업용(제조업) 중심의 기술발전이 있었고 이 기술은 다른 분야로의 응용이 확대되었다. 1980년대는 여러 학문(기계, 전자, 전기, 컴퓨터과학 등)의 결합이 이루어져 진정한 로보틱스(Robotics)가 탄생했으며 1990년대에는 이들의 기술이 농업, 어업 등의 1차 산업용 로봇, 건설용 로봇 그리고 극한작업, 의료 등의 서비스 로봇으로의 확산이 이루어졌다. 앞에서 언급했듯이 2000년부터의 20년 동안 중요한 기술 이슈는 바로 디지털 퓨전이 될 전망이다. 전반의 10년은 IT 기술이 로봇에 접목되는 시기가 될 것이며 2010년부터의 후반의 10년간은 다시 다양한 분야로의 응용확대가 이루어질 것이다. 그리고 보다 높은 판단력을 가지는 고도의 지능적인 로봇이 2020년경에 등장하여 다음 20년간 발전의 중요한 기술 이슈가 될 것이다. 즉, 현재의 지능형 로봇은 보다 완전한 지능 기술이 발전할 때까지 이러한 지능이 없어도 로봇의 적용이 가능한 작업에 제한되어 발전할 것이다.

〈표 4-10〉 지능형 로봇의 발달과정

1980	1990	2000	2010	2020	2030	2040
Inter-discipline 학제적 결합	Inter-industry 업체적 결합	Digital Fusion	Digital Diffusion	New Intelligence Revolution	New Intelligence Spread-out	Integration with Biology
산업용 로봇 중심 제조업 중심	농업용 로봇 건설용 로봇 등의 다양한 분야로 확산 1차산업으로 확대 2차산업에서 확산	지능형 로봇 가정용 첨단 제조 극한 작업	군사용, 사회 서비스용 등의 다양한 분야로 확산 로봇의 사회화	새로운 지능의 혁명	새로운 지능의 확산, 전개	Bio, 생체와의 결합

4.7 보안기술

(1) 생체인식

• **생체인식 기술의 개요**

– 생체인식 기술의 등장 배경 : 정보통신의 발전이 급속하게 진행되고 있는 가운데 통신망의 발전은 우리 개인의 생활 영역까지 확대되어 오고 있다. 일반적으로 인터넷이라고 하는 공용 통신망은, 기존의 현실세계에서 이루어지던 경제적 활동 등을 가상공간에서 자유롭게 할 수 있도록 하는 방향으로 발전하고 있다. 하지만, 이런 가상생활의 편리함이나 정보의 활용이 컴퓨터를 기반으로 한 정보를 중심으로 이루어져 있기 때문에 정보의 관리는 무엇보다 중요하다. 이것은 물리적 수단인 정보시스템에 대한 보호를 위한 것이고 그러한 도구들을 제공하는 장소들에 대한 보안수단이 필요하다. 이에 관련된 단말기, 출입통제시스템, 인증시스템 등에 대한 보안을 위해서 개인 신분 확인 기술이 적용되고 있다. 이에 따라서 최근 개인 신분 확인기술로 각광을 받고 있는 것이 사람의 고유한 신체적 특징을 이용한 생체인식 시스템이다.

– 생체인식 시스템의 고려사항 : 생체인식 시스템들의 주요 고려사항은 일반사용자가 인식기를 사용함에 있어서 느낄 수 있는 편의성, 생산성, 그리고 기술적으로 정확한 인식을 하기 위한 인식기술 등이다. 또한 대부분 생체인식기들이 신체의 특성을 인식하기 위해서 인식하는 속도는 신뢰성만큼이나 중요할 수도 있다. 생체인식시스템에서 기술적으로 가장 중요하게 고려할 사항은 인식시스템의 성능의 판단기준이 될 수 있는 인식오율이다. 인식오율은 오인식율(FAR : False Acceptance Rate)과 오거부율(FRR : False Rejection Rate)로 나눌 수 있다. FAR은 등록되지 않은 사용자를 등록된 사용자로 오인하는 인식오율을 의미하며, FRR은 등록된 사용자를 거부하는 인식오율을 말한다. 높은 성능을 유지하기 위해서는 FRR보다는 FAR의 성능이 매우 중요하다고 볼 수 있다.

– 생체인식 시스템의 적용 분야 : 생체인식 시스템은 현재 전통적으로 출입통제 시스템에 적용되어왔으며 근태관리, 범죄수사용, 현금자동지급기, PC 데이터 관리, 전자상거래용 인증시스템 등에 응용되고 있다. 국내에서는 출입통제 시스템 응용분야에서 지문인식기술이 미국, 프랑스, 일본과 함께 높은 성능의 기술을 보유하고 있으며 이밖에도 정맥인식, 홍채인식에서도 제품을 생산하고 있다. 미국의 경우 생체인식 신분확인 프로그램의 상업적 개발을 촉진하기 위해 HA-API(Human Authentication-API)와 같은

표준 API를 만들었다. 또한 마이크로소프트사에서도 Windows XP 버전에 생체인식기술을 적용하였다. 또한 기술적으로 생체인식기능, 알고리즘, 기기의 호환을 위한 표준 인터페이스와 생체인식 데이터 관리와 저장, 분산 컴퓨팅 환경에서 생체인식기술을 지원하기 위한 표준화가 진행 중이다.

- **생체인식 시스템의 구현기술 :** 생체인식 시스템은 크게 생리적 특징을 이용한 지문, 얼굴, 망막, 혈관패턴, 홍채, 손목 또는 손등의 정맥 분포 패턴, DNA를 식별하는 방식이 있고 사람의 행위나 형태적 특성을 이용한 서명, 음성 등의 방법이 있다. 그러면 이번에는 각각의 구현기술에 대해 살펴보도록 하자.

- 지문(Fingerprint)인식 기술 : 땀샘이 융기되어 일정한 흐름이 만들어진 지문은 그 모양이 개개인마다 다르다는 특징이 있다. 이것은 통계학적으로 증명되었으며 범죄수사용으로 오래 전부터 이용되어 왔다. 지문의 역사는 100년 정도로 1884년 N.Grew가 영국에서 발표를 시작으로 1968년 미국 월스트리트의 한 증권회사에서 상업적 용도로 최초로 사용되기 시작했다. 지문인식은 지문에서 추출할 수 있는 30가지의 판단근거를 기준으로 수행된다. 지문의 일반적인 특성은 〈그림 4-22〉와 같이 지문의 2/3가 루프로 되어 있으며, 1/3이 나선 형태로 되어 있고 5~10%가 아치형으로 되어 있다.

〈그림 4-22〉 지문의 인식 위치

지문인식 기술은 오랜 역사를 가지고 있는 만큼이나 여러 분야에 응용되어왔다. 일반적으로 응용분야는 크게 신원확인 분야와 범죄수사 분야로 분류할 수 있다. 지문인식 시스템의 기본적인 구조는 입력부와 인증부로 나눌 수 있으며, 대부분의 모든 시스템들은 CCD 카메라를 이용하는 광학스캐너 방식이나 CMOS 소자를 이용한 비광학 방식의 입력부 기술을 사용하고 있으며, 인증부는 미리 입력 저장된 지문 데이터베이스와 대조해 본인여부를 인증하는 부분으로 구성되어 있다.

이 기술의 응용분야는 초기에 금고, 물리적 출입통제 시스템의 접근제어, 범죄자 색출을 위한 분야에 적용되어왔으나 1990년대에 들어와서는 정보보안, 금융거래, 전자상거래상의 보안인증을 위한 분야로 이용되고 있다.

– 얼굴인식 기술 : 이 인식기술은 개인 식별 기술로써 대학연구소를 중심으로 연구가 진행 중인 기술이다. 아직 실용화단계에 있는 연구소와 기업 간의 협약을 통해서 실용화 단계로 접어들고 있다. 현재 알려져 있는 연구소로는 미국 MIT의 AI 연구실과 Media 연구실, 남가주대(Univ. of Southern California), 카네기멜론(CMU), 록펠러(Rockefeller) 대학과 영국의 맨체스터(Manchester) 대학에서 가장 활발히 연구가 진행 중에 있다. 또한 일본의 동경대와 ATR 연구소에서도 연구를 진행 중에 있다. 이러한 연구들은 미국 Visionics사의 FaceIT와 Micros사의 TrueFace라는 소프트웨어 제품으로 실용화되기 시작했고, 독일의 Siemens Nixdorf사에서는 Unix 기반의 FaceVACS라는 기술을 내놓았다. 현재까지의 실용화 단계는 주로 현금자동인출기의 고객확인 등에 사용되고 있고 점차 다른 분야로의 확대가 이루어질 계획이다.

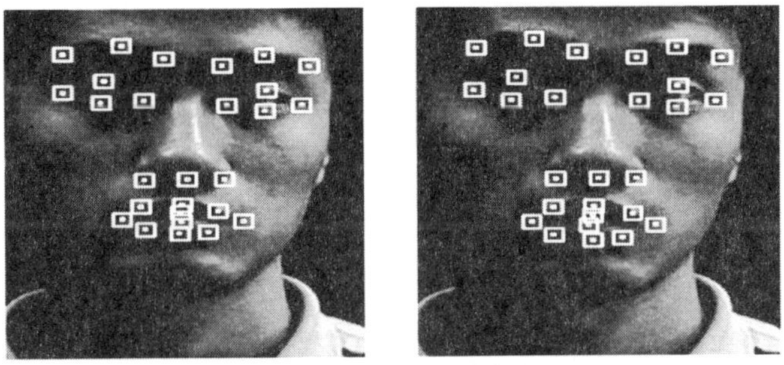

〈그림 4-23〉 얼굴인식 패턴에 의한 데모

얼굴인식 기술은 사용자의 편의성 면에서 가장 탁월한 시스템이라고 할 수 있다. 하지만 주변 환경이나 얼굴모양의 다양한 변화와 같은 요소들에 민감한 문제점이 존재한다. 또한 얼굴인식이 다른 인식기술에 비해서 쉽게 상용화되지 못하는 이유는 얼굴의 모양이 각도, 표정, 나이에 따라 계속 변하기 때문이다. 이 기술의 핵심은 중요한 인식요인이 되는 얼굴의 영역을 주변 환경으로부터 분리해 내는 것인데, 이러한 작업은 많은 어려움을 안고 있다. 이러한 어려움을 해결하기 위해 조명의 기준을 정하는 방법 등 방안이 제시되고 있으나 구체적인 해결방법의 연구가 더 필요하다.

– 망막(retina), 홍채(iris) 인식기술 : 이 기술은 망막 표면의 혈관 패턴이나 홍채에 형성되는 무늬는 사람이 태어난 이후 만 3세 이전까지 대부분 형성되며, 일란성 쌍둥이라도 서로 다르기 때문에 가장 완벽한 생채인식기술로 평가받고 있는 기술이다.

- **망막인식기술 :** 망막인식은 〈그림 4-24〉과 같이 안구배면에 위치한 모세혈관의 구성이 사람마다 다르다는 것을 이용한 것으로, 망막패턴을 읽기 위해 미약한 강도의 연필 지름만한 적색 광선이 안구를 투시하여, 망막에 있는 모세혈관에 반사된 역광을 측정하는 방식이다. 망막인식기술은 고도의 보안성을 보장할 수 있는 기술이며 오인식을 크게 줄일 수 있는 장점이 있다. 하지만, 사용상 불편과 두려움을 유발할 수 있으며 가격이 비싸다는 단점이 있다. 또한 1985년 미국 EyeDentify에서 망막인식기술을 이용한 제품을 개발했고 특허를 가지고 있지만, 이 회사 이외에는 제품을 개발하고 있지 않으므로 크게 상품화되지는 못했다.

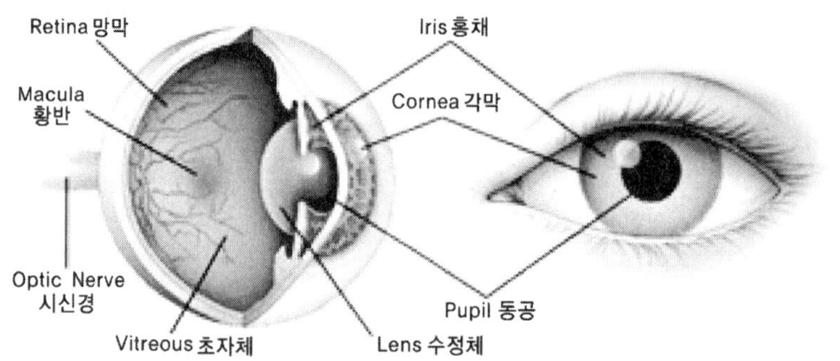

〈그림 4-24〉 눈의 신체부위인 망막과 홍채 위치

- **홍채인식기술 :** 홍채인식은 자연스러운 상태에서 획득된 영상을 이용하기 때문에 망막인식에서와 같은 인식의 불편성을 줄여주며 안구 내 질병에 영향을 받지 않고 눈의 충혈과 관계없이 인식이 가능하다. 또한 망막인식과 같이 보안성이 높으므로 상대적으로 오인식은 크게 낮다. 지문인식 시스템과 비교해서는 인식근거가 266가지로 9배정도 높다.
  하지만 가격이 비싸고 일반사용자가 거부감을 느낄 수 있는 단점이 있다. 또한 이 기술은 미국의 Iriscan사에서 관련특허 대부분을 독점하고 있기 때문에 다른 회사에서 독자적으로 개발하기 힘든 분야이다. 홍채인식을 이용한 출입통제 시스템으로 상품화된 것은 Iriscan사의 System 2100이 대표적이다. 또한 미국의 Sensar사가 라이선스계약을 맺고 Senar Secure라는 출입통제 시스템을 판매하였다. 대부분의 회사가 은행의 ATM에서 비밀번호를 대체하는 시스템으로 상품화를 추진 중에 있다. 국내에서는 LG종합기술원이

Iriscan사와 공동으로 개발하여 Iris Access 2000제품을 수출했다. 또한 미국에서 90년대에 Iriscan사에서 상용 제품을 개발한 이래로 영국과 프랑스에서는 은행거래에 적용하기 위해 정부차원의 밀레니엄 프로젝트가 진행되고 있다. 홍채인식기술의 작동방식은 홍채인식 시스템 중앙 렌즈에서 5~30cm 정도 떨어져 사용자의 눈을 갖다 대면, 적외선 카메라가 홍채를 흑백 디지털 사진으로 이미지화하고, 사용자 홍채의 고유한 패턴이 디지털 신호화되어 홍채 코드가 형성된 후, 형성된 홍채 코드는 데이터베이스로 등록되며 이후 2초 내에 이 코드로 신원을 조회하게 된다.

- 손등, 손목 정맥(vein) 인식기술 : 이 기술은 영구에 NEU Science와 BTG 등의 연구기관을 중심으로 정맥인식을 이용한 개인인증에 관한 연구가 시작되어, 정맥 영상추출의 우수한 식별성 때문에 연구가 활발히 진행 중에 있다. 특히 이 분야는 국내 벤처기업인 넥스턴(BK 시스템)이 BK100, BK200이라는 제품을 세계 최초로 상용화 하였으며 특허를 보유하고 있다. 이 기술은 〈그림 4 25〉에서와 같이 손등의 정맥 패턴을 미리 등록한 손등의 영상과 일대일로 비교하는 방식이며 적외선 조명을 조사하여 CCD 카메라에 잡히는 정맥의 형상을 가지고 비교한다. 이 방식은 개인의 데이터 크기가 256byte 미만으로 관리에 부담이 없으며 간단한 상처나 일반적인 광 투과성 물질에 의한 오염 등에도 양호한 영상을 획득 할 수 있다는 장점이 있다. 또한 복제가 거의 불가능해서 가장 높은 보안성을 가지고 있고 망막이나 홍채인식 기술이 가지는 사용자의 거부감도 줄일 수 있다. 하지만, 혈관분포 영상을 얻는 방법이 보통 적외선 조명과 광학 필터를 사용하는 방법을 취하는데, 손등의 피부배경으로부터 정맥이 분포한 부분을 추출하기는 쉽지 않다. 또한 하드웨어 구성이 복잡하고 가격이 높아 상용화에 문제점을 나타내고 있다.

〈그림 4-25〉 정맥 패턴 추출 과정

- 화자(Speaker)인증기술 : 1945년 미국 벨연구소가 성문(Sound Spectrogram) 기록 기술을 개발한 이래 폰뱅킹, 온라인서비스의 원격접속 인증시스템으로 사용화 되었다. 국내에서도 이동통신업계에서 음성사서함 접속인증에 화자인식기술을 접목하는 시도가 있었다. 이 기술은 전화를 이용하기 때문에 원격지에서 신분확인이 가능하고 별도의 교육이 불필요하고 가격이 저렴하다는 것이 장점이다. 하지만, 사용자의 목소리 변경, 녹음 또는 의도적으로 타인의 목소리를 흉내 내는 경우 취약하다는 치명적인 단점이 있다. 관련연구기관으로는 미국의 AT&T, ITT, 벨코어, TI 등과 Intelitrak Technologies사의 Citadel Gatekeeper와 ITT사의 스피커 키 제품이 유명하며 프랑스의 프랑스텔레콤 등의 기관이 있다.

- DNA 인식기술 : 이 기술은 현재 연구가 진행되고 있는 분야로써 실시간 측정 기술이 개발되지 않아 생체인식 분야에 포함하기 어렵지만 위조 및 해독이 원천적으로 불가능하기 때문에 위조, 변조 등 저작권을 보호할 목적으로 사용할 수 있다. 현재의 기술방식은 개인의 혈액이나 타액에서 DNA를 추출해 얻은 자료를 마이크로 캡슐화해 잉크와 혼합한 DNA 잉크 방식을 사용하고 있다. 이 기술은 향후 생체인식분야에서 유망한 기술로 기대되는 분야이다.

(2) DRM

- DRM(Digital Right Management)은 암호화 기술을 이용하여 디지털 콘텐츠의 지적 자산에 대한 권리를 지속적으로 관리 및 보호하는 기술로, 허가되지 않은 사용자로부터 콘텐츠의 접근 및 이용을 불가능하게 통제하는 수단을 제공한다. 유비쿼터스 시대를 맞이하여 이러한 지적 자산에 대한 권리와 신상정보 그리고 사생활 정보 등의 보호에 대한 필요성은 더욱 증대되고 있다. DRM은 응용 도메인에 따라 유료 콘텐츠의 불법복제 방지 및 신뢰성 있는 유통 프레임워크를 제공하기도 하며 기업의 중요한 지적 정보 자산에 대한 문서 보안 시스템으로 제공될 수 있다. 이 외에도 개인의 중요한 신상정보나 사상활의 정보를 타인으로부터 차단하기 위한 용도로도 사용될 수 있다. 이와 같이 DRM은 다양한 응용 도메인에서 공통적으로 사용될 수 있는 저작권보호 및 복제방지 기술의 프레임워크를 제공함으로써 디지털 콘텐츠의 신뢰성 있는 유통과 투명한 권리 보호를 뒷받침하는 기술이라고 할 수 있다.

- DRM을 구성하는 가장 기본적인 네 가지 핵심 요소는 User, Content, Permission, Condition이며 이들 구성요소들 간의 연관 관계는 〈그림 4-26〉와 같다.

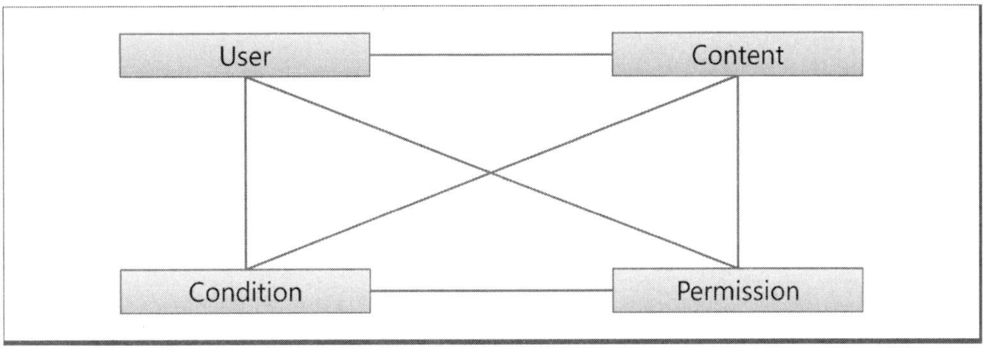

〈그림 4-26〉 DRM 구성요소간의 연관관계

- Content는 지적자산의 가치가 있는 정보 단위이며 허가되지 않은 사용자로부터 보호해야 할 대상이다. User는 부여된 Permission과 Condition 따라 Content를 이용할 주체이며, Content의 이용 권리는 Content 별로 정해진 Permission에 의해 결정된다. Condition은 Permission이 수행되기 위한 요구 조건 및 제한 요소를 포함하고 있다. 이들 핵심 요소들 간의 연관성은 콘텐츠의 생명주기가 사라지지 않는 한 지속적으로 보호될 수 있어야 하며 시스템적으로 처리 가능하도록 기술(descriptive) 가능하여야 한다. 또한 명시된 권리에 따라서 콘텐츠가 통제될 수 있어야 한다.

Chapter 05

유비쿼터스 기술 전략

제5장

유비쿼터스 기술 전략

요 약

최근 IT의 기술혁신에 관한 거의 모든 내용이 "유비쿼터스"의 이름하에 언급되고 있는 것이 현실이며 "유비쿼터스" IT는, 기존 IT와 관련하여 진행되거나 앞으로 진행되어야할 전 방위적인 내용을 담고 있으나, IT분야가 너무 다양하고 이질적이며 미완성인 만큼 한 마디로 의미전달이 곤란하다. "유비쿼터스"라는 단어의 단순한 번역으로는 유비쿼터스 컴퓨팅과 관련하여 논의되고 있는 불확실하면서도 다양하고 이질적인 논의 내용을 제대로 모을 수 없다. "유비쿼터스"라는 단어가 너무 많은 기술혁신 내용을 담고 있다는 점에서 우리는 "유비쿼터스"와 관련하여 무엇을 설명하고자 하는 것은 적절하지 않은 것으로 판단된다. 단지, "유비쿼터스"라는 단어 하에 언급되는 다양한 기술혁신의 내용을 체계적으로 정리하는 것은 IT의 미래 기술혁신 방향을 이해하는데 많은 도움이 된다. "유비쿼터스" 논의 속에 담겨져 있는 IT의 기술혁신 방향을 도출하고 그 내용을 정리하여 미래 IT를 이해할 수 있는 귀중한 지식을 이끌어내고자 한다.

5.1 유비쿼터스 기술 변화의 핵심

유비쿼터스 IT와 관련한 기술혁신은 다음과 같이 즉, PC, 컴퓨터, 지능, 무선 기기등을 포함한 Computing Power의 영역(Computing의 Ubiquity & Embeddedness 보장)과 Context-awareness 기능을 도출하기 위한 Sensing의 영역 그리고 다양한 IT기능의 통합을 지향하는 Interconnectivity의 네트워크 영역(Mobility의 보장)으로 세 가지 영역의 변화를 중심축으로 하고 있는 것을 이해할 수 있다〈그림 5-1〉.

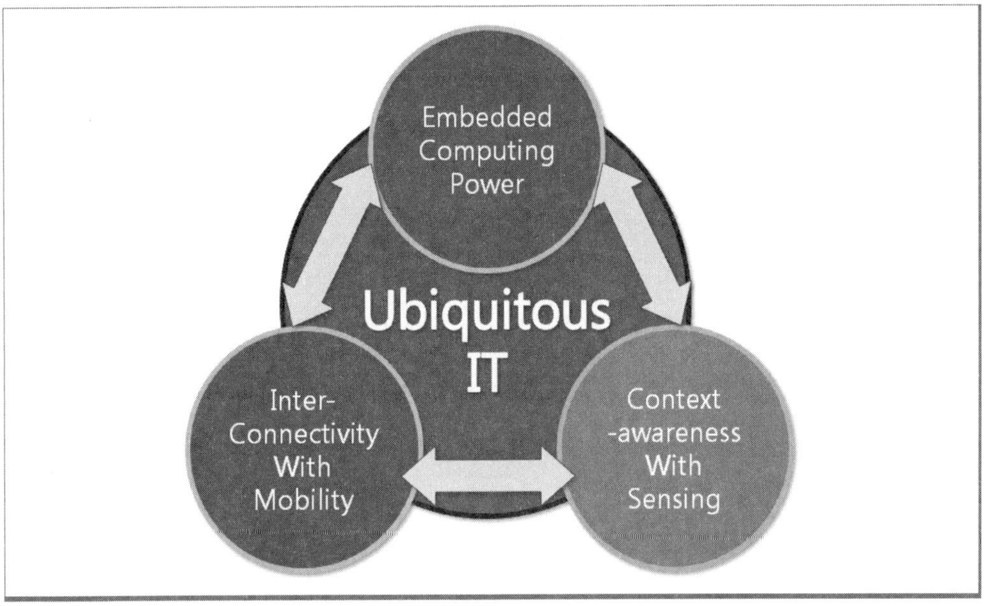

〈그림 5-1〉 유비쿼터스 기술 변화 핵심

(1) Computing Power의 고기능화 및 확산

유비쿼터스 IT의 개념을 논의하는 과정에 가장 중심적인 부분은 Computing Power의 적용범위(IT영역 ⇒ 비IT영역) 확장과 이를 통한 다양한 용도의 도출과정이라고 할 수 있다. 즉, 기존 IT관련제품(컴퓨터, 통신기기 등), 생활기기, 일상적인 제품과 사물 등에 IT가 적용된다고 하는 것은 일정한 수준의 정보처리기능(information processing), 정보저장 등의 컴퓨터 기능에 준하는 기능들이 적용되는 것을 의미한다.

일상적으로 Computing Power가 적용되어 일정한 수준의 의사결정과정(decision making, 상황에 따른 지시)이 자동화된 상태로 이루어지는 경우, "(인공)지능(artificial intelligence)"이 도입된 것으로 표현할 수 있다. PC 등과 같은 일반적인 컴퓨팅 디바이스에 국한하지 않고 자동제어 등을 포함해 자율적으로 판단하는 모든 것을 컴퓨팅 도구로 생각하고 사물에 내재된 초소형 칩, 휴대 가능한 컴퓨터, 극소형 컴퓨터 등 다양한 종류를 포함하며 마이크로프로세서가 탑재된 거의 대부분의 기기들이 컴퓨팅 도구(예, 세탁기 MPU, 전기밥솥의 MPU, 휴대폰 등)이다.

Ubiquitous Computing Power는 다음과 같은 구성요소를 가진다〈그림 5-2〉.

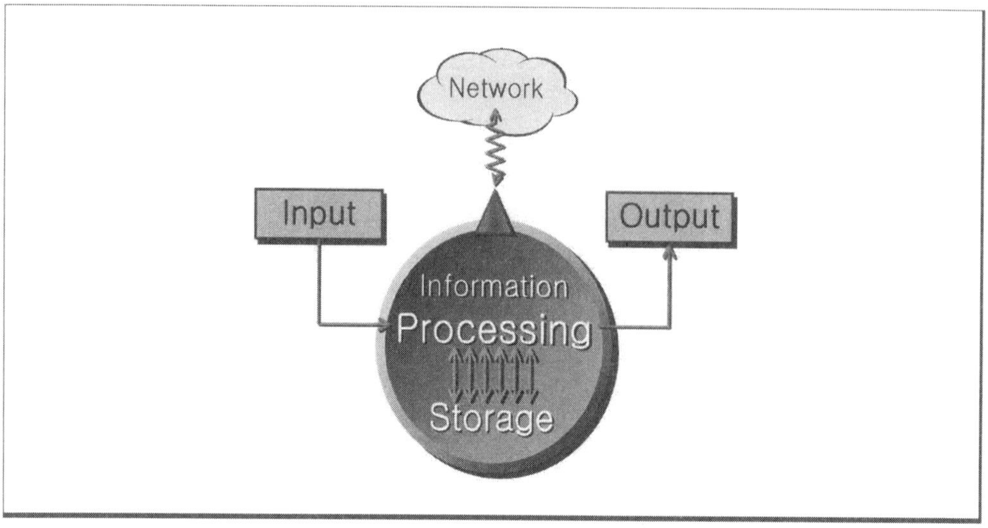

〈그림 5-2〉 유비쿼터스 컴퓨팅 파워

- 입력된 정보나 데이터를 처리하여(processing) 새로운 정보나 데이터로 바꾸거나 만들어 내는 프로세서(processor)
- Processor를 위한 정보나 데이터를 받아들이는 입력 (Input 기능)
- 처리된 정보나 데이터를 보이거나 내보내는 출력 (Output 기능)
- 입·출력을 네트워크를 통하여 다른 Computing Power와 주고받는 네트워크 접점
- 일정한 정보와 데이터, 소프트웨어를 보관하면서 Processing을 지원하는 저장장치(Storage)

Computing Power는 네트워크(또는 IT시스템) 상의 역할과 위치에 따라 다음과 같은 두 가지 정도로 크게 나눌 수 있다.

- 다양한 Computing Power의 중간 거점이나 정보유통의 노드이자 Hub의 역할을 수행하는 서버
- 다양한 인간-IT 인터페이스(interface)를 제공하거나 시스템을 통한 다양한 기능이 발현되는 단말부분(termination)

네트워크가 과거와 같이 Client/Server의 수직적인 아키텍쳐(architecture)보다는 수평적인 모습이 갖추어감에 따라 이와 같은 분류 자체가 의미를 상실하는 경우조차 생겨난다.

유비쿼터스 IT와 관련한 많은 변화들은 Computing Power의 하드웨어 측면의 기술혁신에 근거하고 있으며, 이 중에 기술적으로 주목하는 부분은 다음과 같은 두 가지의 영역이다.

- **Processing Capability**

Gordon Moore의 법칙은 실리콘 집적 기술이 18개월마다 2배씩 증가한다는 것이다. 이는 1965년 1년에 2배씩 증가한다는 초기의 법칙을 수정한 것인데, 지난 30년간은 Gordon Moore의 법칙에 따라 processing capability가 지속적으로 증가했다. 그러나 지경부 황창규 박사의 Hwang's법칙은 그 기간을 6개월로 단축한다고 했다. 복잡한 시스템을 하나의 칩에 집적할 수 있는 기술로 인해 작은 크기의 시스템을 만들 수 있고, 에너지 소비문제를 해결할 수 있게 되었다. Intel의 StrongARM과 Motorola Dragonball이 근래 PDA에 가장 많이 사용되는 프로세서(processor)이다. 이 프로세서들은 DRAM, LCD컨트롤러, I/O 기능들이 하나의 칩(chip)에 포함되어 있다. 이러한 프로세서들의 기술발전방향은 컴퓨팅 실행 속도를 빠르게 하고 전원소모를 절약하도록 발전하고 있기 때문에, pervasive 컴퓨팅 장치를 개발하는 데 사용될 것 이다. 그러나 완전한 pervasive 컴퓨팅 환경을 구현하기 위해서는 아직 부족한 상태이다.

- **Storage Capacity**

지난 25년간의 저장장치의 용량은 매년 2배 정도씩 발전해 왔다. 현재는 1평방인치에 10Gbits 정도를 집적하는 기술이 구현되었다. IBM의 Microdrive는 콤팩트 플래쉬 카드(compact flash-card)형태로 1Gbyte의 용량을 갖는다. 저장장치가 가격이 낮아지고, 용량이 늘어나면서 pervasive 컴퓨팅 장치에서의 프리페칭(prefetching), 캐싱(caching) 등의 동작에 부담이 없어질 것이다. DRAM, Static RAM도 집적 기술이 발달함에 따라 가격이 낮아졌다. 이로 인해 네트워크 연결이나 복잡한 작업을, 네트워크 상태에 크게 영향을 받지 않으며 자연스럽게 연결시킬 수 있다.

이런 Computing Power의 변화는 고기능화·소형화로 이어져, SoC, RFID, 그리고 다른 사물에 컴퓨터를 숨겨 넣거나(잠입, embedding) 일상생활 속에서 휴대하는 것(portability)을 가능하게 한다. 유비쿼터스 IT와 관련한 Computing Power의 변화를 가능하게 하는 것은 다름아닌 Computing Power의 소형화에 있다. 유비쿼터스 컴퓨팅이 추구하는 컴퓨팅도 컴퓨터의 소형화의 연장선에 있고 컴퓨터는 발명 이후 지금까지 소형화 방향으로 진화하였다. 소형화와 동시에 저가격화, 고성능화가 이루어지면서 보급이 확산되었다.

유비쿼터스 컴퓨팅의 구현은 크게 컴퓨팅기능의 내재화(pervasive, embedded)를 강화시키거나 휴대성(portability, mobility)을 높이는 2가지 방향에서 구현되었다. 내재화 또는 휴대화와 관련한 논의에 앞서 유비쿼터스 컴퓨팅 기능의 논의는 반드시 Computing Power가 네트워크를 통하여 통합되는 측면으로 이어져야 한다. Computing Power의 내재화는 네트워크의 단말부분이 모세혈관과 같이 섬세하게 연계되어 Computing Power의 내재화를 지원할 수 있어야 한다. 뿐만 아니라 Computing Power의 휴대성을 보장하더라도, 이는 결국 네트워크에 접속된 상태의 휴대성을 의미하기 때문에 사실상 Computing Power의 문제이기 보다는 Hostports의 Ubiquitous 성격으로 이어지며, Nomadic을 논하더라도 결국 네트워크(또는 접속방식)의 Nomadic으로 이어질 수밖에 없다.

- **내재화를 강화시킴으로써 자연스러운 컴퓨팅 구현 가능**

컴퓨팅 기능이 환경에 내재되어, 이로부터 정보를 획득하고 활용한다. (예, 강수정도를 자동으로 감지하여 자동차의 와이퍼를 작동시키는 것이나 어두워지면 자동으로 헤드라이트를 켜는 것 등) 사람들이 인식하지 못하는 상태에서 컴퓨팅 기능이 수행한다. (예, 세탁기를 작동시키면서 컴퓨터를 사용한다는 생각을 하지 않는 것은 컴퓨팅 기능이 기기에 내재(embedded)되어있기 때문)

– 컴퓨팅의 내재화와 유사한 개념들

① 조용한 컴퓨팅 (silent computing) : 인간의 주위에 내재되어 있는 수많은 컴퓨터들이 사용자가 일일이 명령하지 않아도 마치 영리하고 순종적인 하인처럼 조용히 알아서 정해진 일을 묵묵히 수행한다.

② 감지 컴퓨팅 (sentient computing) : 센서 등을 통해 새로운 정보를 컴퓨터가 미리 감지하여 사용자가 필요로 하는 정보를 제공해 주는 컴퓨팅 기술이다.

③ 일회용 컴퓨팅 (disposable computing) : 매우 값싸게 만들어서 물건과 함께 쓰고 버릴 수 있는 컴퓨팅 기술이다.

- **휴대성을 개선하여 언제 어디서나 컴퓨팅 시현**

상시적으로 들고 다닐 수 있을 정도의 소형 컴퓨팅 디바이스를 통해 유비쿼터스 환경을 구현한다. 휴대성과 관련한 개념은 컴퓨팅 기기의 소형화와 직결되어 있다.

① 입는 컴퓨팅 (wearable computing) : 컴퓨터를 옷이나 안경처럼 착용할 수 있게 해 주는데 기여하는 기술 (향후 체내이식형 컴퓨터(implantable computing)로 발전하였다.)

② 노매딕 컴퓨팅 (nomadic computing) : 네트워킹의 이동성을 극대화하여 특정 장소가 아닌 어디에서든지 컴퓨터를 사용할 수 있게 만드는 기술이다.

③ 일회용 컴퓨팅 (disposable computing) : 매우 값싸게 만들어서 물건과 함께 쓰고 버릴 수 있는 컴퓨팅 기술이다.

장기적으로 "언제, 어디서나, 자연스러운" 컴퓨팅을 구현하는 것이 목표이다.

- Computing Power의 적용과 그 용도와 관련된 새로운 형태의 수요는 Computing Power의 설계 자체에 결정적으로 영향을 미칠 것이다.

〈표 5-1〉 현재의 컴퓨팅과 유비쿼터스 컴퓨팅

	현재의 컴퓨팅	유비쿼터스 컴퓨팅
주체(중심)	기계	사람
컴퓨팅 기기의 역할	제한적 역할 (계산/제어/통신)	자기완결형 (센싱, 계산/제어/통신, 인터페이스)
인간의 역할	컴퓨터를 위한 센서, 인터페이스제공, 모든 의사결정자	최종 의사결정자
목적	효율성	효율성 + 심층성 + 쾌적성

유비쿼터스 컴퓨팅이 추구하는 것은 ① 장소에 구애받지 않아야 한다 ② 자연스럽게 존재해야 한다 ③ 스스로 판단할 수 있는 자율성을 가져야 한다로 요약할 수 있다. 특히, 사람-사물, 사물-사물 간 상호 연결되고 상황을 능동적으로 인지하고 반응하는 등 자율성/지능성을 극대화 하는 것에 초점을 둔다. 단순히 "빠른" 컴퓨터보다는 "똑똑한" 컴퓨팅 환경을 추구한다.

- 쾌적성 : 사람이 일일이 개입하지 않아도 스스로 알아서 일을 처리
- 심층성 : 인간이 감지하지 못했던 세세한 부분의 정보까지 획득

기존 컴퓨팅에서 인간이 컴퓨터를 위해 센싱 및 인터페이스 기능을 제공하던 것을 유비쿼터스 컴퓨팅에서는 컴퓨터가 필요한 정보를 센싱하고 사용자에 맞게 인터페이스를 제공한다〈표 5-1〉.

물론 이와 같은 새로운 형태의 수요가 발생한다는 것이 기존의 Computing Power에 대한 수요가 줄어들거나 사라질 것이라는 것을 의미하지는 않는다. Computing Power가 적용되는 사물(단말부분(termination)의 변화나 각종 appliance 또는 facilities 영역)의 변화이외에도 이를 연계시켜 통합된(integrated) 정보체계를 도출하게 될 네트워크의 개념에서도 큰 변화를 가져온다. Computing Power의 적용범위와 적용을 통한 다양한 용도, 그리고 네트워크의 변화 등이 결합되어 최종적으로 IT가 도출하게 될 다양한 서비스(애플리케이션(applications))의 영역에도 본질의 차원에서 변화를 가져오게 될 것이다. 유비쿼터스 IT와 관련하여 Computing Power에 대한 새로운 형태의 수

요를 논의하는 과정에서 상황(contexts)인식이나 환경의 이해를 위한 센서(sensors)에 대한 수요와 혼돈해서는 안 된다. 물론 Sensing 기능을 도출하기 위해서 센서에 특정한 형태의 Computing Power를 담아야 하는 문제가 수반되기는 하지만, 이런 센서 속의 Computing Power를 지나치게 강조하여 유비쿼터스 IT를 논의할 수는 없다.

(2) Sensing의 확장

유비쿼터스 IT와 관련하여 새로이 언급되는 내용은 상황인식과 대응의 체계를 명시적으로 도입하고 강조하는 것이라 할 수 있는데, 이를 가능하게 하는 것이 상황에 대한 인식으로서의 Sensing이다. 센서는 외부의 변화를 감지하는 유비쿼터스 컴퓨팅의 입력장치이다. 시청각 정보는 물론 빛, 온도, 냄새 등 물리적, 화학적인 에너지를 전기신호로 변환하는 현상이나 대상에 대한 인식, 즉 Sensing의 내용을 세분화하면 다음과 같이 나눌 수 있다.

- Context-Awareness(주변 환경의 내용과 상황의 변화)
- Object-Awareness(사물이나 사람, 그리고 시설물 등의 Identification)
- Location-identifying(지리적인 위치(좌표), Object의 좌표변화(또는 mobility)등

물론 넓은 의미의 "Context"는 위의 세 가지 내용을 모두 포괄하고 있다. 이와 같은 Awareness 또는 Identifying의 결과로 얻어진 정보는 해당 Context나 개체, 이용자(user)에 따라 서비스를 차별화 하는데 사용된다.

Sensing기능을 체계적으로 도출하기 위하여 센서(sensors)와 관련한 기술혁신이 다양하게 전개되고 있다. 유비쿼터스 IT와 관련한 상황인식의 영역이 바로 Sensing기능의 중요성이 강조되는 부분이다. 유비쿼터스 컴퓨팅을 구성하는 가장 기본단위는 센서 모듈이고, 센서를 중심으로 프로세서, 커뮤니케티션 기능이 복합화되어 정보처리의 기본단위를 구성한다(센서로 수집된 정보를 판단하여 이를 주변 환경으로 전달). 최근에는 이들이 하나의 칩으로 모듈화, 복합화 되는 추세이다.

> 센서 + 프로세서 = "스마트 센서"
> 센서 + 프로세서 + 커뮤니케이션 = "센서 네트워크 노드"

센서는 표 5-2와 같이 두 가지 정도로 대별할 수 있다.

〈표 5-2〉 센서의 유형

	수동형	능동형
사례	RFID, 액티브 뱃지	스마트 더스트
주체-객체간 인터페이스	표준적 접근 (지능형 인터페이스 불필요)	비표준적 접근 (지능형 인터페이스 중요)
도입시기	빠른 도입 예상	도입 지연 예상

- **수동형 :** 사물에 내재된 식별자 칩을 리더기가 감지하는 방식이다. (리더기를 통해서 식별자 칩의 정보를 획득. 예, RFID(Radio Frequency ID)에 저장된 정보를 통해 누구든지 확인한다.)

- **능동형 :** 센서 자체가 한경변화를 감지하여 정보를 전송하는 방식이다 (환경의 인식을 통해서 얻어진 데이터를 가공하여 정보를 획득. 예, 소리센서로 사람의 음성(성문)을 분석하여 누구인지 확인한다.)

• 소형화, 저가화, 저전력화 센서가 필수요건이다. 어디에서나 구현되고 눈에 띄지 않기 위해서는 소형화 기술이 필요하다. 대량으로 보급하기 위해서는 저가화 기술이 전제되어야 하며, 궁극적으로 한 번 쓰고 버리는 형태(disposable computing)가 되어야 한다. 상시적으로 전략을 소모하기 때문에 저전력 기술도 관건이다. 상황(Object, Location, Contexts, 이용자)을 인식함에 있어 RFID, GPS, 디지털 태그 등 다양한 기술적인 방식이 동원될 수 있다. 이와 관련하여 RF방식을 이용하는 ID("RFID")에 대한 논의가 최근 급속하게 확산되고 있다. RFID의 경우, 기존의 Bar Code에 비해 신축적인 정보의 저장이 가능하고 History의Context수용이 용이하다는 점에서 "유비쿼터스"와 관련한 논의에서 빈번하게 언급 되었다.

• 센서는 근거리에서 주변 환경을 감지하는 기술로 미래의 센서 네트워크 기술은 다음과 같은 세 가지 단계를 거쳐 발전할 것으로 전망하고 있다.

- **센서가 생활공간에 확산되는 단계 :** 정보가전을 비롯해 소파와 침대 그리고 도로 곳곳에도 작고 저렴하며 소비전력이 낮은 센서들이 내장된다. 이들은 독립된 센서로 고유의 기능을 수행한다.

- **이들 센서가 연결되는 단계 :** 정보기기 속에 숨어 있던 센서들은 단일 네트워크로 통합되어

각자의 정보를 주고 받는다.

- **각종 센서들의 정보가 종합화 되는 단계 :** 센서들이 제공하는 개별적인 정보만으로는 판단할 수 없었던 종합적인 문제에 관심을 기울이는 단계이다.

• 소형화, 지능화 및 무선화는 센서 시장의 요구를 따르는 기술개발동향이다.

• 소형화는 최근의 나노기술, 특히 MEMS(Micro Elecrtro Mechanical System) 기술의 발달과 더불어 기술 향상이 이루어지고 있다.
- MEMS 기술은 전자(반도체)기술, 기계기술 그리고 광 기술 등을 융합하여 마이크로 단위의 작은 부품 및 시스템을 설계, 제작하고 응용하는 기술을 말한다.
- 한 개의 칩에 복수 개의 기능 소자 및 신호 처리부 등을 집적화 할 수 있어 고성능 및 고신뢰성을 얻을 수 있다.

• 대상의 ID인식을 용이하게 하기 위하여 특정한 형태의 ID인식방법론이 동원되고 있는데, 그 중에서도 SoC(system on chip)기술을 이용하여 특정한 형태의 ID인식방식이 도입되고 있다.
- 개체나 사물을 독립적으로 인식하고 이해하는 것도 있을 수 있지만 sensing이 용이하도록 다양한 기술적인 요소(예, RF태그)를 파악의 대상, 즉 개체나 사물 등에 부착하거나 내장(enbedded) 할 수 있다.
- 대상(Object)의 원활한 인식을 위하여(object-awareness) 그 사물에 대한 정보(그 대상의 ID뿐만 아니라 보다 자세한 대상의 정보)를 담을 수 있으면서 단순한 sensing인터페이스를 통하여 인식이 용이한 방법이 동원되고 있는 점에 주목한다.
- 이와 같은 인위적인 ID인식방법론이 도입되는 것은 아직까지 자연적인 방식의 시각적(visual)대상 파악이 기술적으로 제한적이고 현실적으로 구현하는 것이 용이하지 않다는 점에 근거하고 있다.

• 특정한 대상물의 인식(Identification)이 용이하게 하기 위한 방법으로 인식이 용이한 방식(특히 RF방식이나 인식이 가능한 시각적 바코드 등)을 활용하는 경우가 있다.

• 유비쿼터스 논의에서 RFID가 등장하는 대목도 이 부분이지만 여기서 상황인식 특히, 대상물(objects, things)의 인식(Identification)과 관련하여 굳이 RFID를 고집하여야 할 하등의 이유가 없다.
- RFID는 현재의 기술적인 상황에서 사용할 수 있는 경제성이 있는 것으로 추정되는 인식의 한 수단에 불과하다.

• RF방식으로 ID를 부여하고 이를 인식(sensing)하도록 하는 방식으로 RFID 태그가 많이 거론되고 있다 RFID 태그는 기본적으로 초소형 마이크로칩과 안테나로 구성되어 있다.

바코드, 마그네트, IC-CARD 등과 같은 자동인식의 한 분야로서 초단파나 장파를 이용하여 기록된 정보를 무선으로 인식하는 최첨단 기술이다. 바코드를 대신해 제품에 부착한 태그에서 송출하는 무선신호를 인식기로 읽는 방식으로 수십미터 전방에서 태그가 담긴 정보를 읽을 수 있다는 편리함이 있다. 태그는 그 고유한 정보를 담은 신호를 발생하고 이 신호를 안테나를 통해 컨트롤러가 인식하고 분석하여 태그의 정보를 얻는 원리로 되어있다. 초단파나 장파를 이용하여 기록된 정보를 무선으로 인식하는 최첨단 기술로서 비접촉 읽기를 허용하며 바코드 라벨이 불가능한 제조 공정과 불리한 환경에서 효과적이다. 그것의 특징은 수명, 재사용, 읽고 쓰기나 수정할 수 있고 읽을 수 있는 범위, 스마트 함의 수준, 그리고 상황인식을 포함한다. 기본적으로 객체에 스마트 태그를 부착하는 것은 자동으로 무선 객체 인식과 객체 위치 추적을 가능하게 한다. RFID칩은 가상세계와 현실세계를 연결하는 링크로서 u-컴퓨팅에 필수적인 요소기술로 모든 상품에 무선 태그를 부착할 수 있다면 사람위주의 ETC(논스톱자동요금지불시스템), 즉 쇼핑카드에 상품을 기재하고 정산 게이트를 지나기만 하면 돈이 빠져나가는 시스템이 가능해진다. 모든 상품에 RFID를 부착하자는 시도로서 '오토 ID프로젝트'가 있는데 MIT를 중심으로 프록터와 갬플 등의 업체와 월마트 등이 협력하고 있고, 2000년부터 다이닛폰(大日本)인쇄가 연구개발에 동참하였다.

(활용의 예)

System 흐름도 : RFID TAG → 고객이 물건 구입 → 안테나 gate → data 전송 → POS SYSTEM

① 상품정보 입력, 상품명, 제조연월일 등, Source Taking, DR매장에서 직접 부착
② Cart이용, hand carry
③ RF 활성 영역, 전송속도 10초 이내, data 처리 시 gate닫힘, 타인의 구매 물건중복 방지
④ 자동계산 통합관리 system 연계

• 3가지 RFID 시스템구성
- 흔히 RF태그라 불리는 고유 정보를 전기적으로 저장하는 트랜스폰더
- 해독기를 가진 송수신기(리더기)
- 호스트 컴퓨터와 응용

태그를 활성화 시키기 위해서 안테나는 무선 신호를 방출하고 그것을 통해서 데이터를 읽거나 쓴다. 안테나는 태그와 송수신기 사이에 시스템 데이터를 획득하거나 통신을 제어하는 통로이다. 안테나는 다양한 모양과 크기로 사용가능하다. 그것은 문을 통

과하는 사람이나 사물로부터 태그 데이터를 받거나 고속도로의 교통상황을 감시하기 위한 요금 징수소에 설치된다. RFID 태그가 전자장 지역을 통과할 때, 그것은 리더기의 활성화 신호를 찾아낸다. 리더기는 태그의 집적회로에서 부호화된 데이터를 해독하고 처리용 호스트 컴퓨터에 그 데이터를 전달한다.

- 기본적으로 객체에 스마트 태그를 부착하는 것은 자동으로 무선 객체 인식과 객체 위치 추적을 가능하게 한다.

- **RFID의 특징**
  - 눈, 비, 바람, 먼지, 자석 등 환경의 영향이 없다.
  - 통과 속도가 빠르므로 이동 중에도 인식한다.
  - 원거리에서도 인식이 가능하며 제조 과정에서 유일한 ID부여로 위조가 불가능하다.

최근 유비쿼터스 IT와 관련한 많은논의에서 RFID가 자주 언급되면서 유비쿼터스 IT와 관련한 중심적인 무엇으로 인식하는 경향이 있으나 RFID는 유비쿼터스 IT와 관련한 전반적인 논의의 극히 일부분에 불과하며 상황인식, 특히 대상의 인식(identification)과 관련하여 사용될 수 있는 방법의 하나에 불과하다. 구체적으로 물체와 사람을 컴퓨터 세계와 연결하는 것으로 IC카드나 RFID 등 RFID를 물체에 부착하거나 사람이 비접촉 IC카드를 지니고 걸으면 가상세계로의 연결이 가능하며 컴퓨터 안의 데이터베이스와 제휴가 가능하다. 스마트 태그는 모든 객체에 어떤 종류의 스마트 RFID 태그가 설치된다는 발상에 기반을 둔다. 미래의 표준화 과정은 RFID시스템에서 기술적인 호환성을 보증할 것이다.

- **RFID의 비교 〈표 5-3〉**

〈표 5-3〉 RFID의 비교

	Conventional RFID	Low cost RFID
Mode of Use	Re-used, usually	Disposable, usually
Typical Shape	Pendants, nails, boxes of electronics, contactless, smart cards, glass beeds	Labels, laminates
Typical Frequencies	Low(123~135KHz)to keep system cost low where there are few tags per reader	High(13.56MHz, 2.45GHz)to keep system cost low where there are many tags
Typical Suppliers and Value-Added Users	Electronics companies and some label makers	Security printers, paper, packaging and label manufacturers, new start-ups. Sometimes electronics companies supply the naked tag called "inlet"
Typical End Users and Uses of the System	Manufacturers, heavy logistics(E.g brewers), farming, car keys, financial cards	Airlines(baggage), laundry, toys, libraries, passports
Typical Payback	Greater security, better flow	Reduced losses, entertainment, automation, anti-counterfeiting

		거리	규격	주파수	통신속도	용도
밀착형 (close coupling)		수mm이내	ISO/IEC10536	4.91MHz	9.6Kbps ~	결제, 악 환경
원격형	근접형(Proximity)	수mm부터 수십cm이내	ISO/IEC 14443	13.56MHz	106Kbps	승차권, 신분증, 전자화폐
	근방형(Vicinity)		ISO/IEC 15693	13.56MHz	~10Kbps	FA, 물류
	마이크로파형	수십cm부터 수m	2.45GHz	2.45GHz	~1Mbps	FA, 물류

- **비접촉 IC카드 :** 크게 밀착형과 원격형으로 구분되어진다.

원격형은 근접형, 근방형, 마이크로파형으로 나뉘는데 현재 원격형 중에 10cm정도의 거리에서 사용하는 근접형이 승차권이나 전자화폐 등으로 용도를 확대하였다. 또다른 분류로는 전지가 필요한 것과 필요하지 않은 것으로 구분할 수 있다.

- **RFID 시스템 공급업체 등장**
  - **태그 및 리더기 제조업체 :** RFID 태그나 리더기를 제조, 판매하는 회사이다. (Alien, Matrics, Philips, Symbol Technology, Ti 등)
  - **소프트웨어 업체 :** SCM(공급사슬관리) 관련 소프트웨어 제작업체이다. (SAP이 대표적인 기업)
  - **SI업체 :** 시스템 통합업무 즉 고객사의 요구사항에 맞도록 기기 및 소프트웨어를 구축하는 업체이다. (IBM, Accenture등 SI 컨설팅 업체들이 참여중)

RFID의 보급에는 기술적인 문제도 있지만 비용문제가 최대의 장애요소이다. 즉, 가격이 싼 스마트 태그의 칩은 메모리가 작기 때문에 각각의 태그를 부착한 아이템의 정보를 구별하기 위한 특별한 넘버링 시스템이 필요하다.

- 비접촉 디바이스의 응용범위는 무한하지만 결코 만능은 아니며 사용법이 매우 어렵다. 또 전파가 상대편이기 때문에 오작동이 많아 완전한 비접촉으로 높은 신뢰성을 확보하는 것은 곤란하다. 센서의 전자기파에 의한 유도전류만으로 작동하는 RFID의 경우 발신신호가 너무 미약하여 가까운 거리를 벗어난 사용이 용이하지 않다. 상황인식을 위한 센서도 필요한 수준의 범위와 영역을 Cover하여야 한다는 점에서 일정한 수준의 Mesh를 이루어야 할 것이다. 상황인식과 관련된 IT의 기능(센서와 computing power)은 특정한 형태의 데이터 트래픽(data traffic)을 유발하고, 네트워크 아키텍쳐(Network architecture)에도 영향을 미치게 된다.

(3) Computing Power의 네트워킹(Networking)

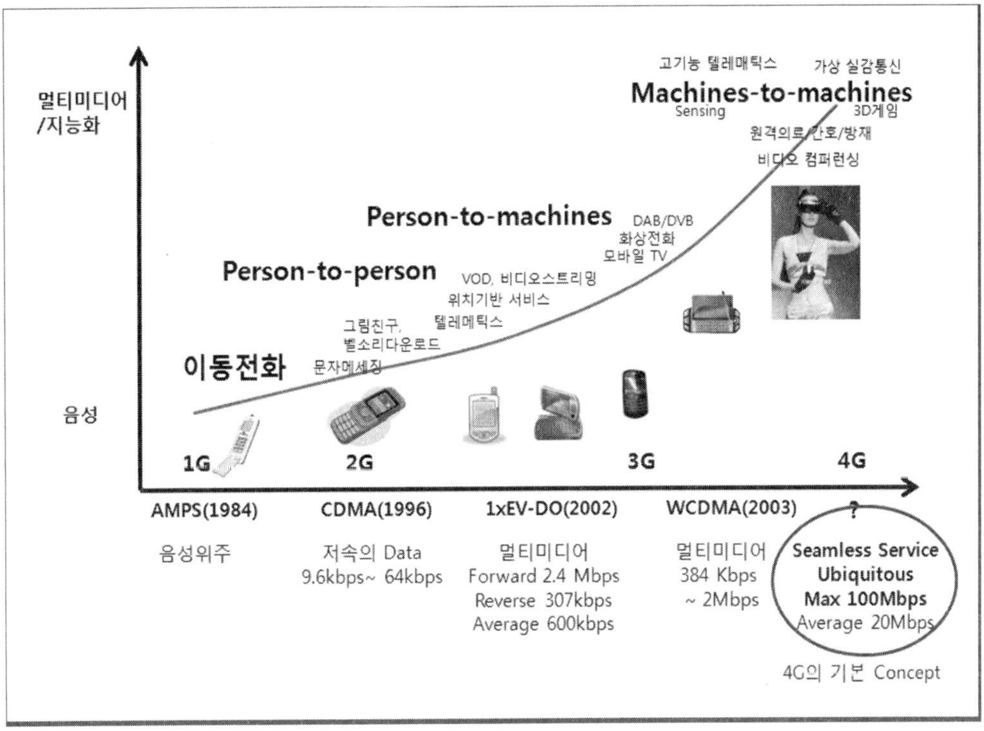

〈그림 5-3〉 유비쿼터스 네트워킹 기술 변천

〈그림 5-3〉는 유비쿼터스 네트워킹의 기술 변천을 나타낸다. 유비쿼터스 IT의 기술 혁신은 모든 Computing Power가 서로 연결되고(connected) 통합되는(integrated)것, 즉 네트워킹(Networking)에 크게 의존하고 있다. u-컴퓨팅 환경을 구성하는 컴퓨터는 언제든지 서로 교신할 수 있는 환경이 보장되어야 한다. 정보수집 · 처리 · 통신 등의 기능을 지닌 각각의 컴퓨터들 사이를 기능적 · 공간적으로 연결하여 사용자에게 필요한 정보나 서비스를 즉시에 제공하기 위해서는 다양한 형태의 데이터 저장 및 유무선 네트워킹 기술이 상호 연동되어야 한다. 모든 IT요소를 통합하는 것(integration)은 결국 네트워크의 상호연결성(Interconnectivity)에 의하여 가능할 것이다. 모든 사물에 마이크로 컴퓨터 센서가 내장되어 상호 교신하며 현위치 등을 인식하는 컴퓨터-컴퓨터네트워킹 사회가 도래했으며 네트워크에 연결되지 않은 컴퓨터는 유비쿼터스 컴퓨팅이 아니다.(네트워크, 망기반응용 그리고 근거리무선통신 등 Computing Power의 통합 즉, 서로 다른 사물(기능)에 내재된 Computing Power와 서로다른 역할을 수행하도록

설계된 Computing Power등을 어떻게 서로 통신할 수 있게 하는가의 문제는 네트워크의 문제뿐만 아니라 주고받는 정보의 소통가능성(communicability), 나아가 다양한 수준의 대화방식, 즉 프로토콜(protocols; 또는 표준화)의 문제로까지 이어지게 된다.

이는 고도의 전문성과 범용성을 양립할 수 있는 통신규칙이 필요하며 다국어 처리기능을 갖고 전세계의 어떤 언어에도 대응해 나아갈 수 있어야 하고 언어의 독립성이 보장되어야 한다.

일상적인 사물, 기기 또는 공간에 부여된 Computing Power가 네트워크로 상호연결(Interconnected) 되는 것은 다양한 기능의 사물이나 기기, 그리고 공간의 특정부분(또는 그 기능)이 서로 결합되어 작동할 수 있음을 의미한다 "기능(function)의 통합"). 〈그림 5-4〉는 홈 네트워킹 관점에서 본 유비쿼터스 컴퓨팅을 나타낸다.

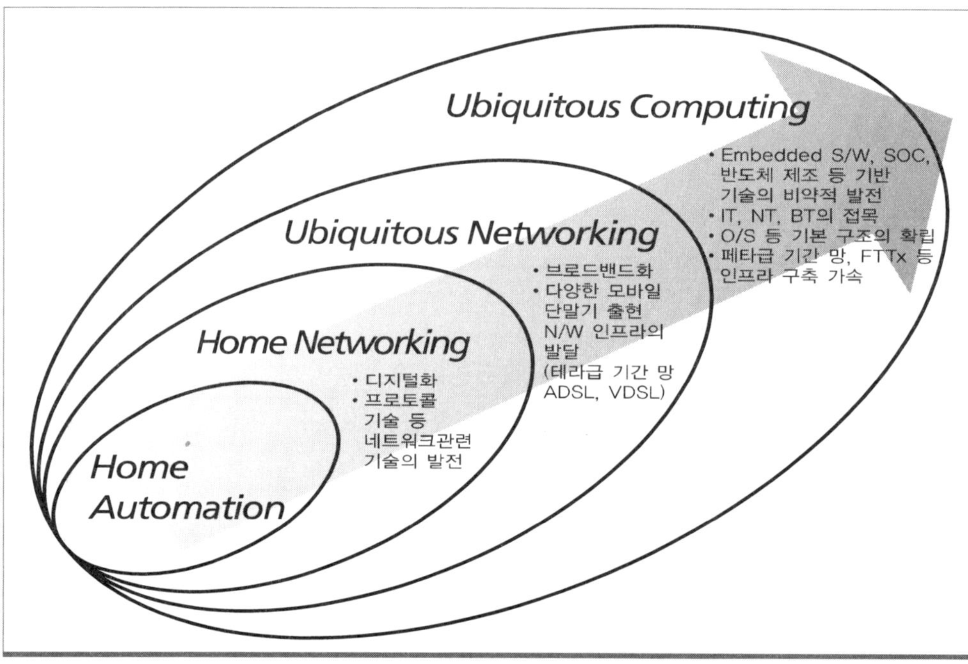

〈그림 5-4〉 홈 네트워킹 관점에서 본 유비쿼터스 컴퓨팅

(4) "유비쿼터스" 기술혁신과 변화요소들

앞에서 언급된 세 가지의 기술적인 변화를 Computing, Sensing, Networking 중심으로 상승작용(시너지효과)을 통하여 다양한 양상의 기술혁신이 전개된다. "유비쿼터

스"라는 단어의 주변에서 언급되고 있는 다양한 내용에서 다음과 같은 IT의 기술혁신 방향들을 도출할 수 있다. Computing과 사물의 결합은 사물의 지능화, 새로운 기능의 부가와 새로운 사물의 탄생, IT의 다양성(diversity) 확대, IT의 Calmness(invisibility) 확산, 그리고 일상 속의 Computing Power 폭발, 네트워크 운영방식의 변화, 그리고 인터넷 주소자원의 개념 변화이다. 상황의 인식과 현실 공간 정보의 활용은 상황에 대한 정보의 축적, 현실 상황(Context-Awareness)의 장악, 사물과 이용자의 ID 파악, 동선의 지속적 파악과 추적가능성의 확대 현실공간의 지원, Context 정보의 활용과 서비스의 Customization 그리고 사생활 보호 문제의 부각이다. 모든 IT의 상호 연결성은 개인시스템의 확장과 진화, 무선기기의 Computing 지원, 지능화된 사물과 기기의 통합 (지능화된 사물과 기기의 상호 연계), 기능의 통합·융합, 일상기능(Functions)의 스마트화(Smart) 및 통합, 메카트로닉스의 확장 즉, 로보틱스, 생산소비의 자동화·자율화, 시스템 아키텍쳐의 변화, 그리드(Grid)형 분산처리의 확산, 네트워크 환경의 본질적 변화, 네트워크 신뢰성 문제의 부각, 네트워크 Edge의 변화 그리고 네트워크 운영방식의 변화 등이다. 서비스의 "Nomadic"화는 Computing Power의 편재, 네트워크 접속의 편재, IT서비스의 "Nomadic"화, 네트워크의 편재, 무선의 체계적인 활용 그리고 Ad-hoc Networking의 부각이다.

IT의 자율성 확대는 자율적인 상황 대처, 시스템의 복잡성 극복, IT의 자율성과 Invisibility, IT에 대한 신뢰 문제의 부각, 이용자 Intents 전개의 중요성, IT자원의 운영·관리의 자동화이다.

인간-IT 인터페이스의 패러다임(Paradigm) 변화는 I/O의 사용자 친화적(User-friendly)화, 인간-IT의 역할 변화와 인터페이스 변화, Context-Dependent 인터페이스, 인터페이스의 통합·융합 (IT Devices의 컨버전스) 그리고 Automating Mechanics의 결합이다. 컨버전스(Convergence)의 진행은 단말기기의 컨버전스, 네트워크 컨버전스, 컨텐츠의 컨버전스 그리고 가치사슬의 재구성(Restructuring)이다. 현실 공간(Space)의 보강은 현실 공간(Context) 정보의 집중 활용, 공간·사물의 인터넷 구성, 물리공간의 전자적 Mirroring 그리고 지리정보체계의 중요성 증대이다.

5.2 Computing과 사물의 결합

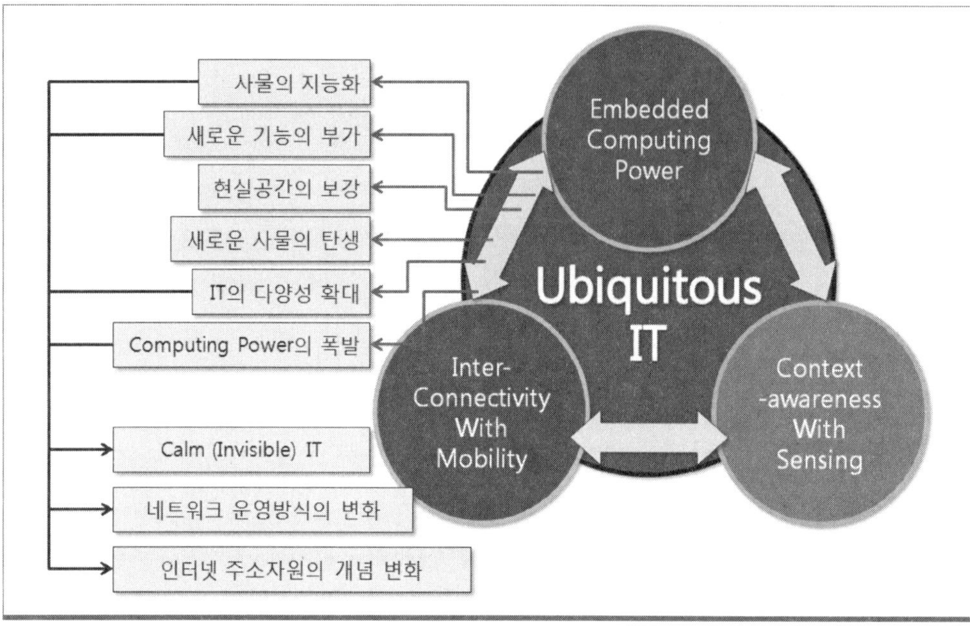

〈그림 5-5〉 유비쿼터스 Computing과 사물의 결합

(1) 사물의 지능화

"유비쿼터스"의 많은 논의는, 사물(things or objects)에 Computing Power를 적용함으로써 사물 자체가 지능화되는 것에 초점을 맞추고 있다. "지능화"는 해당 사물이나 대상에 특정한 의사결정(decision making)기능을 가진 "Computing Power"(또는 지능)를 적용하는 것을 의미하고, Computing Power가 사물 속으로 Embedded 되는 것(" 잠입(潛入)")을 말한다〈그림 5-5〉.

유비쿼터스 세상에서는 정보가 자유롭게 흘러 다니고 인간과 사물 모두 살아있는 인터페이스의 주체가 된다. 생활 속의 모든 사물에 컴퓨터와 네트워크 장치가 심어져 이들 스스로 생각하고 행동하기 때문이다. 여기서 "사물"이라 함은 현실세계를 구성하는 모든 물건이나 대상으로써 현실공간을 채우고 있는 내용이며, 일상적으로 "현실적"이라거나 "물질적" 이라고 일컫는 것들이다. IT(Computing Power)가 적용되는 "대상(objects)" 또는 "사물(things)"은 IT 관련제품(컴퓨터, 통신기기 등)에 국한하지 않고 기존 생활설비, 나아가 일상적인 제품과 사물까지 포함 한다. 정보화 영역이 확대되어 생활공간 속의 사물(생활기기, 변기, 가전기기, 주방기기, 자동차, 사무용품, 식품, 장난감, 인형, 화분 등)들 까지 지능화·네트워크화되어 언제, 어디서나 보이지 않게 산소처럼 사용자를 지원한다. 유비쿼터스 컴퓨팅이란, 주변의 모든 물체 안에 컴퓨터(마이크로 프로세서)가 내장되어 물체 간, 그리고 물체와 인간간의 효과적인 정보 교환 및 활용이 가능하게 하는 기술 또는 환경을 의미한다. 유비쿼터스 컴퓨팅은 "도로, 다리, 터널, 빌딩 그리고 빌딩벽 등 모든 물리공간에 보이지 않는 컴퓨터를 집어넣어 모든 사물과 대상이 지능화되고 전자공간에 연결되어 서로 정보를 주고받는 공간을 만드는 개념" 이다. 유비쿼터스 IT가 적용되는 대상은 특정한 위치(또는 장소)에 고정되어 있거나 지속적으로 움직이는 것에 구별을 두지 않는다. 고정된 경우에는 냉장고나 기존의 생활 기기들과 같은 경우를 예로 들 수 있으며, 움직이는 경우는 대표적으로 자동차를 예로 들 수 있다. IT 관련제품(컴퓨터, 통신기기 등)뿐만 아니라 기존 생활설비, 일상적인 제품과 사물 등 에까지 IT가 적용된다는 것은 일정한 수준의 정보처리기능(information processing), 정보의 저장 등의 컴퓨터 기능에 준하는 기능들(computing power)이 적용되는 것을 의미 한다.

우리가 평소 "지능형" (예, 지능형 냉장고, 지능형 세탁기 등)이라고 듣던 내용이 사실상 생활기기에 Computing Power가 적용된 경우라고 할 수 있다(something). 이와 같이 IT가 적용되는 대상이 "현실공간"(또는 물리공간)을 구성하고 있는 모든 내용물(사물 또는 대상)을 지칭한다는 점에서 "현실공간(물리공간)에 IT를 집어넣는다", "현실공간(물리공간)을 IT로 증강한다(augment)" 라고 표현할 수 있다. 새로운 IT(유비쿼터스 기술혁신)는 가상세계의 증강이 아니라 현실세계를 IT로 강화하는 방향으로 도입할 수 있을 것이다. 사물(things)을 강조하는 측면이 정보화전략의 새로운 지평을 여는 중시적인 논리가 될 것이다. 이런 이유에서 "유비쿼터스"와 관련한 전력적 논의는 IT와 관련이 없는 일상분야(산업, 경제, 문화, 복지, 환경, 교통 등)의 영역별로 논의가 이루어지는 것이 적절하다. 모든 욕구단계는 "모든 사물에 컴퓨터를 심고 네트워크(Internet of Things)로 연결함으로써 사물을 정보기술의 적용대상과 정보화의 영역으로 포함하고자 하는 새로운 욕구"라고 할 수 있다(Anything). 여기서 욕구라는 것은 물리공간에 존재하는 사물을 지능화 함으로써 사물이 인간을 대신하여 스스로 공간의 상황을 인식(센싱, 트래킹, 모니터링)하고 필요한 제안, 행위를 대신해 줄 수 있도록 하는 욕구를 말한다. 모든 욕구를 실현하기 위해 등장한 정보기술이 바로 유비쿼터스 컴퓨팅, 네트워크 기술이며 이는 언제, 어디서든지 사물과 사람, 컴퓨터간의 정보 수·발신과 기능적 연계를 실현해 줌으로써 인간의 사회적 모든 욕구를 보다 더 고도화시키는 효과를 가져올 뿐만 아니라 전자공간과 물리공간 간의 연계라는 공간 혁명을 가져올 것으로 예상되고 있다.

이제 데이터 처리는 더 이상 거대 기업의 특권만이 아니다. 개인용 컴퓨터는 이제 사무실과 가정을 장악하였으며 더 나아가 PDA, 휴대전화 등의 기기가 컴퓨팅의 도구로 점차 확산되어가는 추세다. 불과 20여 년 전만 하더라도 컴퓨팅 자원은 전산실 혹은 정보처리 부서의 고유영역이었으나 오늘날은 이 중 상당 부분을 자신의 개인용 컴퓨터에서 정보 수요자 스스로 처리를 한다. 또한 개인용 컴퓨터는 오늘날의 통신, 엔터테인먼트, 상업, 금융, 산업의 본질적인 부분이 되었다. 개인용 컴퓨팅 기기는 점점 더 경량화, 고기능화로 발전하면서 이동성의 보장을 높이고 있다.

(2) 새로운 기능의 부가와 새로운 사물의 탄생

IT가 적용되는 "대상" 또는 "사물"의 경우 "현실공간(또는 물리공간)"을 구성하는 인조물 (man-made, man-fabricated)과 자연물로 나눌 수 있다. 인조물의 경우는 사람이 특정한 일상의(everyday) 목적(purpose)이나 기능(function)을 지향하여 구성하고 제작하는 것이다. (사물≡그 일상기능) 자연물의 경우는, 자연(the Nature)이 생성한 것에 대하여 운영·관리(managing)하고자 하는 목적을 가진 경우이다.

"Ubiquitous computing"의 논의가 대부분 다음과 같은 두 가지의 내용에 관한 것으로 요약된다. 즉, IT와 상관이 없는 사물의 경우에도 Computing power의 확보와 보강(또는 지능(intelligence)의 부가)과 네트워크에의 접속(interconnectedness)과 기능의 확장 (기능의 지리적 확장과 다른 기능과의 결합 : 가치사슬(value chain)상의 변화) 이런 두 가지의 내용이 상호 의존적인 내용이다. (즉, Computing Power의 보강이 없는 상태로 네트워크에 이어지는 것은 별다른 부가가치를 가져올 수 없을 것이다.) 일상적인 사물이나 기기, 그리고 생활공간에 IT가 적용됨에 따라 이들이 일정한 수준의 지능(intelligence)을 확보하게 되었다. 일상적으로 "지능(또는 Smart화)"의 이야기를 많이 하고는 있으나, Computer Science에서 말하는 "지능(intelligence)"은 한 마디로 정의하는 것이 곤란하다. 가장 간단하게는 소프트웨어와 하드웨어로 구성된 IT가 특정한 상황(input data)을 판단하여 일정한 수준의 의사결정(decision-making)하는 것을 말한다. 유비쿼터스 컴퓨팅·네트워크 기술은 모든 욕구를 충족시키기 위해 인간이 살아가는 생활환경 속의 장소와 사물의 도처에 내재되어 보이지 않으며, 그 존재도 의식할 수 없는 "지능화 된 사물(smart objects)"들을 만들어 내며, 사람들이 컴퓨터를 사용하는데 있어 하인을 부리는 것처럼 불편함을 느끼지 않게 한다. 사물과 대상이 IT와 결합하는 것은 결국 Computing Power(또는 지능)가 사물 또는 대상의 본래 기능과 결합하는 것을 의미한다. 이와 같은 결합은 Computing Power가 기존의 기능에 잠입되는(embedded) 모양을 나타내는 것이다. 이와 같은 변화는 기존의 일상적인 사물이나 기기, 그리고 생활공간에 기존 기능(Functions)이외의 새로운 기능 도출이 가능하게 됨을 의미한다.

(3) IT 다양성(Diversity)의 확대

Computing Power가 적용되는 일상생활의 사물 또는 대상으로 가장 먼저 등장하는 것은 다름 아닌 일상생활의 기기(appliances)와 정보통신단말(전화기 등), 그리고 이미 우리가 널리 사용하는 PC등 이다. 일상적인 사물(또는 대상, appliances & facilities)에 IT(computing power와 네트워크)를 적용하게 됨에 따라, 단말기기(terminal devices)의 종류나 모양, 그리고 접속되는 양상에 상관없이 Computing Power와 IT서비스를 제공할 수 있게 된다는 점에서 IT의 다양성(variety, diversity)과 이질성(heterogeneity)을 유발하게 된다. 이런 다양성과 이질성을 역으로 "융합(convergence)"으로 해석할 수 있다. 물론 이와 같은 이질성과 다양성은 서비스를 제공하는 과정뿐만 아니라 네트워크의 아키텍쳐 설계에서도 주의 깊게 고려하여야 하는 중요한 요소의 하나이다.

(4) 일상 속의 Computing Power 폭발

〈표 5-4〉 유비쿼터스화로 인한 빅뱅

	대형컴퓨터 시대	PC 시대	유비쿼터스 시대
시기	80년대	90년대	2005 이후
컴퓨터	메인프레임 (클라이언트-서버)	+ PC	+ 지능화된 사물 (Intelligent Object)
대응관계	Many Persons One Computer	One Person One Computer	One Person Many Computers
활용	대형의 고가 컴퓨터를 수많은 이용자가 공유	1인 1대 사용	다양한 컴퓨터가 도처에 편재, 사용자가 컴퓨터를 의식하지 않 게 됨

- 새로이 사물(thing, 대상)에 장착된 Computing Power는 일상적인 사물과 대상 속으로 파고들 뿐만 아니라 네트워크와 연결되어야 한다.

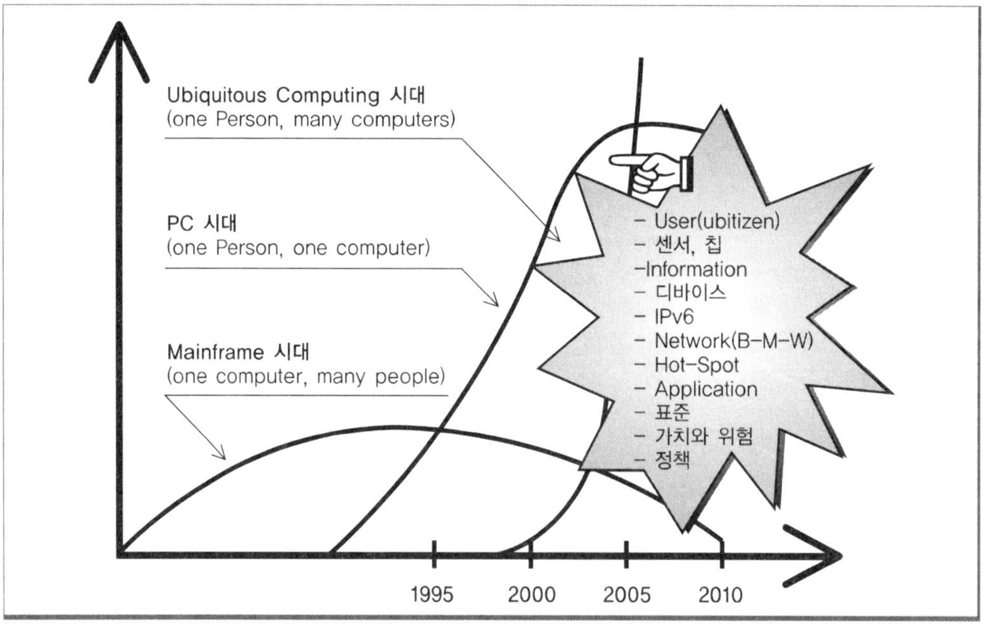

〈그림 5-6〉 일상속의 Computing Power

기존의 IT로서 다양한 컴퓨터(PC와 서버 등)뿐만 아니라 새로운 IT와 관련하여 확산되는 Computing Power(ubiquitous computing)는 엄청난 규모의 Computing Power의 "폭발"로까지 이어지게 되었다. 폭발적으로 확산되는 Computing Power가 체계적으로 네트워크를 통하여 통합되어야하기 때문에 네트워크에 걸리는 부하는 전례가 없는 규모이고, 네트워크의 본질(또는 운영방식과 아키텍처)에서부터 변화를 유발하게 될 것이다. 우리는 PC의 도입으로 네트워크(데이터통신과 인터넷)에 얼마나 큰 변화가 초래 되었는지 경험으로 잘 알고 있다. 일상생활의 모든 object에 잠입된 Computing Power 또는 IT의 요소들이 서로 연결 되려면 전자공간의 주소도 32비트로 제한된 기존 IPv4에서 128비트의 길이를 지닌 IPv6 주소 체계로 전환되어야 한다. 새로운 IT 환경에서 Computing Power의 용도가 기존의 용도(정보처리, 파일공유, 정보검색 등)에서 획기적으로 변한다는 점에서 교환되는 트래픽(traffic)의 양상(단위 트래픽의 크기, 규모, 빈도 등)도 크게 변할 것이며 나아가 네트워크의 구성 및 운영방식에도 큰 변화를 가져올 것이다〈표 5-4, 그림 5-6〉.

(5) 인터넷 주소자원의 개념 변화

IP주소(Internet Protocal address)로서의 자원의 경우 IPv4에서 IPv6로 전환되면서 거의 무한정 확대된다는 점에서 사실상 그 희소성(scarcity)이 해소될 것으로 기대된다. 즉, 유비쿼터스 컴퓨팅에서는 컴퓨팅 디바이스의 수가 수억 개 이상 확대되기 때문에 IPv4 체계로는 곤란하다. IPv6는 128비트의 주소체계, 약 3.4×10^{38}의 IP주소를 생성(60억 인구 중 한 사람당 5×10^{26}의 IP주소 소유 가능함)한다.

인터넷상의 위치로서 이름(주소)인 Domain Name의 경우, 유비쿼터스 IT환경으로 진전됨에 따라 용도가 다양해지면서 그 복잡성이 더해졌다. 우선 IT가 다양한 사물, 생활기기, 시설물 등에 적용되면서 "주소(address)"의 개념보다는 ID(identification)의 개념으로 전환되었다. 물론 특정한 ID마다 IP주소가 할당되겠지만, 더 이상 Computing Power의 위치를 설명하기 보다는 그 Computing power가 잠입한 사물의 특성이나 ID를 논리적으로 대변하게 되었다. IP주소가 주소의 개념에서 ID의 개념으로 전환되는 경우, IP주소에 Domain Name이 연계(mapping)되기보다는 개체의 본래 이름이나 특성 등의 내용이 연계된다. 따라서 "인터넷 주소자원"의 관리방식에도 본질적인 변화가 유발된다. 그리고 물건이나 상품의 경우 기존 물품번호(바코드의 번호) 체계가 존재하기 때문에 이런 번호체계를 인터넷 주소자원과 어떻게 연계할 것인지 고민하여야 한다. 인터넷 주소자원이 물품분류체계나 상품코드 등과 연계되어야 한다. 즉, 기존 음성

통신기기의 경우 기존의 번호체계를 가지고 있는데 음성통신기능이 다른 생활 기기나 시설물, 사물 등에 결합될 경우 기존 번호체계를 어떻게 변환·수용할 것인지의 문제가 논의되어야 한다.

유비쿼터스 IT의 또 다른 특징은 현실공간을 보강(IT-augmenting)하는 것인데 현실공간은 시설물, 지리적 좌표, 자연물(하천, 산 등)을 내포하고 경우에 따라서는 이런 지리적 특성에 IP주소가 배정(assign)될 가능성이 있다. 물론 이런 주소자원의 배정은 Context-awareness와 연계될 것이다. 이런 현실공간의 지리적 좌표나 ID의 주소와 IP주소를 연계하여 인터넷 주소자원을 관리할 경우, 새로운 패러다임의 관리·운영방식이 도입되어야 한다.

5.3 상황의 인식과 현실공간 정보의 활용

"유비쿼터스"의 논의에서 자주 부각되는 내용 중 다른 하나는 "현실공간(물리공간)"의 Context에 대한 정보가 지속적으로 파악되고, 파악된 Context에 대한 정보를 바탕으로 적절하게 분석, 판단, 대응하는 것이다. 〈그림 5-7〉은 상황인식 정보를 나타낸다.

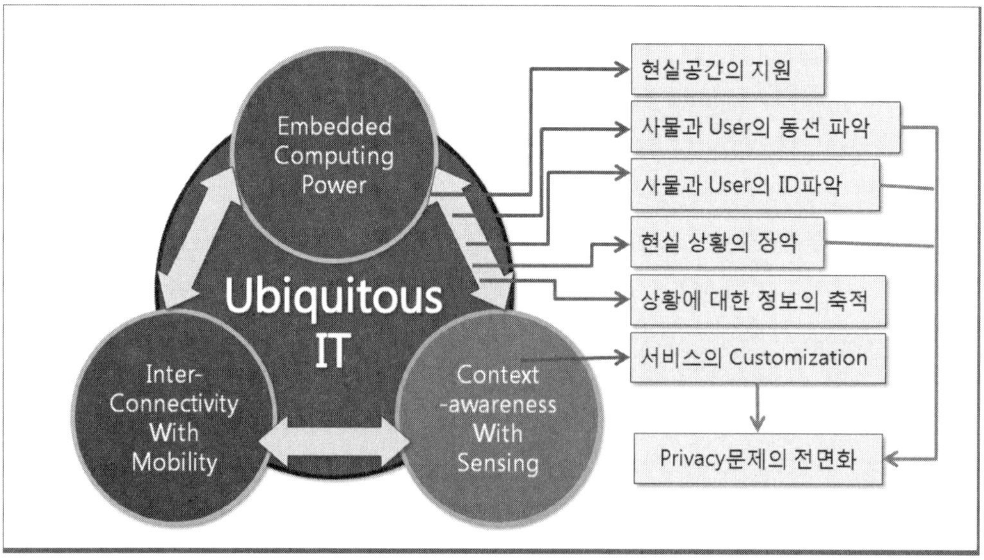

〈그림 5-7〉 상황인식 정보

(1) 현실 보강으로서 Context-Awareness

IT, 특히 Sensing을 이용하여 이용자가 객체들(objects), 환경적 요인, 움직임(motions) 등 상황에 대한 정보가 지속적으로 IT시스템에 의하여 파악된다. 보이지 않게 사물에 심어진 센서, 칩, 태그, 라벨은 사용자의 의식적인 명령뿐만이 아니라 의도까지 반영하기 위해 주변 환경의 상황 정보는 물론이고 사용자의 상황정보(또는 context)도 언제 어디서나 실시간에 연속적으로 인식·추적·통신 한다.

상황인식(context-awareness)과 판단의 기능이 도출되는 것은 IT의 단말부분에서 이용자에 대한 위치 파악(locating)과 행동 이해 또는 상황에 대한 인식기능 즉, IT based Sensing이 이루어지는 것을 의미한다.

Context에 대한 정보를 파악하는 주된 목적이 IT와 연관된 이용자나 물건에 적절한 IT서비스를 제공하기 위함이기 때문에 이용자나 물건 등 대상에 대한 인식(object-awareness), 즉 ID(identification)이 개념도 동반한다. 물론 location이나 motion에 대한 인식까지 포함한다. 상황인식(context-awareness) 정보(Information)의 개념은 사용자가 속해 있거나 관련이 있는 공간에서 유저의 상태(느낌, 맥박, 체온 등), 발생한 상황(이동, 출현, 동작, 대화 등), 외부환경(기온, 시간, 위치)등이 결합되어 컴퓨터에 의해 지각된 정보 즉, 상황인식 맥락(Who, What, When, Where)과 Fresh Information의 원천정보 즉, Sensor + Context awareness + Augmented reality 이다. Context awareness 기능을 통하여 파악된 context의 정보를 IT시스템을 통하여 가공, 처리하고, 활용할 수 있는 가능성이 열렸다. 이와 같은 변화들은 일상적인 생활에서의 기기(appliances)에 국한하지 않고 의료, 사회복지, 환경보호 등 사회생활이나 산업현장에서 활용되는 다양한 기계(machines)나 설비(facilities)에도 역시 적용될 수 있는 것이다. 기존의 생산설비 또는 자본재에 Computing Power와 통신기능(communication capability)이 결합되면서 새로이 부가되는 고부가가치기능은 생산설비와 자본재의 운영에 새로운 지평을 열 수 있게 할 것이다. 이와 같은 상황인식(context-awareness)에 대한 정보 즉, 현실공간의 내용과 상태에 대한 정보가 전방위적으로 확보되는 것은 사실상 "현실공간(물리공간)"에 대한 파악이 체계적이고 지속적으로 가능해지고 "현실공간"의 상황을 장악할 수 있는 것을 의미한다. "현실공간"에 대한 파악이 가능한 수준의 정보를 IT시스템에서 운영할 수 있게 됨에 따라, "현실공간"이 IT시스템(또는 IT에 의하여 구성된 "전자공간")에 투영되고, "현실공간"의 진행이나 운영이 IT시스템에 의하여 이루어질 수 있다. 사람이나 조직의 활동이 "현실공간"에서 진행되는 경우는 IT시스템의 "전자공간"과 "현실공간"을 지원해주는 모습을 나타내게 된다. IT가 본질적으로

시간과 공간을 초월할 수 있다는 점에서 "현실공간"에 대한 체계적인 투영이나 장악이 위치나 시기에 상관없이 가능해지는 것을 의미한다. 그 Context 속에서 진행되는 활동(activities)이나 이용자(user)를 IT시스템을 통하여 지원할 수 있는 모양 즉, "IT-augmented Reality"가 가능해 진다. Context와 연관되어 진행되는 활동이 IT 또는 IT 시스템에 의하여 지원되고 기능적으로 보강되는 것을 의미한다. 이는 "현실공간"에서의 일상생활과 직결된 Computing(또는 IT서비스)이 가능해지고 새로운 차원의 정보화가 이루어질 수 있는 지평이 열림을 의미한다. 상황인식 정보의 역할은 편집된 디지털 정보에서 상황인식(사물+공간+사람의 연결성) 정보로의 이행으로 많은 가능성, 투자 필요, 어려움, 위험성이 공존한다. 상황인식이 가능해지기 위해서는 상황을 인식할 수 있는 IT가 적용된 센서가 마련되어야 하고, 센서에 의하여 감지된 상황정보가 체계적으로 다루어질 수 있는 IT시스템과 네트워크가 준비되어야 한다. 상황인식과 환경 판단을 위한 IT요소는 대부분 네트워크에 의하여 연계되는 단말부분에 위치하는 다양한 기기와 IT 시스템 등에 의하여 가능하다. 이런 의미에서 새로운 IT를 적절하게 이용하기 위해서는 상황인식이 이루어지는 sensor 네트워크 뿐만 아니라 이를 통하여 파악된 정보를 체계적으로 다루고 운용할 수 있는 IT시스템이 구비되어야 한다.

(2) 사물 · 이용자의 ID 인식

현실 공간 속의 이용자나 사물 자체를 인지하고 구분하기 위하여 단순하게 시각적인 판단에 의존하기 보다는 그 이용자나 사물의 ID의 정보를 담고 있는 태그를 활용하여 보다 손쉬운 인식이 이루어질 수 있게 된다. 가장 손쉬운 방식으로 바코드를 이용하는 방식과 RF(Radio-Frequency)를 이용하는 ID식별방식(RFID, 스마트 태그 등)이 부각되고 있다. 스마트 태그 응용의 주요 비즈니스 가치는 산업의 효율성을 높여 생산자로부터 소비자에게 전달되는 상품(서비스)의 손실을 줄이고 소비자의 편의를 도모하기 위한 서비스를 고도화하여 궁극적으로는 순익을 창출하는 것과 같은 효과를 내는 것이다. RFID는 편의성 증대 또는 효율성 제고 등 비용절감의 효과가 구체적으로 나타나는 분야이다. RFID 태그는 수십센트 수준으로 저렴하고 설치가 간단하고(수십억 개가 필요하다는 점을 감안하면 스마트센서 등은 비용 면에 한계가 있다), 이미 사용 중인 바코드와 유사한 개념으로 누구나 쉽게 사용이 가능하다(일부에서는 RFID를 "보다 향상된 바코드"로 인식). 현재 여러 다른 종류의 스마트 태그가 개발되고 있는데, 그 물리적인 형상은 응용의 형 태에 의존한다. 인쇄할 수 있고, 쓰고 버릴 수 있고, 환경적으로 친숙한 RFID 라벨, 튼튼한 태그, 파괴 되지 않는 태그, 배터리의 유무, 임베디드 태그, 방수 및 화학적으로 안전한 태그, 캡슐화된 태그 등 이다. 이들의 특징은 수명, 재사용, 읽고 쓰기나 수정할 수 있고 읽을 수 있는 범위, 스마트 함의 수준, 그리고 상황인식을 포함한다. 응용분야로는 슈퍼마켓에서 따로 계산하지 않고 물건을 골라 바구니에 담아 오기만 해도 출입문 통과 시 자동으로 상품정보를 인식하여 신용카드로 결제되는 완벽한 무인점포가 가능한 것과, 차량번호자동인식시스템(도난차량 수배 및 톨게이트 요금징수), 그리고 진열대에 남아있는 제품의 수량을 자동으로 파악하는 것 등이다. 이러한 스마트 태그는 유통, 물류 등을 중심으로 활용분야 확대중이다.

- **RFID시스템의 응용분야 예 :** RFID 시스템은 운송 및 유통, 산업에 대한 응용에서부터 보안, 접속제어, 식별에 이르기까지 넓은 범위의 응용을 제공한다. 전자기장에 대해 프로그램 된 태그는 형태, 소유 및 일련번호에 의한 각 차량의 문자식별을 허용한다. 태그는 운송수단의 차대에 부착된다. 안테나는 트랙 사이나 근처에 설치되며 리더기나 디스플레이 장치는 일반적으로 다른 제어나 통신 설비와 함께 길가 건물에 놓인다. 레일 응용에 있어 주요 목표는 새로운 설비에 있어서 차량들의 규모를 축소하고 혹은 투자의 집행 연기를 허용하는 향상된 차량의 활용에 있다. 생산현장에서 RF시스템을 조립과정(청소, 세척, 도색, 건조시키는 자동차나 농업용 설비제품)을 통해 이동하는 높은 단가의 제품을 식별하는데 적합하다. 예를들어 자동차 산업은 조립 작업을 통한 차량을 추적하기 위해 RFID 시스템을 사용하는데, 여기서 태그는 150~200도의 온도에서 반복되는 도색, 그 외 유사한 작업 후에도 동작을 해야 한다. 이런 환경에서 사용하기 위한 기술의 주요 목표는 주어진 조립 임무의 실행에 앞서 차량을 식별하는 것이다. 비록 제조업자가 조립작업을 통하여 차량을 순차적으로 추적할지라도 그 공정으로부터 검출되지 않는 단일 차량의 제거에는 비용이 많이 든다. 슈퍼마켓에서 따로 계산하지 않고 물건을 골라 바구니에 담아 오기만 해도 출입문 통과 시 자동으로 상품정보를 인식하여 신용카드로 결제되는 완벽한 무인점포가 가능하다. 자동차 다기능 Smart Tag는 자동 요금 징수, 자동 주차요금 지불 그리고 사용자의 휴대용 기기를 통한 자동 차량위치를 탐색한다. 안전 개선용 Smart Tag는 박물관, 저장고, 가게, 집에 있는 귀중한 객체를 식별하여 주기적인 상태 보고를 보내서 절도를 막는다. 또한 이상한 움직임을 탐지한다. 소비자 배송 Smart Tag는 운전자의 휴대용 기기나 밴 그 자체는 특정 주소를 목적으로 하는 화물에 대한 위치를 알려준다. 운전자는 오랜 탐색 없이도 올바른 화물을 실을 수 있다. 때때로 운전자는 올바른 것을 얻기 위해 다른 여러 개의 화물을 내려야 한다. 휴대용 기기는 다음의 목적지에 그것을 재빨리 내릴 수 있도록 화물을 적재하는 가장 적합한 방법을 알려준다. 화물 수송 회사 통합을 위한 Smart Tag는 자동차 및 화물 추적을 가능하게 하여 물류를 강화할 수 있다. 높은 수준의 화물 추적은 화물 분배회사를 합병하는 것에 비해 사업상의 장점인데, 이는 화물 수송의 단지 특정한 부분을 담당한다. 그러한 회사는 그들 자신의 완전한 수송 편재를 가지고 있고 통합될 필요가 없다. 생산품 Smart Tag는 태그는 항목을 식별하고

생산 명령을 내리며 제어되는 항목을 다루는 데 있어서 각각 단계의 경과 기록을 유지한다. 이것은 컨베이어 벨트 상의 하드웨어와 어떤 다른 생산된 하드웨어에 적용된다. 경과 기록은 그것의 생산과 동작을 검사하기 위해 임무확인 항목에 명시적으로 적용된다. 자동 세탁 옷에서의 Smart Tag는 스마트 세탁 시스템은 재료 항목이 세탁기 안에 있는 동안 그것에 붙여진 태그에 포함된 명령을 읽는다. 이 시스템은 세탁명령에 따라 세탁기를 제어한다. 태그는 재료 항목의 세탁물 수에 대한 계수를 유지한다. 상점과 가게 물품 Smart Tag는 자동 상품 목록 시스템은 주기적으로 통로를 검사한다. 판매시점에서 고객은 컨베이어 벨트에 그들의 물품을 놓을 필요는 없고 물품은 카트에 머무르면서 탐색기가 자동으로 카트를 검사하고 가격을 순간적으로 계산한다. 도난 방지를 위해, 출구나 계산 통로에서의 탐지기는 적당한 쇼핑을 제어하기 위한 감시 지역을 새로 만든다. 도서관 Smart Tag는 태그가 부착된 책, 비디오 테이프, 어떤 다른 종류의 매체는 자동 목록 제어 시스템을 가능하게 한다. 목록 데이터베이스는 모든 부가된 도서들을 추적하고 그들의 순환상태정보를 유지한다. 도서는 자가 점검시스템에 의해 도서관 대출이 된다. RFID 태그를 읽고 자동으로 도서반납을 검사하는 스마트 반납함 안에 그것을 넣는 것으로 도서 반납은 행해진다. 새로운 미래의 RFID 응용은 가스(석유)주유 차량/ 자동요금징수 시스템 / 차량 고장 점검/ 자동세탁/ 게임/스키리프트/ 스포츠 기록을 포함한다.

(3) 동선의 지속적 파악과 추적가능성의 확대

IT를 이용하여 ID의 인식이 가능한 경우, 특정한 ID가 인식되는 지리적인 위치(location)나 좌표의 정보를 지속적으로 축적함으로써 해당 물건(또는 이용자)의 동선을 파악하는 것이 가능해졌다. 유비쿼터스 IT의 적용을 통하여 사물(things)이나 대상(object)에 관련된 시·공간을 초월하는 정보의 축적과 추적이 가능하게 될 것이다.

보이지 않게 사물에 심어진 센서·칩·태그·라벨은 사용자의 의식적인 명령뿐만이 아니라 의도까지 반영하기 위해 주변 환경의 상황 정보는 물론이고 사용자의 상황 정보(또는 contexts)도 언제 어디서나 실시간에 연속적으로 인식·추적·통신한다. 해당 사물이나 대상의 관점에서는 라이프 사이클(Life cycle)에 대한 정보(생산 및 제품정보)의 추적(tracking)가능성을 의미하고, 이동하거나 처리(process) 중인 사물이나 대상에 대해서는 locating 기능과 결부되어 지리적 추적(tracking) 가능성을 의미하게 되었다. 특정한 사물이나 대상이 추적 가능한 것은 그 물건에 대한 시간상, 공간상의 정보가 현재의 내용뿐만 아니라 과거, 그리고 예상된 미래의 내용까지도 IT시스템(네트워크 포함)을 통하여 확보·관리할 수 있음을 의미한다. 이와 같은 정보가 지속적으로 갱신(Update)되면서 해당 물건에 특정한 기술적인 태그 또는 ID의 형식으로 부착되어 있을 수도 있지만, 손쉽게 접근할 수 있는 특정한 IT시스템 내에서 해당 물건에 대한 정보를 접근할 수 있을 것이다. 특정한 사물이나 대상을 지속적으로 추적하여 그 사물에 가해지는 Activity(또는 부가가치 추가의 과정)에 대한 정보와 상태의 변화 등에 관한 정보가 지속적으로 축적되면서 과정상의(historical) 정보가 축적·활용될 수 있다.

(4) Context 정보의 활용과 Customization

상황인식은 해당 Context의 차별성(uniqueness)을 인지하고 이에 따라 차별화된 (differentiated & customized)서비스를 제공하는 것을 목적으로 한다. Context- Awareness와 관련하여 다양한 방식에 의하여 파악되는 상황에 대한 정보와 이용자에 대한 정보가 IT의 활용에 있어 직접적으로 활용된다. 기존의 IT 운영과 비교하여 괄목상대하게 변화하는 부분은 Context-Awareness와 상황 판단의 자율성(autonomy)과 관련된 Intelligence와 상황(contexts & 이용자) 정보의 활용에 있어 고도화되는 것이다.

Pervasive Computing의 목표는 사용자의 불편함을 최소로 낮추어 주는 것이다. 이 목표를 실현하기 위해 현재 사용자의 상태를 인지하는 Context-Awareness 기술은 매우 중요한 역할을 한다. 이 기술을 이용하여 사용자의 위치, 감정상태, 개인이력, 습관 등의 정보를 취득하여 자동화된 서비스를 제공할 수 있다. 이와 같은 기능을 도출하기 위하여 Context 정보의 표현 방식, 저장 위치, 저장 방식, Context 정보의 갱신주기, 처리 오버헤드(overhead) 감소 방법과 중요한 의미를 갖는 위치정보의 처리 문제 추가 연구가 필요하다.

(5) 사생활 보호 문제의 부각

Context-Awareness와 관련하여 사람 외적인 정보, 즉 환경이나 위치 등에 대한 내용의 정보도 있을 수 있지만, 개인이나 개인의 단체(가정이나 조직)에 대한 구체적인 정보도 포함될 수 있기 때문에 사생활 보호의 문제가 확대될 수 있다. 수집된 정보가 네트워크를 통해 전송되면서 사용자의 프라이버시가 노출될 가능성이 높다.

인식된 개인에 대한 정보를 자율성을 지닌 IT(또는 IT시스템)가 상황에 적절히 대처한다는 명분으로 무단으로 유포·확산할 수 있는 가능성이 상존한다. 또한 자율성과 사용자의 프라이버시 간 상충관계의 극복도 관건이다. 프라이버시 이슈는 향후 유비쿼터스 컴퓨팅 보급에 걸림돌이 될 가능성이 높다. 프라이버시 보호에 대해서 사용자가 만족할 만한 기술적 대안이 마련되지 않으면 유비쿼터스 컴퓨팅에 의존하기를 꺼릴 것이다.

개개인들이 유비쿼터스 IT를 사용하게 하기 위해서는 기술을 사용함에 따른 혜택이나 수익 이전에 사생활과 개인의 정보가 불필요하게 노출됨으로써 발생할 수 있는 불안과 거부감을 차단할 수 있어야 한다. 프라이버시는 이전 컴퓨팅 시스템 연구 분야인 분산 시스템, 모바일 컴퓨팅에서도 해결하기 어려운 문제였고, pervasive Computing 분야에서는 이 문제가 더욱 심각해진다. 그러나 이러한 사용자의 정보를 좋지 않은 목적으로 사용하게 되면 사용자는 스팸메일 등과 같은 뜻하지 않은 서비스로 인해 작업 집중이 어려운 상황에 처할 수 있다. 이러한 부적절한 영향을 막기 위해 네트워크에 접속할 때는 복잡한 인증과정을 거침으로 해결할 수도 있지만, 결국 복잡한 인증과정 자체가 사용자의 작업 집중을 방해할 수 있기 때문에 pervasive Computing 목표에 부합되는 것이다.

유비쿼터스 IT와 관련한 사회·문화적 측면을 적절하게 이해하기 위해서는 사생활 보호 문제에 대하여 체계적인 연구가 이루어져야 한다. 예를 들어, 자동으로 끊김 없는 (seamless) 네트워크를 구성하는 기능과 사용자에게 개인정보(privacy)의 손실여부를 알려주는 기능의 조화로운 연동 방법과 pervasive Computing에 사용될 수 있는 다양한 인증방법(생체, 암호화 등)에 대한 연구 등이 있다.

5.4 모든 IT와의 상호 연결성

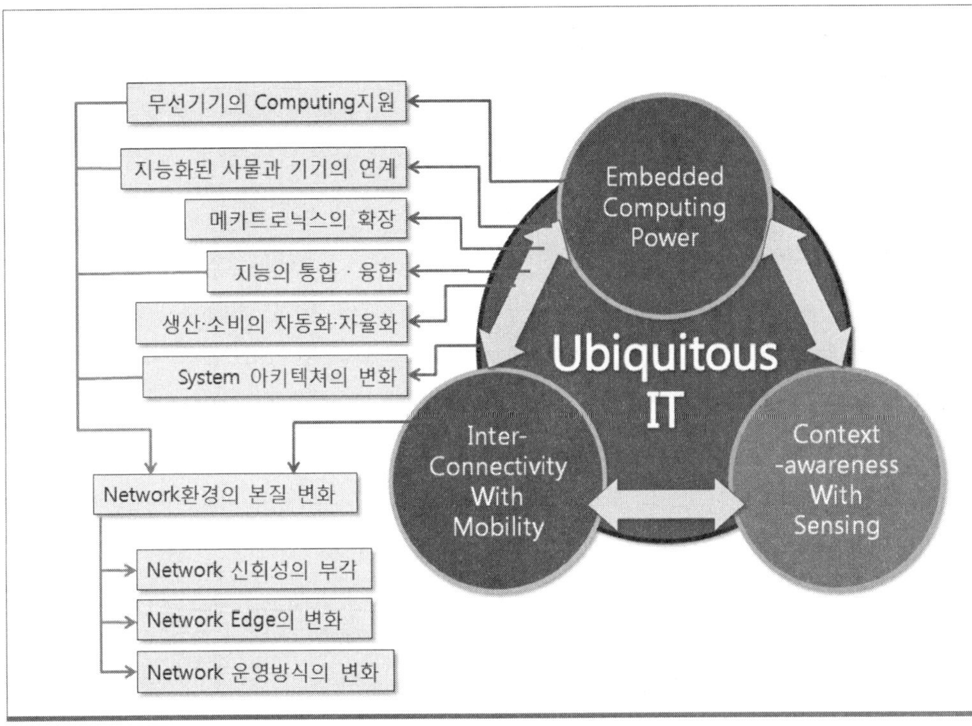

〈그림 5-8〉 모든 IT기술들의 연계

〈그림 5-8〉는 모든 IT 기술들의 연계를 나타내고 있다.

(1) Personal System의 확장과 진화

유비쿼터스 IT와 관련한 단말부분(termination)에 있는 Computing Power는 과거 PC 중심에서 크게 벗어나고 있다. PC의 가장 큰 강점은 여러 용도로 사용될 수 있는 범용성(汎用性)이며 전 세계에서 사용되는 컴퓨터 중 PC는 20%에 불과하다

- 1인 1 PC로 일반인들은 컴퓨터란 당연히 PC를 지칭하나, 컴퓨터의 종류는 매우 다양하며 PC는 그 일부에 불과하다. PC의 문제점은 PC의 기본 소프트웨어(Operating System)나 브라우저는 본래 능력의 1%도 활용되지 못하고 사용하기 불편하고 저작법이 어려움이 있으며, 동일한 자판조작으로 모든 소프트웨어 대응이 무리하고, 키보드 조작의 어려움으로 노인 등의 이용이 제한적이다. 휴대전화, 팩스, 복사기, 엘리베이터, 고속전철, 라디

오, 전기밥솥, 에어컨, 세탁기 등의 내부에 사람들이 인식하지 못하는 마이크로컴퓨터가 내장되어있다. 반도체의 발달로 컴퓨터본체가 마이크로프로세서로 소형화 되었다는 이야기이다.

우선 Computing Power 자체가 기존 PC의 고유기능(예, word, processing, spread sheet, presentation 등)을 확대해 가면서 Personal System으로 자리매김 하고 있다. u-컴퓨팅의 실용화로 PC뿐만 아니라 개개의 전용기가 지능화되고 그것이 네트워크로 연결되어 시스템 전체가 사용하기 용이하다. 특히 지난 10수년간 기존 PC의 기능에 통신기능(communications capability)이 결합되면서 통신 인터페이스(communication interface)로써 기능을 굳혀갔다. 예컨대 e-mail의 확산, 메신저기능, 뉴스레터, BBS, Narrow-casting 등 동기형, 비동기형을 막론하고 통신방식(communication mode)에 패러다임 전환을 수반하고 있다. "Personal System"으로의 진전의 핵심에는 다음과 같은 변화를 수용하고 있다.

- 멀티미디어를 중심으로 기존 PC와 관련한 기능이 확장되면서 다양한 기능들이 부가되고 있다. (특히 멀티미디어기능의 확장과 함께 기존의 Entertainment 기능이 급속하게 흡수되어가고 있다. 예, 녹음기, 카메라, 영화상영, MP3 Player 등)
- Personal System이 개인의 생활 전반과 연계되면서 이동성(mobility)과 휴대성이 강조되었다. Personal System이 통신을 위한 단말(terminal devices)의 역할을 수행하면서 통신방식에서도 큰 변화를 가져왔다. Personal System이 인터넷(웹)서비스나 인터넷 정보의 창구로써 역할을 수행할 수 있게 됨에 따라 통신의 기능 자체에 혁신적인 변화를 수반한다. 최근 우리는 Computing Power가 통신기기(communication devices) 특히, 무선(wireless) 통신기기로 잠입하면서 무선통신과 Hand-held 디바이스의 기능이 급속하게 확장되고 있는 점을 목격하고 있다. 무선통신기기(스마트폰, PDA 등)에 명실상부한 Computing Power를 실을 수 있게 됨에 따라 기존 PC 중심의 Personal System에 무선통신기기가 부가되었다. 이런 변화의 진전에 따라 이제는 PC의 단계를 지나 유·무선 통합의 "Personal System" 단계로 진전되고 있다.

- **Terminal Convergence :** 셀룰라 이동단말기능에 포터블 가전기능을 융합한 개념이다.

- **Sensing 기술의 고도화 :** 유비쿼터스 snesing, 터치스크린, 음성 및 필기체인식

- **디바이스 기술 발전 :** CPU/OS, 1chip RF, 접는 디스플레이, Werarble 단말기술, 배터리 수명

Personal System의 기능이 대폭 확장되면서 Personal System의 이동성(mobility)과

휴대가능성(portability)에 대한 관심이 급속하게 확대되었다. 이런 관점에서 우리는 몇 가지의 무선인터넷 관련논의에 주목한다. 그리고 고도의 휴대가능성을 의미하는 착용가능한 "Wearable System" 등도 이와 같은 맥락에서 관찰할 수 있는 내용일 것이다. 다양한 형태, 다양한 기기(devices) 등으로 진전되는 Personal System의 경우 고도의 통신기능을 갖추게 됨에 따라 인터넷 접속 등 통신의 단말장치로서 중요한 역할을 수행하게 된다.

Personal System의 경우, 사용자(이용자)의 용도에 따라 일정한 장소에 고정된 경우도 있고, 사용자의 이동성(mobility)에 따라 지속적으로 이동성이 유지되어야 하는 경우도 있다. 개인의 용도에 전담하는 Personal System은 일종의 Personal(terminal) 디바이스로서 기존의 다양한 개인적인 IT기능들(컨텐츠 관련기능, 통신기능, 저장기능 등)을 수용하고 있다. 컨텐츠 관련기능으로는 캠코더, 카메라, MP3 Player, 녹음기 등을 들 수 있고, 저장 기능으로는 다양한 형태의 메모리스틱(flash memories)과 사이버 메모리 기능을 들 수 있다. Personal System이 과거 데스크탑 PC나 노트북 컴퓨터의 차원을 넘어 다양하게 그 존재방식이 변화하고 있다. 이런 변화를 "컨버전스(convergence)"라 표현할 수 있다. 사용자는 PDA 같은 이동형 정보 장치를 넘어 입는 컴퓨터와 같은 다양한 유형의 차세대 휴대기기를 사용한다.

예) 컴퓨터를 몸에 부착(Wearable Computer)할 수 있는 컴퓨터로 노트북처럼 휴대가 가능 옷의 천이나 안경에 작은 컴퓨터를 내장 체내에 이식하는 의료용 센서로서의 응용도 가능하다. 물론 이와 같은 Personal System의 경우, 기존 PC와는 다르게 특정한 용도를 지향할 가능성이 크다.

(2) 지능화된 사물과 기기의 통합

지능화된 (computing power가 적용된) 다양한 기기나 시설물을 네트워크를 통하여 상호 연계함으로써 (즉, 기존의 기기나 사물, 시설물의 고유한 기능을 네트워크를 통하여 상호 결합함으로써) 새로운 기능을 탄생시키고 기존의 기능을 고기능화, 고도화할 수 있다. 유비쿼터스 IT의 환경은 "각종 사물에 컴퓨팅 및 네트워크 기능이 탑재되어 다양한 서비스 및 상품이 물리적 공간 곳곳에서 정보를 주고받으며, 사용자의 니즈(needs)에 맞게 스스로 작동되는 환경"을 지칭한다. 어디에 있어도 네트워크, 단말 및 컨텐츠를 자유롭게 의식하지 않고 스트레스 없이 안심하고 사용할 수 있는 신개념의 통합시스템이다.

이를 위해서는 사물(object, things)과 기기 등과 관련한 기능, 작동, 움직임 등과 관련한 상황(contexts)의 변화가 지속적으로 네트워크에 파악되어야 한다. 사물간의 기능적 결합이나 위치상의 결합이 네트워크의 결합에도 반영될 수 있어야 한다〈그림 5-9〉.

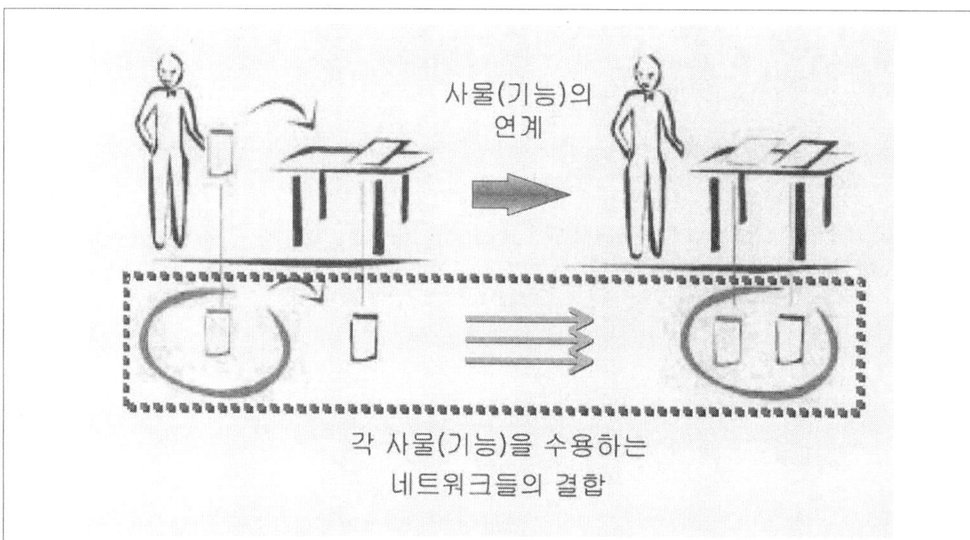

〈그림 5-9〉 각 사물(기능)을 수용하는 네트워크들의 결합

〈표 5-5〉 기술의 시대적 변화

구분	2005년경	2010년 이후
디스플레이 기술	플랙시블 디스플레이	전자 페이퍼
단말 기술	통신, 방송 대응 단말	복수 미디어 대응 단말
전력 기술	저소비 전력	신 에너지

- **Networked Intelligent Appliances 〈표 5-5〉**

- 유비쿼터스 실현에 필요한 기술 : Appliance 기술

앞으로 IT와 관련한 변화의 다음단계는 다른 생활기기(appliances)와의 결합이 될 것으로 판단된다. 이런 변화와 관련하여 우리가 주목하는 분야는 비로 "홈네트워킹" 또는 "Intclligont Home" 등과 관련한 논의이다.

- 더욱 지능화되고 있는 가전제품과 기기들

- 일반 가전제품 속에 마이크로 컴퓨터를 내장하여 지능화가 가속화

예) 에어컨의 온도설정 등 자동제어기능

- 전자제품들이 상호 네트워크를 통해 연결

예) PC가 인터넷 기능을 가지면서 e-mail이나 Web으로 정보를 수집
전자제품이 내장된 컴퓨터끼리 하나로 연결되는 것이 u-컴퓨팅 사회로 가는 첩경

기존 생활기기(appliances)가 가지고 있는 다양한 고유기능(functions)에 Computing Power와 통신기능(communication capability(또는 다른 기능과의 interactivity))을 부가 함으로써 새로운 형태, 또는 부가된 형태의 기능(functions) 즉, 고부가가치 기능을 창출한다. 방송분야에 있어 기존의 방송 End Station에 Computing Power가 결합되고 Communications capability가 부가되면서 방송분야에 Intelligence, Interactivity가 크게 향상되었다. 기존의 방송 End Station이 기존의 컴퓨터 기능을 수행할 수 있게 되고 통신, 인터넷 접속 등을 위시한 다양한 쌍방향통신(interactive communications) 기능(불특정 다수에 대한 Broadcasting의 기능을 능가하는 기능들)을 수행할 수 있게 되었다.

- **Networked Intelligent Production Facilities**

앞에서 논의한 생활기기(appliances)와 관련한 논의는 생산과정의 다양한 기기나 생산 설비(manufacturing facilities)에도 그대로 적용될 수 있다. 이와 관련한 많은 논의의 영역은 기계공학과 컴퓨터공학의 융·복합화가 이루어지고 있는 "메카트로닉스(mechatronics)"라고 할 수 있다. 이와 관련한 논의는 이미 생산 자동화, CALS, NGM등의 논의에서 상당 언급된 것이다. Mechatronics(기계와 전자(IT)의 결합)에 의한 생산설비의 새로운 전개는 사실상 생산과정에서 "유비쿼터스"의 개념이 광범위하게 전파되어가고 있음을 의미한다.
"유비쿼터스"와 관련하여 새로운 내용이라면 Manufacturing Process에 있어 자동화 설비 사이를 네트워크를 통하여 연결함으로써 하나의 통합체계를 갖추고, 이런 네트워크를 생산현장의 밖에까지 연결함으로써 새로운 패러다임의 자동화, 생산 환경을 확장하였다. 이는 결국 생산 공정의 내부뿐만 아니라 제품과 관련한 전반적인 가치사슬의 확장과 동시성(Concurrency)을 확대하는 것으로 이해할 수 있다. 다양한 수준에서 기계설비에 자율성(autonomy)이나 지능(artificial intelligence)을 갖는 IT가 결합되면서 로보틱스(Robotics)의 영역이 광범위하게 확장되었다.

(3) 일상기능(Functions)의 Smart화 및 통합

IT요소들이 네트워크를 통하여 통합됨으로써 사물이나 기기의 통합이나 결합을 넘어 이들의 기능적 통합에까지 이르렀다.
네트워크에 의하여 사물과 사물 사이가 기능적으로 통합되면서 특정한 사물(또는 appliances, facilities)의 기능(또는 그 서비스)이 다른 사물(또는 appliances, facilities)에 의하여 제공될 수 있다("Transfer of Functions").

- 새로운 IT(또는 computing power)의 도입으로 기능의 통합(functional intergration)이 이루어지는 과정에 그 기능을 사용하는 이용자의 공간적 위치(또는 Locations)에 따라 자유롭고 편리한 인터페이스를 선택할 수 있다.

- 아날로그 기반의 홈 오토메이션에서 출발한 홈 네트워킹은 디지털화의 가속, 외부 네트워크 인프라의 발전에 따라 가정 내에서 뿐만 아니라 외부 네트워크와의 원활한 접속이 중요해지고 있어 유비쿼터스 네트워킹과 궤를 같이 하고 있으며, 궁극적으로는 유비쿼터스 컴퓨팅을 지향하고 있다.

- 침실에 있는 블루투스 인터페이스용 스피커를 거실로 이동할 경우, 사용자의 행위에 따라 디지털 TV와 무선마이크와 스피커는 가라오케 장치로 재구성되어 서비스 가능한 모든 Computing 기능이 네트워크를 통하여 통합되어(integrated)있기 때문에 IT의 기술혁신은 사실상 기능의 통합(functional intergration), 또는 컨버전스(convergence)로까지 이어질 수

있다(각각 다른 기술적 바탕을 두고 발전되어 온 기술적 요소들이 유비쿼터스 시대에는 서로 유기적으로 연결되는 중요한 관계가 되고 있다). 일상의 사물, 기기, 공간 등, 사람의 일상생활과 밀접한 것들이 네트워크에 연결되는 것은 네트워크의 운용이나 통신, 정보교환의 수준을 넘어서는 일상생활의 재설계와 관련한 보다 복잡한 문제를 유발하게 되었다. 상호 연결성(Interconnectivity)에 의한 기능의 통합(functional integration), 또는 컨버전스는 전혀 새로운 기능(functions)또는 산출물(artifacts)의 창출을 의미하기도 한다. 기존에 IT와 무관한 것으로 여겨져 왔던 각종 사회적, 문화적, 생활기능과 경제적 기능(economic functions) 등이 유비쿼터스 IT를 통하여 고기능화 한다. 정보화 영역이 확대되어 생활공간 속의 사물(제반 생활기기)들까지 지능화 · 네트워크화 되어 언제 어디서나 보이지 않게 산소처럼 사용자를 지원한다. 물론 이와 같은 고기능화는 기존의 생활·경제적 기능을 도출하는 기기(appliance), 설비(facilities), 공간(space)이 IT와 결합하면서 가능해졌다. Smart Mug(mediaCup)의 경우, 기존의 Mug의 기능에 IT가 결합됨으로써 사람의 Mug 이용을 고도화하는 것이라 볼 수 있다. 모든 IT요소(embedded IT in appliances & facilities 포함)가 네트워크 상으로 결합 · 통합되면서 모든 생활기능이 IT(또는 네트워크)의 가장 큰 특징인 시·공의 축약(compression of time and space)의 경제성을 누릴 수 있게 되었다. 각종 사회·문화적, 생활 기능과 경제적 기능 등이 네트워크를 통하여 원격관리 되는 것이 가능해지고 네트워크에 연결된 다양한 서비스를 통하여 고기능화 및 고부가가치화 되는 것이 가능해졌다. 유비쿼터스 IT환경에서 모든 Computing 기능 또는 모든 IT기기를 연결하는 네트워크는 기존의 네트워크와 마찬가지로 공간을 축약하고 시간을 축약하였다(somperssion of time and space) 결국 IT 혁신을 통하여 IT(또는 computing power)가 적용되는 다양한 사물, 생활기능, 사회·문화적 기능 등이 시간적으로나 공간적으로 압축되는 것을 의미한다. 나아가 다양한 사물, 생활기능, 사회·문화적 기능 등이 통합, 압축되는 것은 다양한 기능상의 컨버전스(convergence)를 의미한다. 물론 이와 같은 컨버전스는 "Big Bang"으로 이어져 전례 없는 다양성으로 등장하게 되었다.

(4) 그리드(Grid)형 분산처리의 확산 : 아키텍쳐의 변화

모든 IT요소를 네트워크로 연결하는 것은 더 이상 단순한 연결, 통합의 문제가 아니고 네트워크를 통하여 이용할 수 있는 모든 Computing Power를 어떻게 이용할 것인가의 문제로 이어지게 되었다. 이는 다시 상호 연결·연계된 Computing Power 사이의 역할분담에 관한 문제(computing power와 그 시스템의 아키텍쳐의 문제)가 되었다.

네트워크를 통하여 Interconnected된 대상 또는 노드(nodes)들은 대부분 일정한 수준의 IT(even disposable IT)를 내포하고 있기 때문에 (즉, Computing Power를 가지고 있고 이것이 연결되기 때문에), 유비쿼터스 IT의 논의는 Computing Power의 분산(distribution)또는 분산처리(distributed processing)에 대한 논의로 이어졌다. 이와 관련하여 Client-Server, P2P, Grid등의 논의로 이어지는 내용이 발생하며, 용도와 기능, 그리고 이미 확보된 Computing Power와 상호보완관계등을 고려하여 Computing Power의 내용에 대하여 논의하여야 한다.

Presentation에 해당되는 내용만 단말기기에서 다루게 될 경우, Presentation의 내용이 기기의 종류나 과거의 Web browsing에 관한 내용과는 많은 점에서 다를 것이고, Presentation의 내용이 기기나 서비스 등에 무관하게 설정될 수 있어야 한다.

Interconnectivity의 새로운 내용은, Computing Power가 장착된 무수한 지능형 물체가 네트워크 하에서 하나로 연결되기 때문에 기존의 분산처리시스템과는 차이가 있다.

- 양적으로 컴퓨터 수가 극도로 많다.
- 질적으로 컴퓨터간의 관계가 복잡하고 튼튼하게 얽혀 있다. 특정한 형태의 아키텍쳐(architecture)가 Dominate하지는 않을 것이나 상대적인 비중에 있어 P2P 또는 Grid 방식이 확산될 것으로 예상 된다. 이런 경향은 소규모 Computing Power의 확산을 전제하고, 이들 간의 역할분담, 이들 사이의 통신방식(데이터 트래픽의 교환)등을 고려한 아키텍쳐의 변화를 지칭한다〈그림 5-10〉.

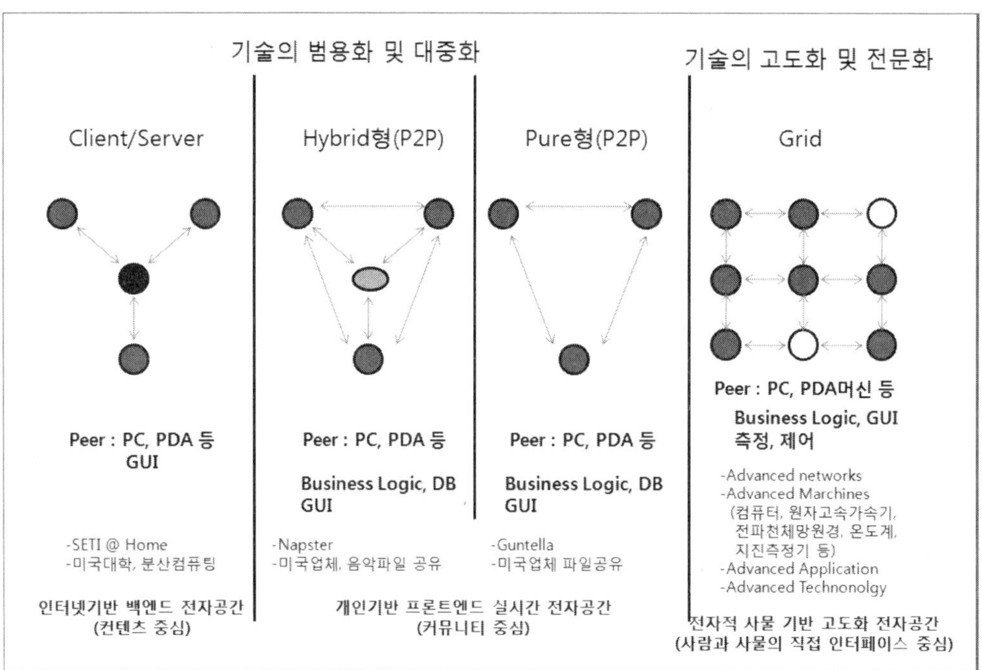

〈그림 5-10〉 Computing power의 분산처리

• **컴퓨팅 인프라의 이동**

Computing Power(또는 추가되는 computing power)의 확장을 목격할 수 있으나, 기존의 Client-Server나 P2P 등의 절대적인 축소를 의미하기보다 상대적으로 Pure P2P나 Grid형의 분산체계가 확장되는 것으로 이해하여야 한다.

(5) 네트워크 환경의 본질적 변화

유비쿼터스 IT 환경에서 서로 Inter-networked되는 Computing Power의 내용, 용도, 이동성 등의 변화는 네트워크의 본질적인 변화로 이어지고 있다.

• **World of Ubiquitous Network**

유비쿼터스 IT 환경에서는 사물(기기) 등의 Networking에 대하여 따로 고려하지 않아도 모든 서비스에 접근할 수 있어야 한다. 유비쿼터스 IT의 환경에서는 다음과 같은 네트워크 수요가 발생하는 것으로 이해할 수 있다〈그림 5-11〉.

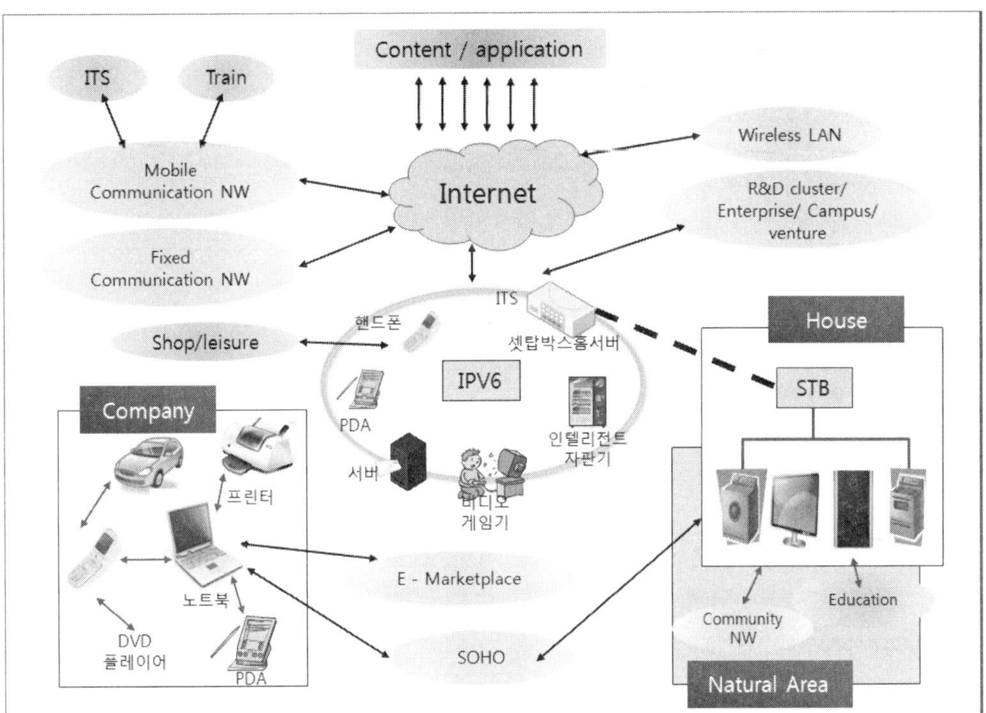

〈그림 5-11〉 유비쿼터스 네트워크 세계

(가) 단말부분(termination)의 컨버전스
(나) Sensing기술의 고도화
(다) Nomadic 네트워크화
(라) All IP 네트워크화
(마) 광대역(broadband)화
(바) 지능화, 개인화 서비스
(사) Multi-Device Interface

- **유비쿼터스 IT를 지원하기 위한 네트워크의 모습**

(가) Ubiquitous flexible broadband

- 모든 미디어로 초고속망을 수백만 명이 동시에 이용할 수 있으며, 스트레스 없는 유연한 통신 환경을 실현할 수 있다.
- Ubiquitous computing이 가능하기 위해서는 다양하고 풍부한 정보를 전달할 수 있는 광대역망이 필수적이다.
- 모든 네트워크에서 대용량 백업이 실행되어 스트레스 없는 유연한 통신환경이 널리 보급 되었다.

(나) Ubiquitous platform

- 고도의 인증과 보안으로 프라이버시가 보호되어 다양한 서비스를 누구라도 안심하고 이용할 수 있다.

(다) Ubiquitous appliance

- 남녀노소를 막론하고 간편하게 사용하며, 높은 조작성, 컴팩트성을 실현할 수 있다.

(라) Ubiquitous teleportation

- 어디에 있어도 어떠한 단말로도 네트워크에 언제나 연결되어 생활공간을 자유롭게 만들 수 있다.

(마) Ubiquitous agent

- 언제나 원하는 정보를 실시간으로 이용자 요구에 맞는 형태로 이용할 수 있으며, OS 및 서비스를 자유롭게 선택 및 이용할 수 있다.

(바) Ubiquitous contents

- 소유권을 명확히 하여, 매력있는 컨텐츠를 자유롭게 유통 및 이용할 수 있다.

(사) Ubiquitous sensor network

- 신변 주변의 기계가 커뮤니케이션을 할 수 있도록 자율적으로 정보를 수집 및 관리할 수 있다.

- **유비쿼터스 IT 환경의 네트워크는**

(가) Peer-to-Peer Interconnectivity
(나) Plug&Participate
(다) Nomadic Services
(라) Ad-hoc Networking
(마) 나아가 보다 복잡한 개념으로서의 네트워크 진화 등을 지원할 수 있어야 한다.

유비쿼터스환경은 송신자와 수신자가 대등한 peer-to-peer 통신환경과 사용자가 어디서도 엑세스 할 수 있는 nomadic 환경을 가정하고 있다. 이와 같은 유비쿼터스 환경을 구축하기 위해서는 peer-to-peer 탐색 및 통신기술과 무선 엑세스와 같은 nomadic 기술을 사용하는 것이 바람직하다. 사회적으로 요구되는 u-네트워크의 기본조건은 먼저 기술, 공급자 중심에서 인간, 이용자 중심의 서비스, 다양한 사회 시스템과의 상호 운용성, 편의성과 다양성이 높은 간편한 단말, 자유롭고 부담 없는 콘텐츠 이용환경, 편안하고 안전한 정보 활용 여건 그리고 이용자 권익의 보호 등이 요구된다.

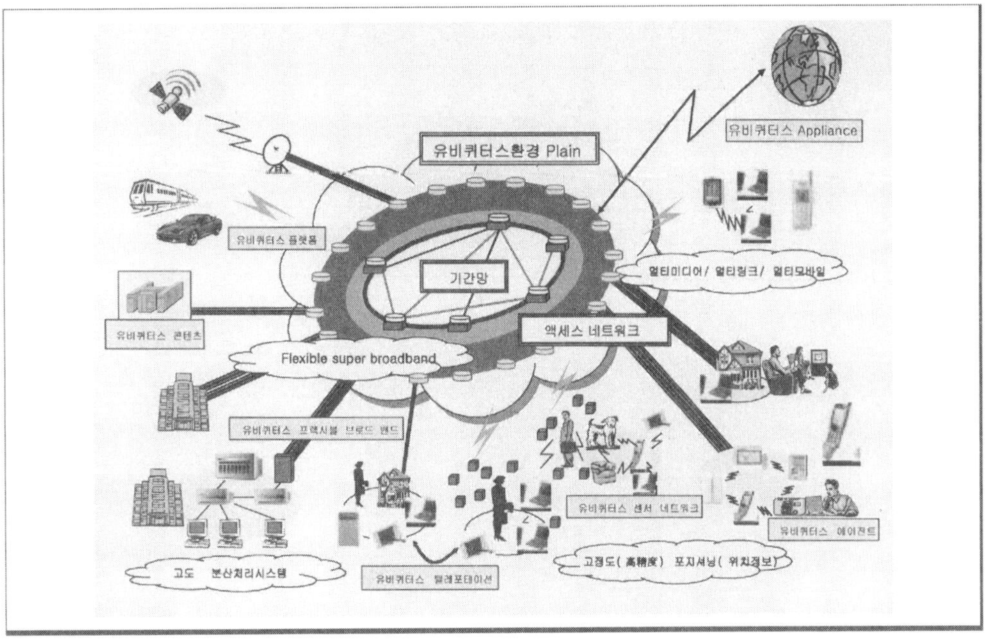

〈그림 5-12〉 유비쿼터스 IT의 Network 모습

유비쿼터스 IT를 지원하기 위한 네트워크 환경은 다음과 같은 내용을 충족시킬 수 있어야 한다〈그림 5-12〉.

- 새로운 ubiquitous computing 시대에서 사용될 수 있는 모든 종류의 기기와 애플리케이션 즉, 무선통신과 방송을 포함하여 현재 인터넷이 의존하고 있는 대역폭보다 훨씬 광대

역을 제공할 수 있는 하나의 통합망을 지칭한다.

- 유선망과 무선망, 고정망과 이동망, 방송망과 통신망, 칩과 센서 네트워크 등 수많은 종류의 망들이 하나로 연결되고 생활 주변의 단말과 디바이스 및 가전기기들이 자유롭게 연결되어 활용될 수 있는 네트워크이다.
  - 유비쿼터스 네트워크는 유선망과 무선망, 고정망과 이동망, 방송망과 통신망 등 수많은 종류의 망들이 하나로 연결되고 네트워크 컨버전스(network convergence)가 네트워크의 다양한 단계(layers) 또는 계층(hierarchy)에서 이루어진다.

- 유비쿼터스 IT와 관련된 기기와 애플리케이션의 지원이 가능해야 한다.
  - 유비쿼터스 시대에 사용될 수 있는 기기와 애플리케이션으로는 paper computers, wearable computers, portable computer, mobile telephone, multimedia kiosks, video game machines, set-top boxes, digital TV sets, car navigation systems, information appliances 등이 논의 되고 있다.

〈표 5-6〉 유비쿼터스 아키텍쳐수준 및 내용

Architecture Level	내용
Security Architecture	EAM & ESM
IT Management Architecture	Management Concolodation & SLM
Network Architecture	Broadband + Mobile +Seamless
	IPv6, Terabit Backbone, Optical Switching, FTTx, Mobile IP
System Architecture	System Consolodation
	Large-scale Server Hand & Virtual Partition
Info. Mng Architecture	Data Center & Storage Consolidation
Info. Brokering Architecture	데이터의 Realtime 공유를 위한 통합
Business App. Architecture	Business Process의 통합
Service Architecture	Collaboration & Ubiquitous
Interface Architecture	사용자(B2E, B2B, B2C등) view point 통합

유비쿼터스 IT환경에서의 Computing Power는 사람의 개입이 없는 상태로 상당한 수준의 자율성이 부여될 것이기 때문에 IT의 자율성(proactiveness)이 네트워크의 기본개념 "Program-Centerd Interactions", 아키텍쳐, 설계 등에 영향을 미칠 것으로 판단된다. 결국 Interconnected Computing Power의 집합, 즉 IT시스템 전체의 차원에서 특정한 자율성(proactiveness나 autonomy)등이 도출되었다.

무수한 Computing Power 또는 엄청난 규모의 정보자원이 체계적으로 네트워크를 통하여 통합되는 과정에 네트워크의 부하는 상상을 초월하는 규모로 확대되었다.

유비쿼터스 IT환경에서의 양적, 질적 변화는 다양하고 무수한 Computing Power를 포함, 연결하는 네트워크의 다양성(diversity)과 복잡성(complexity)으로 이어질 수밖에 없다.

다양한 네트워크의 광대역화 및 이동통신 환경의 틈새시장을 노린 새로운 네트워크의 유형이 등장할 것이며 그에 따른 다양한 네트워크간의 통합된 서비스의 제공이 중요해졌다.

- 이종 네트워크간 무결점 접속기
- 포노닉 네트워크 기술
- 네트워크 총괄형 Zero Administration 기술
- 풀(full) IPv6 네트워크 기술
- 네트워크간 QoS기술
- 네트워크간 부하 분산기술
- Flexible 경로세어 기술
- 대용량 무선 기술

새로운 차원의 Interconnectivity도 역시 인터넷 플랫폼(Internet platform)을 통하여 이루어질 것이라는 점에서 인터넷의 모양 자체에 많은 변화가 유발될 수 있음을 쉽게 추론할 수 있다〈표 5-6〉.

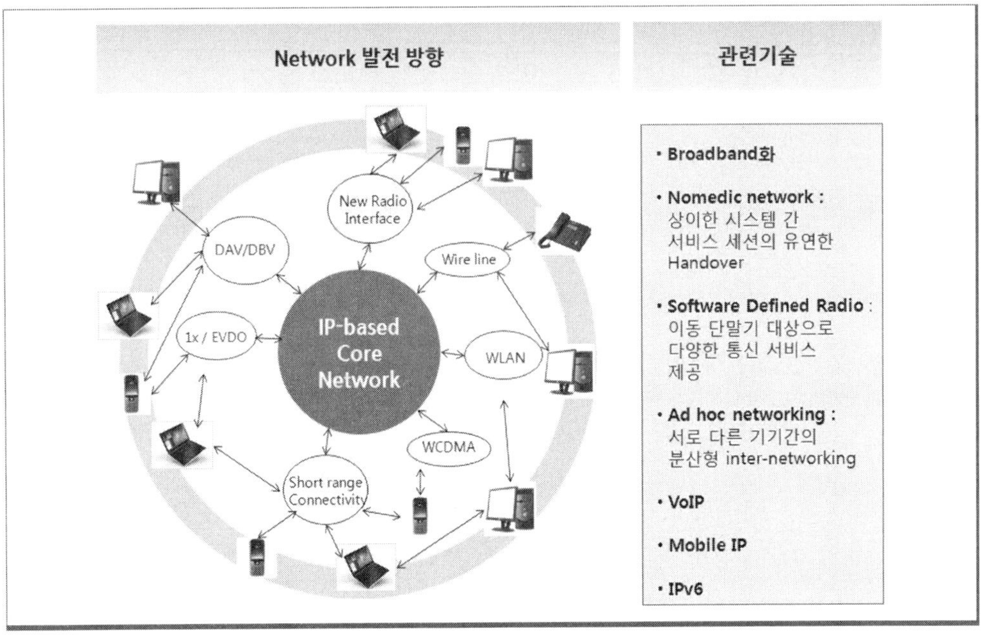

〈그림 5-13〉 유비쿼터스 네트워크 발전방향 및 관련기술

IP 플랫폼만으로 다른 프로토콜들을 수용하는 것이 어려울 경우, IP위에 새로운 플랫폼의 구성을 필요로 할 것이다. 이것이 유비쿼터스 IT환경을 위한 기반으로서 새로운 플랫폼 역할을 수행하게 될 것이다.

Core망은 통합(All IP화)되고 Access망은 다양화되고 상호 연동이 가능한 IP중심의 네트워크가 확보될 것이다.

유비쿼터스 IT를 위한 네트워크 역시 인터넷 플랫폼 수준의 응용서비스 기반을 활용할 것으로 보이는데, 이 경우 서비스의 모양을 결정짓는 것은 하드웨어적인 네트워크이기 보다는 소프트웨어인 프로그램에 의한 네트워크일 것이다. 유비쿼터스 IT를 위한 응용서비스망(network of application layer)의 운영은 네트워크 상에서 오가는 소프트웨어(agents)의 운영에 관한 것이 될 것이다〈그림 5-13〉.

유비쿼터스 응용서비스망에서는 Agent 기술이 광범위하게 활용될 것이다.

- 각 사용자는 user agent(UA)를 갖고 있으며 UA는 Service Element(SE)이다.
- SE는 자동 분산 엔티티로서 네트워크를 통해 그룹을 형성하거나 사용자에게 서비스를 제공할 수 있다.
- 유비쿼터스 서비스망은 SE의 동작을 지원하는 환경으로서 SE를 서로 연결하는 핵심기술을 이용하여 구성된다.

유비쿼터스 서비스 기반 망은 세 가지의 자동분산 처리기술로 구현된다.

- **서비스 생성 핵심기술 :** 네트워크 상에서 분산되어 있는 SE들이 자동으로 통신하고 상태획득기술에 의해 얻은 정보에 기반하여 그룹을 형성하거나 망 반영기술에 의해 얻은 정보에 의해 그룹을 해제한다.

- **상태획득 기술 :** 유비쿼터스 서비스 기반망은 primitive SE 또는 complex SE 상태를 갖고 있다. SE의 상태는 고정되지 않고 상황에 따라 변경되는데 상태획득기술은 통신이 설정될 수 있는가를 결정하기 위해서 다른 SE들에 대한 정보를 획득하는 기술이다.

- **망 반영기술 :** Group SE를 평가하여 그 결과를 반영하는 기술로서 Serks에 문턱 값 이상으로 자주 통신이 이루어지고 그 서비스가 자주 사용되면 group SE로 계속 존재하고 그렇지 않으면 그룹이 해제된다.

유비쿼터스 IT를 위한 네트워크에서는 기존의 네트워크와는 비교가 안 될 정도로 많은 수의 Computing Power를 지원할 것이기 때문에 네트워크의 신뢰성(reliability)과 안정성(stability)에 관한 새로운 차원의 문제가 발생할 것이다.

인터넷과 마찬가지로 유비쿼터스 컴퓨팅 역시 보안에 취약하다. 즉, 어디에서나 컴퓨팅을 이용한다는 것은 곧 어디에서든지 정보가 누출되고 왜곡될 위험이 있다는 것을 의미한다. 그렇기 때문에 어디에서든지 안심하고 사용할 수 있도록 보장해주는 기술이 필요하다. 정보보안의 취약성을 극복하기 위해서는 기밀성, 인증이 필요하다.

- **기밀성(confidentiality)** : 전달내용을 제3자가 획득하지 못하도록 하는 것으로 암호화 기술로 해결가능하다. (예, 도청자가 비밀번호 등을 얻어내더라도 풀지 못하도록 하는 것이다.)

- **인증(authentication)** : 정보를 보내는 사람의 신원을 확인하는 것으로 사용자가 어떤 사용원리를 가지고 있는 사람인지를 확인한다. (예, 어떤 고객이 신용카드번호를 보내 왔을 때 그 고객이 신용카드의 실제 소유자인지 확인한다.)

네트워크가 안고 있어야 할 다양성과 복잡성은 네트워크 아키텍쳐(network architecture)의 다양성과 복잡성뿐만 아니라 네트워크의 운영에 직접 관여하게 될 프로토콜의 다양성과 프로토콜 간 상호작용의 다양성과 복잡성으로 이어지게 된다.

이런 네트워크 계층의 다양성과 복잡성을 극복하는 것이 네트워크 기본개념 정립이나 설계에서 중요한 영역이 될 것이다.

(6) 네트워크 Edge의 변화

앞에서 논의한 바와 같이 인터넷(또는 네트워크)에 대한 접근도, 이용자 인터페이스 하나로서 다양한 사물, 기기 등으로 융합, 다원화되었다.

사람들이 사용하는 Personal Systems, 자동화된 설비(facilities), 기기(appliances)뿐만 아니라 Computing Power가 적용된 사물들이 모두 네트워크에 접속하여 상호작용을 함에 따라 이를 지탱하는 네트워크의 Edge 부분도 큰 변화를 겪게 되었다. 이런 인터넷에의 접속방식, 기반의 개념 변화는 인터넷의 Edge 영역에 큰 변화를 가져왔다. 다양한 유비쿼터스 IT와 관련한 Computing Power가 접속점을 확보하는 Edge의 영역은 Computing Power의 변화만큼 큰 변화를 겪게 된다.

유비쿼터스 IT와 관련하여 Computing Power의 변화는 상당한 부분 네트워크, 특히 Edge부분의 변화로 투영되고, 네트워크의 요구사항의 변화로 전환되는 것으로 판단할 수 있다.

유비쿼터스 IT와 관련한 computing power의 양적, 질적 변화는 유비쿼터스 IT의 Computing Power를 연결하는 네트워크의 다양성과 복잡성으로 이어질 수 밖에 없다.

유비쿼터스 IT의 Computing Power 중에는 그 규모나 역할이 대단히 미미하여(예, RFID 등) 기존의 네트워크 접속(network access)의 개념으로는 다루기 힘든 경우도 발생한다.

이와 같은 유비쿼터스 IT의 소규모 단위 Computing Power에 대하여 다음과 같이 두 가지 정도의 접근이 이루어질 수 있다.

- 해당 소규모 Computing Power를 고도화·소형화하는 것이다.
- 네트워크의 차원에서 이와 같은 소규모 Computing Power를 지원할 수 있는 별도의 네트워크 운영체계, Agents(surrogate) 운영방식, 아키텍쳐(surrogate architecture) 등을 도입하는 것이다. 유비쿼터스 IT와 관련된 Computing Power의 내용, 용도, 이동성 등의 변화는 네트워크의 본질적인 변화로 이어지고 있다.

네트워크의 Edge 영역은 로컬 네트워크(local networks)의 아케텍쳐나 다양한 단말기기, Computing Power의 용도가 특성 등의 측면에서 다양성과 복잡성에 의하여 지배될 것이기 때문에 이런 다양성과 복잡성이 네트워크 아키텍쳐에 반영될 수 있어야 한다.

일상생활의 모든 사물이나 기기(objects, things)에 잠입된 Computing Power 또는 IT의 요소들이 서로 연결되려면 전자공간의 주소도 32비트로 제한된 기존 IPv4에서 128비트의 길이를 지닌 IPv6주소 체계로 전환돼야 한다.

- 사물 및 기기들을 식별하기 위해 IPv6기반의 IP체계도 필요하다.
- IPv4 : 32비트의 주소체계로서 약 43억개(4.3×10^9)의 IP 주소를 생성한다.
- IPv6 : 128비트체계의 주소할당방식으로 "43억X43억X43억X43억"개의 주소가 가능해지기 때문에 모든 사물에 주소할당이 가능하다.

5.5 서비스의 "Nomadic"화

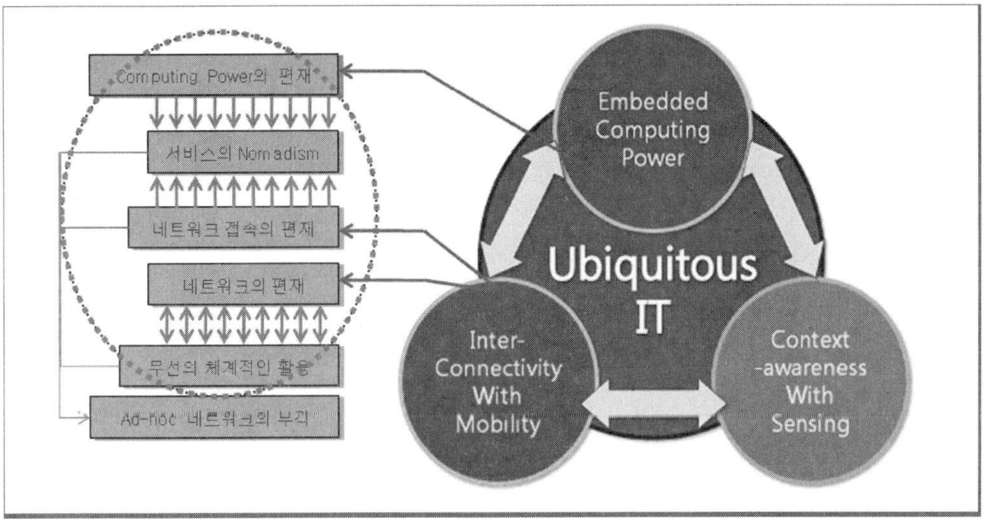

〈그림 5-14〉 IT 서비스의 Ubiquity(Nomadism)

(1) 서비스의 "Nomadic"〈그림 5-14〉

- 유비쿼터스 IT와 관련하여 주목하는 다른 내용은 Computing Power의 Nomadic한 성격의 도입이다. 이와 관련한 Nomadic Computing의 경우, 단순하게 기기의 Nomadic 성격을 이야기하기보다는 Computing 서비스의 Nomadic한 가능성을 이야기하는 것이다. 유비쿼터스 IT 환경에서는 IT서비스(물론 새로운 내용일 수 있다)를 시간, 장소, 단말(기기), 서비스의 내용, 사업자 등에 구애받지 않고 제공받을 수 있다. 유비쿼터스 사회가 실현되면 이동통신의 발달로 언제, 어디서나, 통신서비스를 제공받을 수 있다.

- **어디에든지 (any Where) :** 휴대전화를 지니고 있으면 어느 장소에 있더라도 통신이 가능하다. 인간의 이동성으로 인해 통신의 전달은 이제는 옛날이야기가 되어 버렸다. 등산을 위해 산을 오를 때도 회사나 집으로 걸려오는 유선전화를 호 전환하여 이동 중에도 수신이 가능하다. 1인 기업도 머지않아 등장할 것이다.

- **어느 시간이든지 (any Time) :** 유선 전화 중심의 사회에서는 저녁 늦은 시간대에는 전화를 할 수 없었다. 집에 부모님이 계시기 때문에 늦은 시간에 전화하기가 쉽지 않았다. 그러나 이제는 자기 방에서 직접 전화를 걸고 받을 수 있기 때문에 늦은 시간뿐만 아니라, 새벽시간에도 통화를 한다. 24시간 근무체계에 맞추어 활용해야 한다.

- **어느 통신망이든지 (any Network) :** 이동전화 사업자에 관계없이 전화번호를 부여받게 된다. 010을 이용해 SKT, KT, LGT든지 관계없이 통화가 가능하다. 이것은 통신망이나 통신사업자에 무관하게 통신서비스 제공을 받을 수 있게 된다.

- **어디 단말장치든지 (any Device) :** 전에는 유선전화는 유선전화기로 이동전화는 휴대단말기로, 유선인터넷은 고정형 개인용 컴퓨터, 무선인터넷은 이동형 노트북 컴퓨터로 각각 서비스를 이용했다. 그러나 요즘은 단말장치에 무관하게 모든 서비스를 한 개의 단말기로 가능하다. 현대에는 스마트폰, 노트북 컴퓨터, PDA단말기, MP3단말기 등을 이용해 유무선 전화 및 유무선 인터넷 서비스가 가능하다.

- **어떤 서비스이든지 (any Service) :** 유선전화는 시내, 시외, 국제전화 서비스를 제공하고, 무선전화는 개인용 휴대전화 서비스, 기업용 상업무선통신 서비스를 제공한다. 데이터 통신은 데이터 통신 전용회선이나 인터넷 회선을 이용했고 팩스서비스는 유선전화망을 이용했지만 향후에는 한 개의 통신망에서 이 모든 서비스들을 제공하게 된다. 이를 차세대 통신망(Next Generation Network)이라 하며 소프트 스위치가 중심 통신망이다.

새로운 IT서비스는 과거와 같은 네트워크 서비스를 중심으로 한 통신서비스 위주의 서비스보다는 인터넷, 서버를 통한 정보의 활용 등을 포함하는 Computing Power의 서비스까지 포함한다.

유비쿼터스 IT의 이와 같은 특징을 "Nomadic"으로 표현하고 있다.

- **노매딕 컴퓨팅(Nomadic Computing) :** 네트워킹의 이동성을 극대화하여 특정 장소가 아닌 어디에서든지 컴퓨터를 사용할 수 있게 만드는 기술, 가상공간이 아닌 실제세계의 어디서나 컴퓨터의 사용이 가능해야 한다. 유비쿼터스 컴퓨팅은 "언제 어디서든 어떤 기기를 통해서도 컴퓨팅할 수 있는 것"을 의미한다. IT의 Nomadism은 이동·휴대형 정보장치를 통하여 어느 환경에서든 사물과 사람을 초월한 컴퓨터와 즉시적인 접속이 가능해지는 것을 의미한다. 유비쿼터스 IT의 Nomadic 서비스의 개념은 기본적으로 다양한 유틸리티(utilities; 전기, 가스, 수도 등)가 가지고 있는 속성과 유사하다. 유비쿼터스 컴퓨팅의 궁극적인 모습은 컴퓨팅의 유틸리티화이다. 유비쿼터스 컴퓨팅(Ubiquitous Computing)이란 다양한 종류의 컴퓨터가 사람, 사물, 환경 속으로 스며들고 서로 연결되어, 언제 어디서나 컴퓨팅을 구현할 수 있는 환경을 말한다. 수도나 전기와 같이 편리하고 자유롭게 컴퓨팅 도구를 쓰는 환경이다.

"Nomadic"의 개념을 도출하는 것은 늘 일정한 Computing Power가 이동성(mobility)을 가지고 Activity에 따라 움직이는 경우(예, 다양한 Mobile Devices, Wearables 등)와

움직이는 장소 어디에나 일정한 수준의 Computing Power가 늘 사용할 수 있는 형태로 존재하는 경우 두 형태를 들 수 있다. 이 두 가지는 특정한 개인이 전용하는 Personal System으로서의 개인용 디바이스(device)가 있느냐에 따라 나누어진다. 따라서 Nomadic한 네트워크 (접속) 서비스와 Computing Power의 활용 등의 개념을 담고 있다. Pervasive Computing은 모든 네트워크상에서 임의의 장치를 사용하여 어떤 정보라도 전달 할 수 있고, 개인화 기능을 이용하면 사용자가 선택하는 언어 또는 그 업무에 가장 적합한 스타일(예: 음성, 감촉, 사이트)로 정보를 전달할 수 있는 것이라 할 수 있다. Pervasive Computing은 항상 켜 있고 언제나 어디서나 이용할 수 있는 네트워크로 연결된 컴퓨팅 환경으로서 사람과 컴퓨팅기기 및 환경이 서로 상호작용하는 기술이며, 컴퓨팅 기기가 눈에 띄지 않으면서도 서로 호환성을 갖고 운영되며 사람과 상호작용한다. Nomadic 서비스는 Computing Power를 동원하는 문제나 네트워크의 접속에 관한 문제로부터 이용자를 해방시킴으로써 보다 이용자 중심의 IT환경을 도출할 수 있게 한다. 유비쿼터스 컴퓨팅이 되면 사람들은 컴퓨팅 자체에 신경을 쓰지 않고 컴퓨팅을 통해 구현할 수 있는 "일의 본질"에 신경을 쓰게 된다. (예를 들어 자동차 운전자가 기계(엔진조작, 성능)보다는 운전 자체 혹은 대화 등에 신경을 쓰는 것과 유사하다.

예) 연장에 익숙한 목수는 연장의 존재 자체를 잊고 물건 제작에 몰두한다, 이용자가 언제 어디서나 Computing Power에 연계된 상태에서 모든 생활을 영위하고 Context-awareness에 의하여 모든 내용이 IT시스템에 의하여 지속적으로 기록되고 있는 Nomadic Computing의 상황에서 역으로 다른 사람이 IT시스템을 통하여 그 이용자의 일거수일투족을 파악하고 활용할 수 있는 여지가 있다.

이런 문제는 유비쿼터스 IT의 사생활 보호 문제의 본질에 해당된다. Nomadic한 서비스가 구현되기 위해서는 기술적으로 다음과 같은 내용들이 구비될 필요가 있다. IT의 Nomadism을 위해서는 IT의 소형화, 경량화, 내장화, 분산화 기술 등의 발전이 필요하다. 현재의 키보드나 마우스 등의 컴퓨터 인터페이스 환경을 극복하기 위해서는 표정, 제스처, 음성, 신체변화 인식 등 다양한 형태의 사용자 중심의 인터페이스가 구현되어야 한다.

사용자가 필요로 하는 서비스를 제공하기 위해서는 일상 곳곳에 편재된(ubiquitous) 센서 및 컴퓨터들이 수집한 각종 환경정보를 효과적으로 상호 공유하여 사용자 및 주변 환경의 Contexts를 알아내는 유비쿼터스 에이전트의 역할도 요구된다. 일상생활의 모든 오브젝트가 서로 연결되려면 전자공간의 주소도 32비트로 제한된 기존 IPv4에서

128비트의 길이를 지닌 IPv6 주소 체계로 전환돼야 한다. 정보수집·처리·통신 등의 기능을 가진 각각의 컴퓨터들 사이를 기능적·공간적으로 연결하여 사용자에게 필요한 정보나 서비스를 즉시에 제공하기 위해서는 다양한 형태의 데이터 저장 및 유무선 네트워킹 기술이 상호 연동되어야 한다. 편재된 이동형 컴퓨터의 에너지 공급, 인증 및 정보 보호, 통신료 등의 기술적인 문제가 해결되어야 한다.

Nomadic은 서비스를 받는 대상이나 이용자의 위치정보나 상황정보를 필요로 한다. 유비쿼터스 IT의 도입으로 지역적으로 특화된(localized) 정보의 고도화나 지리적 위치(location)에 의존적인 서비스의 다양화, 심화를 의미하기도 하지만, 특정한 서비스의 지리적 의존성(예, 접속점의 의존성)을 완화하여 모든 서비스를 모든 지리적 위치에서 받을 수 있도록 한다. 이와 같은 Nomadic 서비스는 Computing Power가 어떤 양식으로 존재하는가의 문제와 이들이 어떻게 연계되어 이용자가 요구하는 순간 제공될 수 있는가의 네트워크 접속문제(또는 네트워크상의 이동성 문제)와 직결된다. 네트워크와의 연결과 이동성이 핵심요소이다. 일반적으로 유비쿼터스 컴퓨팅은 유·무선 네트워크 접속 기능을 갖춘 컴퓨터뿐만 아니라 네트워크와의 교신 능력을 가진 초소형 칩을 TV, 냉장고 그리고 전자레인지 등 가전기기, 자동차 및 진열대 등 모든 기기 및 사물에 내장해 각종 정보를 손쉽게 송수신, 생활을 보다 편리하게 해 주는 것을 의미한다.

Nomadic 서비스는 무선 네트워크의 성격과 아키텍처의 디자인과 관련된 내용이며, 개인적으로는 개인이 서비스에 접할 수 있는 단말부분(단말장비, appliances)에 관한 내용이다. 이런 Nomadic한 서비스는 우선 기기가 Nomadic함으로써 얻을 수 있으며, 이와 같은 Nomadic 서비스를 제공할 수 있는 기기나 디바이스는 유비쿼터스(nomadic) Networking에 의하여 지원된다. 여기서 "Networking"에 관련된 것은 유선, 무선의 네트워크뿐만 아니라, 단밀기기(terminal devices)의 유비쿼터스 availability, Sensing 네트워크의 유비쿼터스 확장, 인간-IT 인터페이스의 변화, 네트워크 프로토콜의 일정한 수준 유지, Computing Power의 유비쿼터스 이용가능성 등을 포괄하는 내용이다.

이런 "Networking"은 Nomadic 서비스를 구현하기 위한 기반(infrastructure)의 역할을 담당할 것이다. 유비쿼터스, Nomadic 서비스와 관련하여 인터넷의 광범위한 Accessibility(mobile accessibility까지 포함)에 주목해야한다. 인터넷의 빠른 확산은 언제 어디서나 액세스가 가능한 유비쿼터스 네트워킹의 필요성을 제기하고 있다. World wide web 서비스가 등장하면서 인터넷이 보편화되었고 대부분의 사무실과 가정에서 인터넷을 액세스하고 있으며 최근에는 휴대폰과, PDA를 이용하여 전자우편을 엑세스하거나 제한된 web browsing을 이용하고 있다. 현재 web이 성공한 이유는 인터넷이 peer to peer 네트워크이기 때문이다. 즉 인터넷에 접속된 임의의 host가 인터넷에 접속된 임의의 다른 host와 통신하는 것이 가능하기 때문에 그 서비스가 폭발적으로 증가했다고 볼 수 있다. 인터넷의 성공요인은 peer to peer 응용지원과 망 기술과 독립적인 IP연동 표준의 지원이라고 볼 수 있다. 현재 이동 네트워크에서의 인터넷서비스는 client/ server 모델에 기반을 두어 지원되고 있는데, 이 모델은 web browsing에 알맞고 peer to peer 응용서비스에는 적합하지 않다. 이동전화망, 초고속 유선망, 휴대인터넷, 위성DAB/DVB, WLAN, 홈네트워크 등 다양한 네트워크들이 상호 연동하여 (interconnect) Seamless한 서비스를 제공할 수 있어야 한다.

(2) Ad-hoc Networking의 부각

네트워크의 관점에서 Nomadic 서비스를 구현하기 위해서는 Access Points나 네트워크의 운영을 Nomadic 환경에 적절하도록 전환하여야 함을 의미한다. 유비쿼터스 환경은 송신자와 수신자가 대등한 peer to peer 통신환경과 사용자가 어디서도 액세스 할 수 있는 Nomadic 환경을 가정하고 있다. 이와 같은 유비쿼터스 환경을 구축하기 위해서는 peer to peer 탐색 및 통신기술과 무선 액세스와 같은 nomadic 기술을 사용하는 것이 바람직하다. 사회적으로 요구되는 u-네트워크의 기본조건은 먼저 기술, 공급자 중심에서 인간, 이용자 중심의 서비스, 다양한 사회 시스템과의 상호 운용성, 편의성과 다양성이 높은 간편한 단말, 자유롭고 부담 없는 콘텐츠 이용환경, 편안하고 안전한 정보 활용여건 그리고 이용자 권익의 보호 등이 요구된다.

Computing Power의 휴대성을 보정하더라도, 이는 결국 네트워크에 접속된 상태의 휴대성을 의미하기 때문에 사실상 Computing Power의 문제이기보다는 Hot spots의 유비쿼터스 성격으로 이어지며, Nomadic을 논하더라도 결국 네트워크(또는 접속방식)의 Nomadic으로 이어질 수밖에 없다. Nomadic IT의 내용은 근본적으로 무선통신기술에 의하여 뒷받침될 수 있으며, 무선통신의 운영방식에서도 Ad-hoc 네트워크 운영을 통하여 가능해진다. 무선 Access의 특성을 최대한 활용하여 이용자들의 Nomadic 속성을 체계적으로 수용할 수 있어야 한다. 시시각각 이동하는 센서나 기기들을 동적으로 연결하는 Ad-hoc 네트워크 기술도 필요하다. Ad-hoc 네트워크는 이동단말들이 중계국과 단말의 기능을 동시에 수행하여 이동단말들만으로 네트워크를 구성하는 시스템이다. 현재 우리가 사용 중인 이동통신시스템에서는 단말만으로는 네트워크 구성이 불가하다(기지국이 필수). 사용자와 인근사물과의 상호작용이나 기기간 상효작용을 지원하기 위한 근거리 무선통신기술이 필요하다. 유비쿼터스 컴퓨팅을 위한 무선기술을 대안

해야 한다.

〈표 5-7〉 유·무선 통신기술

구분	주파수	최대거리	최대속도	비고
Bluetooth	2.4GHz	10m	1MHz	IEEE802.15.1
UWB WPAN-HR(high rate)	3.1~10.6GHz	10m	110Mbps(10m) 220Mbps(4m)	IEEE802.15.3
ZigBee WPAN-LR(low rate)	2.4GHz 868/915MHz	30m	250Kbps 20.40Kbps	IEEE802.15.4

수많은 사물을 유선으로 연결하는 것은 불가능하다. 근거리 무선통신기술로는 Bluetooth, UWB, Zigbee 등이 고려된다(표 5-7, 그림 5-15). Bluetooth, ZigBee 등은 저속 정보전송기술로 기기 제어 등에 적합하고, UWB(Ultra-WideBand)는 영상전달 등에 적합하다. 네트워크의 크기를 자율적이고 유연하게 조직할 수 있어야 한다. 수시로 바뀌는 서비스 범위 내 개체들을 네트워크로 통합해야 한다.

예) 부엌에 있던 컵을 거실로 가지고 오면 부엌 내 네트워크는 컵이 없는 상태로 네트워크를 복구시키고 거실내의 네트워크는 컵을 하나의 노드로 인식해 네트워크를 구성한다.

네트워크를 구성하는 개체들의 고장이 발생해도 네트워크를 재구성하여 기능을 유지하여야 한다. 이런 IT서비스(Computing Power)의 변화도 인터넷 위에서 이루어진다는 점에서 네트워크(또는 인터넷)의 운영방식에 변화가 일어났다. 단말부분(terminations)에 해당하는 다양한 기기에서 최근 강조되고 있는 내용(즉, 모든 IT서비스를 다양한 기기나 설비, 그리고 컴퓨터 등을 통하여 제공받을 수 있게 되는 것)은 Nomadic IT의 속성과 관련한 내용이다. 네트워크에 접속한 상태로 이동성과 휴대성을 확보하는 것이 유비쿼터스 IT와 관련하여 고려되어야 하는 중요한 부분의 하나라고 할 수 있다. 여기서 우리가 주목하는 것은 다양한 기기(device)와 센서 등의 휴대가능성(portability)과 무선네트워크의 중요성이며, 이를 위하여 필수적인 내용이 전력 사용의 효율성에 대한 문제이다. 개인 환경에서의 proactive, self-tuning 기능의 지원은 사용자 단말기의 전력 소비를 크게 한다. 현재 단말기의 개발은 더 작고, 가벼운 방향으로 진행되고 있으나, 내부 회로의 저전력만으로는 proactive, self-tuning등의 기능을 지원하기 힘든 상황이다. 상위 소프트웨어 단에서의 전력 사용을 제어할 수 있는 기능이 요구되고 있다.

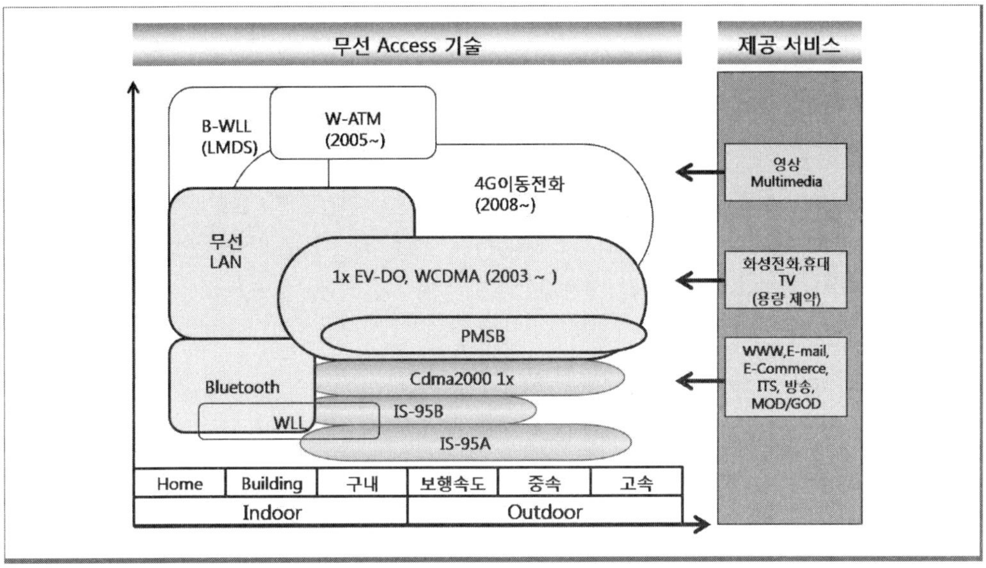

〈그림 5-15〉 이동통신망과 서비스의 진화

5.6 IT의 자율성 확대(그림 5-16)

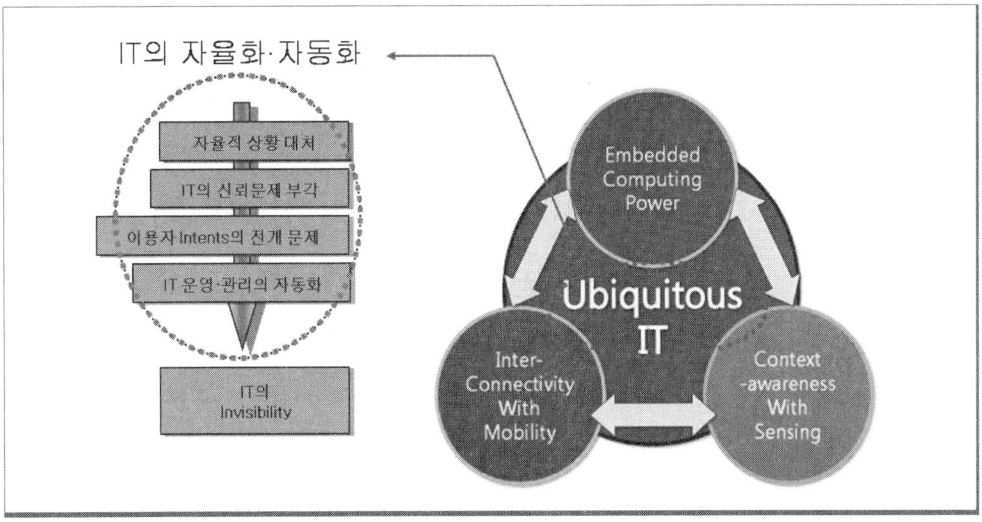

〈그림 5-16〉 유비쿼터스의 IT 자율화자동화

(1) 시스템의 복잡성 극복(그림 5-17)

유비쿼터스 IT와 관련하여 주목하는 부분은 Computing Power가 사람이 인지하지 못하는 상태에서 다양한 기능을 수행하는 자율적(autonomous)이고 비가시적(invisible)인 형태로 전환된다는 것이다. 유비쿼터스 컴퓨팅에서 컴퓨터는 계산기의 개념이 아닌 "인간을 대신하여 지적인 작업을 수행하는 다양한 종류의 기기"이다. 비록 서버가 아니더라도 기존에 사람이 I/O과정에서 수행하였어야 할 기능들을 자율적으로 수행함으로써 인간-IT 인터페이스에 많은 변화를 유발하게 될 것이다. 이와 같은 Computing Power의 내용을 "Pervasive"한 것으로 설명하고 있다.

정보화가 진전되고 IT자원의 축적이 확대됨에 따라 IT가 지니는 전례 없는 규모의 복잡성을 극복하는 것이 가장 큰 숙제 중의 하나가 된다. 우리 생활공간에 다양한 형태의 IT가 도입되고 광범위한 영역의 정보통신시스템, 기기(appliances), 설비(facilities)(나아가 연계된 서비스) 등이 그 자체만으로 복잡하고 운영이 어려워질 뿐만 아니라 새로운 형태의 IT가 도입됨에 따라 무수히 많은 수의 Computing Power가 일상생활에 개입되고 사람의 동작 하나 하나에 컴퓨터들이 개입될 것이다. 이들이 네트워크를 통하여 상호 연계됨(inter-linked and interconnected)에 따라 단위 IT요소의 수준 이상으로 IT의 복잡성이 기하급수적으로 늘어난다. 외형적으로는 기계(또는 IT)를 조작하는 사람의 노력을 줄이는 인간중심적인 것으로 이야기할 수 있다.

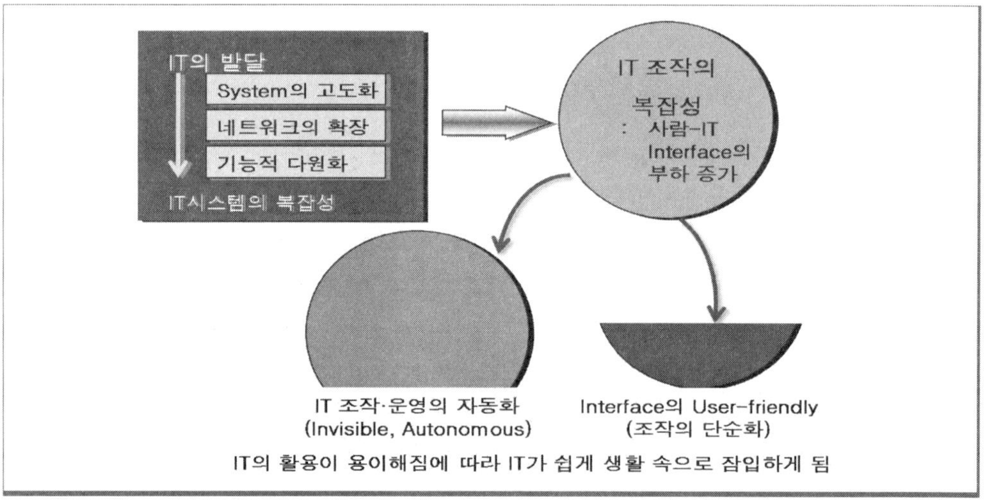

〈그림 5-17〉 IT의 발달

이런 복잡한 IT시스템을 사람이 직접 조작, 운영하여야 한다면, 일상생활이 더 힘들어지고, 불편해질 수 있기 때문에 오히려 IT의 활용과 확산을 저해하는 이유가 될 것이다. 사물과의 관계에 있어서 자연스러움, 어울림의 특성을 가지며, 지금까지의 컴퓨터 중심의 시각에서 벗어나 인간중심적인 관점으로 컴퓨터의 역할이 변해야 한다는 취지에서 연구가 진행되고 있다.

IT의 고도화(정보통신시스템의 고도화, 네트워크의 확장, Interconnectivity의 지리적 기능적 확장, 단위시스템의 기능적 융·복합화 등)에 의하여 인간-IT 인터페이스에 엄청난 규모의 부하가 걸리게 되고, 이를 극복하고자 하는 노력이 IT 발달의 방향 중 하나로서 자리 잡게 된 것이다. 이와 같은 기술혁신과 관련된 수요가 유비쿼터스 IT 혁신의 상당한 부분을 차지하고 있는 것으로 판단할 수 있다. 새로이 혁신되는 IT는 그 자체가 조작의 단순화를 안고 들어가는 기술 개념이라 볼 수 있다. IT의 기술혁신이 인간-IT 인터페이스에 걸리는 부하를 줄이고, 이용자로 하여금 보다 쉽게 IT를 이용할 수 있게 하는 것은 공급 위주의 IT에서 수요 중심의 IT로 전환하는 것을 의미한다.

IT시스템의 복잡성을 극복하고 사람의 수고를 덜기 위해서 인간-IT의 기존 상호작용(interactions)을 줄이는 길밖에 없다. 이는 IT가 다양한 측면에서 스스로 작동하는 자율성(proactiveness 또는 autonomy을 도입하는 것을 의미한다. 유비쿼터스 환경에서는 서비스 제공자와 서비스 이용자의 사이의 차이점이 없으므로 자동 서비스 생성방안이 필요하고, 인터넷환경에서 보다 등가적인 서버의 수가 많으므로 요구하는 서비스를 효율적으로 지원하기 위해서는 이러한 서비스 생성 및 검색방법은 broker 형태의 서버가 아니라 각 장비의 autonomous action에 의해 이루어져야 한다. u-어플라이언스는 입는 컴퓨터, 손목에 차고 다니는 컴퓨터, 안경에 부착된 컴퓨터, 정보가전, PDA 등 언제, 어디서나 어떤 네트워크에 접속하여 어떤 서비스라도 제공받을 수 있는 다종다양한 매개체이다. u-어플라이언스는 단말의 다양화, 보편화, 고기능화, 저렴화의 실현이 특히 중요하다. 기술적으로는 차세대 고성능·저전력소비 CPU와 메모리, 용도에 최적화된 OS/RTOS(real time OS), 소형·대용량 배터리, 음성인식·다언어 번역·기기 자동설정 등을 실현할 수 있어야 한다. 한편 u-어플라이언스 부문은 우리나라가 세계적인 경쟁력이 있기 때문에 글로벌 u-어플라이언스를 염두에 두고 개발하는 전략을 추진해야 한다. 동시에, u-어플라이언스는 현재의 휴대폰과 같은 통신용 단말을 뛰어넘어 IPv6기술의 수용은 물론 통신기능, 상황감지(sensing), 위치추적(tracking), 개인인증 및 결제기능 등이 기본적으로 탑재되어야 하는데 이 경우 국가 공동 표준은 물론 개인의 취향(용도, 활용공간)에 따라 모듈화가 가능하도록 설계되어야 한다.

(2) IT의 자율성과 Invisibility

운영과 조작의 단순화는 결국 인간-IT 인터페이스의 변화를 의미하고, 다음과 같은 User-friendly한 기술변화를 의미한다. "User-friendly" 하다는 것은 사람의 수고를 줄이기 위하여 IT의 자율성을 부가하고, 사람의 입장에서 사용이 편리하게 바뀜을 의미한다.

- 입력과정(input process)의 자율성(Proactiveness)
- 출력과정(output process)의 자율성(Proactiveness)
- 정보처리(information processing)의 자율성(Proactiveness)

IT의 자율성(proactiveness) 문제는 새로운 형태의 IT 적용에 있어 지능(intelligence)이 도입되는 것을 의미한다. IT와 관련하여 언급되는 (인공)지능이 무엇인지 단 한마디로 정리하는 것은 어렵지만, 여기서는 지능(intelligence)을 스스로 일정한 수준의 판단 및 의사결정(decision-making)이 이루어지는 것으로 잠정 규정한다. 자율성(Proactiveness)은 사람을 위하여 필요한 부분에서만 인간-IT 인터페이스를 통하여 사람과 상호작용을 하고 나머지는 모두 IT시스템에 의하여 자율적으로 해결되는 것을 의미한다.

I/O(입출력) 과정에 지능(intelligence)을 도출하는 것은 일정한 수준의 Computing Power를 투입하여 함으로써 가능해진다. Pervasive 컴퓨팅 환경에서는 인간의 명령 없이 자동으로 수행되는 기능이 크게 증가될 것으로 예상된다. 자동차의 에어백 시스템은 인간의 작업이 개입되지 않는 자동화된 시스템의 예의 하나이다. 완전한 자동화된 생활을 위해서는 센서들과 실행기(actuator)들이 조화롭게 연동되어야 하고 보다 폭 넓게 실생활에 적용되기 위해서는 관련 기술들이 더욱 신속, 정확하고, 안정적으로 되어야 한다. 입력과정의 proactiveness는 자동화된 Sensing(또는 이를 활용한 context-awareness)에 의하여 가능해진다. 현재의 유선 인터넷과 웹 기술을 넘어 무선 인터넷과 증강 현실(augmented reality) 기술을 활용해 실감형 정보를 현실 세계에 증강한다. 출력과정의 proactiveness는 인간이 직접 조작하던 것들을 기계적 장치나 기능(actuator)을 통하여 자동화함으로써 가능해진다. 자동화(automation)의 목적을 달성하기 위해서 전자적인 방식의 위치지정(위치에 따른 On/Off)뿐만 아니라 기계적인 Actions/Reactions도 이루어져야 한다는 점에서 기계적인 부분에 대한 고려도 병행해서 이루어져야 한다. 따라서 출력과정의 Proactiveness를 위해서는 기계적인 기능이 자동화 될 수 있는 Mechatronics부분과 IT(또는 네트워크)의 결합이 필수적인 부분이고, 이와 관련하여 MEMS의 영역도 주목하여야 하는 부분이다.

입력 및 출력과정의 자율성(Proactiveness)의 인간-IT 인터페이스(I/O)(또는 지능(intelligence))보다 획득된 정보의 활용의 자율성(Proactiveness)은, 전반적인 IT시스템의 운영에 대한 진행과정과 의사결정과정에 대한 노력을 줄여준다는 점에서 IT 기술혁신의 중요한 부분으로 받아들여져야 할 것이며, 이 영역에 인공지능의 중요한 부분이 요구되며 이는 상황 대처의 지능(intelligence)과 사실상 같은 맥락에서 진행되고 있는 내용으로 이해할 수 있다. 사람이 순간순간의 상황에 직접 대처하지 않음으로써 IT 활용에서 느끼는 부담을 대폭 줄일 수 있게 되는 것이다.

이용자가 서비스를 직접 사용하는 영역이외에는 IT시스템의 자율성에 의하여 IT 운영이 이루어진다. (minimal human-IT interactions) IT, 즉 Computing Power와 네트워크로 구성되는 전반적인 시스템에서 Computing Power끼리의 자율성(autonomy)에 의하여 많은 부분이 해결되고 사람과의 상호작용은 최소한에 국한한다. 여기서 논의되는 인간-IT 인터페이스의 변화도 이와 같이 최소화된 사람과 IT 사이의 통신(communications)에 관한 내용이다. 따라서 IT시스템의 조작, 운영에 있어 사람의 역할이 크게 변화한다. 사람이 컴퓨터에 대하여 무슨 일을 하고 무엇을 얻을 수 있는가의 근본적인 문제와도 관련되어 있기 때문에 인간-IT의 역할분담과 인터페이스의 형성에 근본적인 변화가 발생한다. 우선 Computing이 진행되는 모든 과정, 이벤트, 단위 업무에서 하나하나의 진행과정을 사람이 통제하는 개념에서 벗어나게 되어 IT시스템의 독자성(autonomy)이 부여된다. 단위 컴퓨터 또는 Computing Power의 입장에서 입·출력 기능이 더 이상 사람의 존재 또는 사람의 오감이나 이해(understanding)에 맞는 형태를 유지할 필요가 없다는 점에서 많은 변화를 예상할 수 있다. 사람에 대한 고려가 없이 컴퓨터(또는 IT시스템)끼리의 약속된 형태(프로토콜)의 데이터 트래픽들이 발생한다. 자율적인(autonomous) IT시스템 상에서 교환되는 다양한 정보가 사람으로부터 독립되어 사람이 인식하기 곤란한 형태로 교환될 가능성이 있다.

IT의 이런 변화는 사람을 난해한 기계 또는 IT의 조작으로부터 해방시킴으로써 "인간 중심적인" IT를 구현하고 인간 중심의 자율 컴퓨팅 환경을 구축하게 된다.

- **드러나지 않음(Invisibility) :** 좋은 도구란 사용자로 하여금 도구 자체의 조작이 아니라 원하는 일(task)을 수행하는데 집중할 수 있도록 해주어야 한다. 그런 경우의 도구 즉, 컴퓨터는 사용자에게 드러나지 않는다고 할 수 있으며, 유비쿼터스 사회와 기술은 이것을 지향한다.

이용자-IT의 인터페이스가 전체 IT시스템의 일부분에 해당하고, 많은 부분의 IT시스템이 자율적으로 운영됨에 따라 인간-IT 인터페이스 뒤로 숨겨짐으로써, 이용자의 입장에서는 "보이지 않게 됨(invisibility: 비가시성)" pervasive 컴퓨팅 환경은 컴퓨팅, 통신기능 그리고 사용자가 조화롭게 연결, 융합되는 것이다. 그리고 이 기술은 사용자가 느끼지 못 하도록 눈에 보이지 않으면서 자동으로 작동하는 특징을 갖는다. 자율적인(autonomous) IT시스템이나 Computing Power가 사람(users)에 의하여 직접 통제·운영될 필요가 없어지는 경우, 일상적인 사물이나 기기, 설비, 시설물, 공간의 어디 엔가로 숨겨지거나 사람이 인지할 수 없는 곳으로 이동할 수 있다. 이와 같은 Computing Power 또는 IT시스템의 Invisibility는 "Ubiquitous Computing"의 핵심적인 내용이라 할 수 있다.

"Invisibility"의 내용은 물리적으로 "보이지 않는다"는 개념보다는 사람의 일상생활과 관련한 일상적인 관심 밖에 있다는 심리적인 의미로 해석되어야 한다. 물리적으로 보이지 않는다는 점에 얽매일 필요는 없다. Mark Weiser는 가장 이상적인 경우는 사용자가 pervasive 컴퓨팅 기술을 사용하고 있다는 것을 느끼지 못 하는 것이라고 했다.

예) 모르는 곳을 방문할 경우에는 주변을 살피게 되지만 잘 아는 길을 갈 때는 주변을 살피기보다는 가는 목적지에서 할 일을 생각하는 경우가 있다.

유비쿼터스 IT와 관련하여 앞에서 언급된 "Invisibility"의 내용도 이와 같은 IT운영의 자동화, 단순화를 통하여 이용자의 업무 효율과 작업집중도를 높이는 것이라 할 수 있다. 이런 이상적 상황에 가까운 실제 상황은 사용자의 작업 집중력을 최대한으로 보장해 주는 것이다. 사람이 컴퓨터(또는 Computing Power)를 통제나 제어하기 위한 통신(Communications)은 줄어드는 반면, IT시스템 내의 다양한 Computing Power나 IT요소 사이의 내재된 자율성(embedded autonomy of proactiveness)은 크게 늘어남으로써 시스템 내의 (Computing Power 간의) 통신은 오히려 늘어나게 된다. 유비쿼터스 IT 환경은 IT을 활용하여 사람과 컴퓨터, 그리고 사물 상호간의 커뮤니케이션을 용이하게 하는 인간 중심의 자율 컴퓨팅 환경을 의미할 수도 있으나, 인간 생활의 너무 많은 부분이 자율화된 기계적인 요소에 의하여 좌우된다는 점에서 몰인간성으로 이해될 수도 있다.

- **사람과 컴퓨터간의 커뮤니케이션 :** Multimedia user interface (BCI)
- **사물과 컴퓨터간의 커뮤니케이션**
- **컴퓨터간의 커뮤니케이션 :** 이동 컴퓨팅

이런 변화로 인하여 시스템적 위험(systematic risk)은 오히려 늘어나는데, 그것은 사람의 일상에 대한 중요한 것들이 사람이 인지하는 범위의 밖에서 결정되고 진행될 가능성이 높으며, 일상생활이 IT시스템에 의존하는 정도가 크게 늘어남에 따라 사회적 위험(social risk)은 대폭 높아지는 것으로 판단된다. 그럼에도 불구하고 궁극적으로 부가가치가 이용자-IT의 상호작용 속에서 창출될 것이라는 점에서 인간-IT 인터페이스 부분이나 시스템의 설계 및 운영의 중요성이 부각될 수밖에 없다.

(3) 자율적인 상황 대처

상황인식(context-awareness)을 통하여 획득된 정보는 특정한 상황의 변화에 IT가 자율적이고 적절하게 대응하기 위하여 활용되거나 상황(이용자, 이용자의 활동, 환경 등)에 따라 IT서비스(또는 응용서비스)를 차별적으로(differentiated) 제공하는 데 사용된다.

이용자가 인식하지 않은 상태에서 Sensing으로 파악된 Context 정보를 활용하여 인식된 상황에 대치하는 것은 IT시스템의 자율성(autonomy 또는 proactiveness) 문제로 이어진다. 정보를 자율적으로(autonomously) 처리하여 사용자의 인식이 이루어지기 이전에 IT시스템에 의하여 적절한 대처가 이루어지는 것이다. 사람이 유비쿼터스 IT의 존재나 작동에 대한 인식이나 이해가 없어도 IT시스템이 자율성을 가지고 상황(context)을 이해하고 적절하게 대응하게 되는 것이 바로 유비쿼터스 IT의 중요한 부분이다. 최적의 유비쿼터스 컴퓨팅 환경을 구현하기 위해서는 가능한 많은 사용자 및 주변정보를 수집해야 한다. 사용자 위치, 행동패턴, 습관 등에 대한 정부 수집 시 사용자가 의식하지 않도록 정보 수집 자체를 숨겨야 하는 경우 발생한다.

상황에 대한 대처가 이루어지기 위해서는 센서들(sensors)뿐만 아니라 상황대처능력을 가진 Node 역시 특정한 수준의 Computing Power를 확보하고 있어야 하며, 일정한 수준의 지능(intelligence)을 필요로 한다. 상황대처가 특정한 물체에 의하여 이루어질 경우, 그 물체에는 특정한 수준의 지능(intelligence)을 도출할 수 있는 Computing Power가 잠입하여 있어야 한다. 물체에 이식된 마이크로컴퓨터 모든 물체에 정보처리 기능을 부여한다.

IT 이용자가 인식하기 이전에, IT에 의하여 상황의 인식(context-awareness)뿐만 아니라 적절한 대응까지도 자율적으로 이루어지기 때문에 사람(users)에게는 그 Computing Power의 존재가 외형적으로 드러나지 않는다("Disappearing"). 특정한 상황을 인식하고 자율적으로 대응할 경우, 사람이 해당 Computing Power를 특별하게 조작, 운영할 필요가 없다는 점에서 IT가 생활 속으로 잠입하여(implanted, embedded) 보이지 않게(disappearing, invisible) 된다. 이런 측면이 유비쿼터스 IT와 관련하여 지능

(intelligence)과 비가기성(invisibility)이 강조되는 이유이다. 유비쿼터스 컴퓨팅은 물리공간에 있는 컴퓨터들이 편재(遍在)하게 하지만 사용자에게는 그 형태가 잘 드러나지 않도록 한 조용하고도 자연스러운 형태의 컴퓨팅 환경을 의미한다. 유럽 공동체(EU)의 "Disappearing Computing Initiative"의 Smart-Its는 무선통신 기반 네트워킹 기능을 가진 지능형 객체로 정의하고 있다. 컴퓨터나 IT의 존재가 감추어진 상태에서 잠입된 상태로 존재한다면, IT(또는 Computing Power)의 기계적이고 외형적인 부분이 시야에서 사라지고 "인간 중심적인" IT의 구현이 가능해진다. IT에 의한 자율적인 상황 대처와 이로 인한 IT의 Invisibility가 인간성(humanity)을 해방하는지, 인간성을 기계에 지나치게 의존하게 하는지 더 많은 논의를 필요로 하며, "인간 중심적"이거나 "인간 해방적"이라고 단정할 수는 없다.

(4) IT에 대한 신뢰의 문제와 이용자 의도의 전개

자율적인(autonomous) IT시스템에 의하여 Sensing과 의사결정이 이루어지는 과정에서 활용되는 다양한 정보와 데이터의 진실성(authenticity)과 IT시스템에 대한 신뢰(reliability)의 문제가 핵심적인 부분이 될 수 있다. 유비쿼터스 IT는 기술적인 자율성(autonomy) 또는 지능(intelligence)을 가지고 실제의 수혜자인 개개인 이용자의 의사와 상관없이 개인에 대한 정보를 수집, 처리, 판단한다. 이용되는 데이터나 정보가 적절하지 않거나 잘못 확보되는 경우 그 피해는 기존의 IT와는 비교가 되지 않을 정도로 확대될 가능성이 있다. Pervasive 컴퓨팅 환경에서는 사용자의 모든 상황을 항상 감시하고, 이러한 사용자의 상황에 맞게 자동적으로 서비스를 제공해 주는 proactivity와 self-tuning이 주요 기능이다. 그리고 자율성(autonomy or proactiveness)을 가진 IT 시스템이 이용자의 진정한 의지와 수요를 제대로 수용하는지의 문제가 논의되어야 한다.

Proactivity 기능이 효과적으로 동작하기 위해서는 user intent(사용자 의도, 취향) 정보를 적절하게 이용하는 것이 중요하다. 그리고 이런 user intent 정보가 없다면, 사용자의 작업을 도와줄 수 있는 서비스를 거절하는 것이 거의 불가능해 진다.

예) 사용자가 네트워크 스트리밍으로 비디오를 시청하고 있는 경우, 갑자기 전송율의 저하가 발생했을 때 시스템이 사용자를 위해 처리할 수 있는 동작은 아래와 같이 여러 가지 중 하나를 선택해야 한다.

- 비디오 품질을 낮추어 재생한다.
- 재생 중이던 비디오를 멈추고, 전송률이 안정적인 다른 네트워크를 찾아 연결한다.
- 사용자에게 지속적인 비디오 재생이 어려움을 알려준다.

- 스트리밍 되는 비디오를 저장하고, 사용자에게는 다른 작업을 할 것을 권유한다.

실제로는 이보다 더 많은 처리 방법이 있을 것이다. 그 많은 수의 방법 중 어떤 것을 선택하여 실행할 지는 사용자의 의도나 취향에 맞아야 한다. 현재 사용자의 의도나 취향정보를 취득하여 proactivity 기능을 수행하는 응용 소프트웨어는 거의 존재하지 않으며, 약간의 비슷한 기능이 포함된 응용 소프트웨어들도 사용하기에 불편한 수준으로 구현되어 있다.

사용자의 의도, 취향을 취득하는 시스템에 대한 향후 연구에서는 다음과 같은 문제점들에 대한 연구가 필요로 되고 있다. 사용자 의도 또는 취향을 일련의 학습으로 컴퓨팅 장치가 자동으로 추론할 수 있는 방법의 존재 여부를 확인한다. 아니면 사용자가 정해진 인터페이스에 따라 취향 정보를 파일 등의 형태로 입력해 놓는 방법에 대한 효율성을 비교한다. 내부적으로 사용자 의도, 취향을 어떻게 표시해 놓을 것인가에 대한 문제가 있다.

예) 어느 정도로 자세하게 사용자 의도, 취향 정보를 표시해야 하는가, 이 정보가 갱신되어야 하는 때는 언제인가, 다른 소프트웨어 부분에서 이 정보에 접근하는 방법은 무엇인가 등에 대한 문제가 있다. 사용자의 의도, 취향 정보의 정확성 결정 방법, 아직 완전하게 결정되지 않은 정보에 대한 사용 여부, 사용여부의 결정성에 대한 기준의 결정 및 정의를 해야 한다. 이러한 사용자 의도 및 취향을 취득함에 있어서 사용자에게 너무 많은 요구를 하는 것이 아닌지에 대한 고려가 필요하다. 과연 이렇게 사용자에게 추가 작업을 요구하는 것이 이득인지를 생각해 봐야 하고, 또 이것에 대한 정량화 방법을 고려해 봐야 한다.

(5) IT자원의 운영·관리의 자동화와 Adaptation

IT의 운영과 조작을 자동화하거나 보이지 않는 상태로 유지하기 때문에 해당 IT자원의 운영과 관리까지 자동화될 수 있어야 하며, 이와 관련하여 Adaptation 과정에 대한 논의가 이루어져야 한다. Adaptation은 자원(resource)의 요구와 제공이 불일치 할 때 사용되는 기능이다. 자원이란 예를 들면 무선 네트워크 대역폭, 전력, 연산 시간, 메모리 등이다. 이 Adaptation 기능은 크게 3가지의 방법으로 분류될 수 있다. 단말기의 사용 가능한 자원을 파악하여, 공급되는 콘텐츠의 품질을 사용 가능한 자원에 맞게 조절한다. 단말기 외부의 사용 가능한 자원을 파악하여 이 환경에 알맞은 서비스를 요구한다. 예약 점유 형태의 QoS(quality of service)가 대표적인 예이다. 단말기가 사용자에게 선택을 요구해서 사용자가 알맞은 서비스를 판단, 선택한다. 가장 효율적인 방법으로 생각되지만 아직 구현된 예는 없다. 이외에 추가로 고려, 연구되어야 할 것들은 아래와 같다.

Surrogate간의 load balancing 문제, 자동 데이터 처리의 지연시간, 네트워크 연결의 scalability 사용자 입장에서는 QoS 예약 방식이 좋은 품질의 데이터를 서비스 받을 수 있는 방법으로 생각되지만, 다양한 분산 시스템 환경에서의 장, 단점을 분석해야한다. Smart space에서의 자원 점유 처리 기술에 대한 문제, 많은 수의 단말기들에게 자원을 조절하는 방법, 네트워크 대역폭 이외 중요하게 사용될 자원, 이를 위해 필요한 API들과 프로토콜에 대한 분석을 해야 한다.

5.7 인간-IT 인터페이스의 Paradigm 변화(그림5-18)

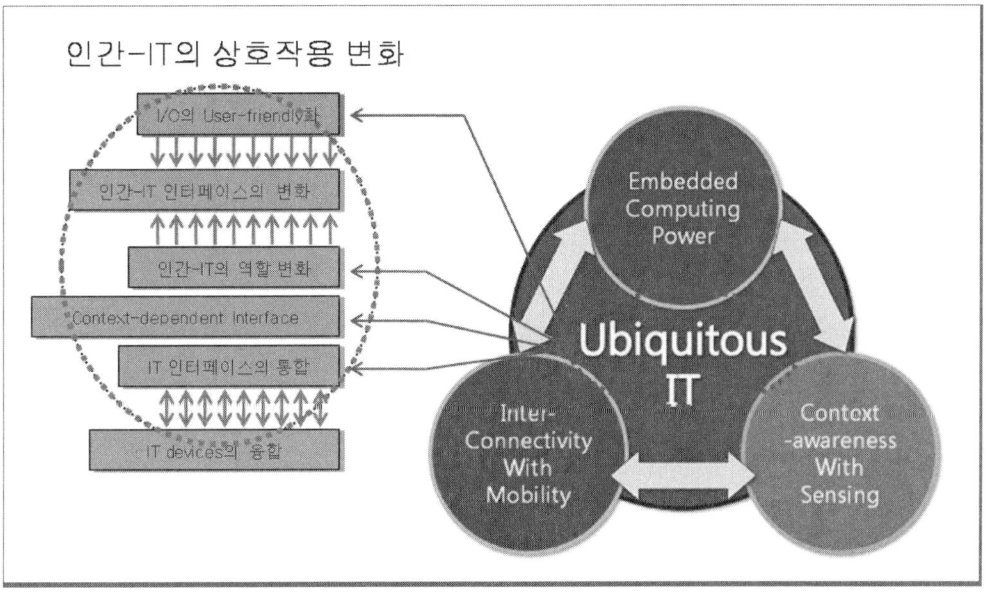

〈그림 5-18〉 인간-IT의 상호작용 변화

(1) User-Friendly I/O 인터페이스의 도입

IT 혁신의 가장 큰 변화는 IT의 Computing Power가 사람에 의하여 어떻게 활용되고 사람의 삶 속에서 IT가 어떻게 기여하는가의 문제이기 때문에 인간-IT 인터페이스는 근본적인 차원에서 변한다.

우선 기존의 인터페이스가 고도화되는 점을 지적할 수 있는데, 특히 Output 인터페이스는 사람의 오감에 친근하게 전환될 것이다. IT의 인간-IT 인터페이스에 대한 내용은 입력·출력되는 내용(input, output)을 대별할 수 있는데, 양측 모두 본질의 차원에서 변화가 발생한다. 기존의 인터페이스가 문자, 숫자 등을 중심으로 한 기계적인 인터페이스이었던 반면, 새로이 혁신되는 IT에서의 인간-IT 인터페이스는 다음과 같은 특징을 지녔다.

- 사람의 오감에 의하여 수용이 가능한 형태의 인터페이스가 형성되고,
- 현실공간 속에서 Nomadic한 형태의 서비스가 가능해지며,
- 정보의 현실성이 크게 보강되면서 Virtualization이 이루어졌다.
- Pervasive 컴퓨팅 환경에서는 기존의 PC인터페이스와는 다른 편하고 인간 중심의 인터페

이스가 제공되어야 한다.
- 펜, 음성인식, 영상인식, 촉감 등을 이용한 인터페이스가 개발되고 있다.

그러나 장치가 점점 작아지면서 음성과 영상 인터페이스 장치를 설치할 수 없게 되어, 결국은 주위에 설치되어있는 장치의 인터페이스를 사용하게 될 것으로 예상된다. E-Ink (electronic link)Corp.는 마이크로캡슐을 이용한 디스플레이 장치를 개발하고 있다. 각 인터페이스는 열악한 주변상황에 따라 동작하기 어려워 질 수 있는 데 이런 문제들을 해결할 방법이 개발되어야 할 것이다. 예를 들면, 음성인식의 경우는 주변잡음이 영향을 줄 수 있으며, 영상인식의 경우는 주변이 너무 어두우면 영향이 있을 수 있다.
인간-IT 인터페이스와 관련해서는 출력과정의 일환으로서 특히 Display가 고도화 된다. 디스플레이 장치의 품질과 해상도가 너무 낮으면 사용자가 작업에 집중하는 것을 어렵게 할 수 있다. 작업 집중을 위해서 정보를 고품질로 표현해 주는 디스플레이 장치는 매우 중요하다. 지난 10년간 디스플레이 장치는 매우 많이 발전했는데, 현재 대부분의 PC는 13인치의 컬러 TFT(thin film transistor) XGA LCD를 포함하고 있다. 이 LCD는 전력소모의 3분의 1 정도를 백라이트(backlight)에 사용한다. 고품질 디스플레이로는 60인치의 PDP(plasma display panel)가 2001년에 삼성(Samsung)에 발표되었다. 이런 대형 디스플레이는 공공장소에서의 공용 디스플레이로 사용될 수 있다. 소형 디스플레이의 경우, 컴팩(Compaq)에서는 전력소비가 작은 LCD를 채용한 iPAQ PDA를 개발했다. 이 LCD는 자연광이 LCD내부에서 반사되기 때문에, 백라이트로 인한 전력 소모를 줄일 수 있다. 인간-IT 인터페이스가 혁신되면서, 사람의 자연스러운 감각(즉, 오감)에 밀착되고 사람의 일상적인 활동 속에서 Computing Power를 접하고(입력/출력) IT와 Friendly하게 상호 작용하게 된다. 최근에는 LED 기술의 확신이 크게 진행되고 있다.

(2) 인간-IT의 역할 변화와 인터페이스 변화

인간-IT 인터페이스의 변화와 관련하여 논의할 수 있는 내용은 IT시스템과 네트워크 환경의 복잡성(complexity) 심화와 이를 극복하기 위한 IT의 운영·관리의 단순화를 위한 기술적인 발달이다. IT를 운영, 관리함에 있어 중간적인 데이터나 정보를 관리할 필요가 없이 최종적인 서비스만 활용하면 된다. 앞에서 논의한 IT의 자율성(autonomy 또는 proactiveness)으로 IT와 사람(user)사이의 역할분담이 점차 변한다. 이런 역할 변화의 진전으로 IT와 사람이 접하는 모양, 즉 인터페이스도 모양을 달리하게 된다. 경우에 따라서는 자율적인 Computing Power나 능동적인 센서와 Display에 의하여 입·출력 과정이 사람에 의존하지 않게 됨에 따라 인간-IT 인터페이스의 역할이 변하고 새로운 차원의 인터페이스가 등장한다. 이는 인간-IT 인터페이스의 본질부터 변화하게 될 것이다.

이와 같은 인간-IT 인터페이스는 Invisible, Silent, Autonomous 등의 특징을 나타낼 수 있다. 특히 인간-IT 인터페이스에서 인터페이스의 자율성(autonomy), Proactive Intention 등은 기존의 IT에서 진일보한 인터페이스의 개념이라 할 수 있다. 이와 같은 인간-IT 인터페이스의 변화는 IT의 자율성(autonomy), Proactive Intention 등과 같이 앞에서 논의된 가된 지능과 직결되어 있는 부분이다. 그것은 인터페이스를 통하여 특정한 수준의 Context-Awareness, Autonomous Reactions, Artificial Decisions 등이 이루어지기 때문이다.

인간-IT 인터페이스와 관련된 내용들은 결국 사물 또는 대상의 기존 용도나 기능, Computing Power의 내용, Networkedness로 가져오게 될 새로이 부가된 기능들의 내용에 따라 결정될 것 이다. IT의 새로운 혁신은, 단순한 인간-IT 인터페이스의 변화이기보다는 이용자의 상황에 따라 인터페이스와 서비스가 변화하는 IT의 자율성까지 포함하는 것이다. 인간화 인터페이스(calm technology)로서 사용자 상황에 따라 서비스가 변해야 한다(능동형수동형 센서/지능화).

(3) 인터페이스의 통합 · 융합

이용자와 인터페이스를 형성하면서 상호 작용하게 될 IT가 과거와 같이 컴퓨터나 통신기기에 머물지 않고 수많은 기기(appliances), 설비(facilities), 편재된 공간 속의 Computing Power 등으로 확장되면서 다양하고 복잡한 이용자 인터페이스를 형성하게 된다. IT의 용도와 기능 등에 따라 그 상호작용의 내용도 다양할 것이며, IT와 이용자 사이의 상호작용의 내용에 따라 이용자 인터페이스도 다양할 것이다.

기존의 기기(appliances)나 설비(facilities), 그리고 컴퓨터 등이 고유한 기능에 대한 Human-machine 인터페이스를 제공하였던 반면, 새로이 혁신된 IT의 경우는 다양한 기기를 통하여 다른 기기나 설비를 운영·관리하는 인터페이스를 확보할 수 있다. 인간-IT 인터페이스에 있어 기존의 컴퓨터 인터페이스이외에도 기존의 Appliances, Facilities, Objects, Things 등이 가지고 있는 사물과 사람 사이의 인터페이스(또는 인간이 사물을 다루는 방법)가 IT를 다루는 사람의 중요한 인터페이스의 방법의 하나가 될 것이다.

예) 지능화된 세탁기에서 TV를 보고, 냉장고의 Display에서 주식시장 동향정보를 검색하며, TV로 세탁기의 상황을 체크할 수 있다. 이를 인간-IT 인터페이스의 통합(integration) 또는 융합(컨버전스)이라 할 수 있다. 물론 인터페이스가 제공되는 접점은 다양하게 변한다.

유비쿼터스 IT의 인간-IT 인터페이스는 Computing Power가 잠입된 기기(appliances), 설비(facilities), 편재된 공간 속의 Computing Power가 내재된 형태로 잠입하는 경우, 그 기기나 설비, 그리고 공간에 대하여 그 고유기능에 적절하게 존재하는 기능적 인터페이스 또는 조작방법과 결합된 상태로 새로이 개발될 것이다.

(4) Context-Dependent 인터페이스

인간-IT 인터페이스를 생성함에 있어 Nomadic서비스의 상황에서 이용자의 정보뿐만 아니라 상대하는 대상(objects), 상황, 위치 등에 대한 정보(그 대상 ID뿐만 아니라 보다 자세한 대상의 정보)를 활용할 수 있다. Context 정보를 인간-IT 인터페이스를 위하여 사용할 경우, 이용자에 Customized되고, 환경에 적절하며, 사용하는 기기(device)에 효율적인 인터페이스를 확보할 수 있게 된다. Context-awareness는 인간-IT 인터페이스를 늘 고정된 것으로 유지하기보다는 상황(Context)이나 환경에 따라 변화하는 것으로 전환시킨다("Customized 인터페이스"). 이와 같은 변화를 통하여 사람이 Computing Power를 사용하는 환경을 인간 중심적인 모습으로 전환시킬 수 있으며, 사람의 삶 속에 녹아들어 있는 IT를 이용하게 될 것이다.

이런 변화는 IT서비스가 파악된 서비스이용자의 상황(contexts)에 따라 차별화 되는(differentiated) 것을 의미한다. 개인화/지능화 플랫폼(고객 identity 관련 다양한 정보를 통합 관리하는 personal info-bank를 통하여 개인화/지능화된 서비스를 제공할 수 있는 정보통신체계)을 확보하고 이용자에게 체계적으로 제공하는 것을 의미한다.

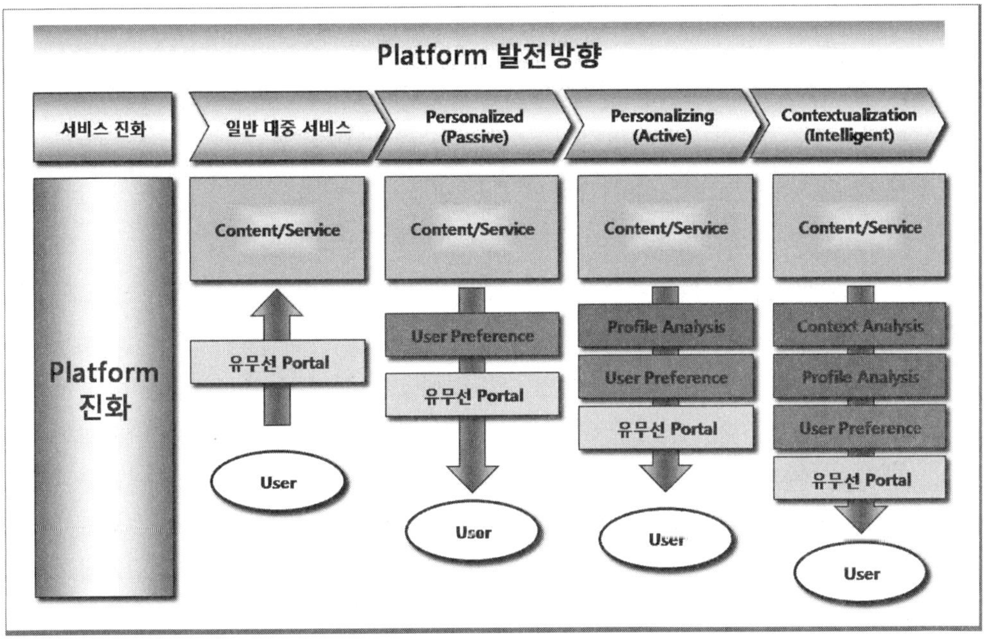

〈그림 5-19〉 유비쿼터스 IT서비스의 발전방향 : Platform

〈그림 5-19〉는 유비쿼터스 IT 서비스를 지원하기 위한 Platform 발전 방향을 나타낸 것이다.

상황(context)의 내용, Agents, Location 등의 어떤 상황에서도 ("any context") IT와의 인터페이스가 장애 없이 제공된다. 인간-IT 인터페이스가 단말기기(다양한 기기나 설비, Personal System, Appliance), 장소(공간), 시간, 환경적 요인(contexts) 등에 구애받지 않아야 하며, 네트워크를 통하여 접근이 가능하여야 한다. ("Scalable" 인터페이스) 이와 같은 사람-IT 인터페이스의 모습은 유비쿼터스 IT 환경에서 Nomadic Computing에 관한 내용으로 해석 할 수 있다.

(5) Automating Mechanics의 결합

상황 인식 이후 상황정보에 대한 대처는 특정한 움직임(motions)을 필요로 하는 경우가 많을 것이다. 사람의 조작이 개입되지 않은 채로 자율적인 IT의 출력(Output)의 중요한 부분이 기계적인(mechanical) 형태이다. Automating Mechanics와 IT가 결합하는 것은 유비쿼터스 IT의 출력에 해당하는 부분을 일상생활에 적절한 형태로 전환하는 과정의 하나라 볼 수 있다.

일상생활에서 사용하는 생활기기(living appliances)나 생산현장에서 생산공정에 활용되는 생산설비, 그리고 자동차와 관련된 Telematics등에 IT(또는 Computing Power)가 적용되는 경우, 이 IT는 관련된 움직임을 기기나 설비 내부에 만들어 낼 수 있다. 이런 경우, 움직임(motions)에 대한 별도의 Mechanics를 필요로 하지 않고 기존 기기나 설비의 기계적(Mechanical) 속성이 IT적 속성과 결합하는 모습이 된다. 어떤 의미에서는 과거 NC(numeric control)가 고도화된 모습을 갖게 된다. 새로운 형태의 IT가 지니는 자율성(proactiveness, 지능 또는 autonomy)의 기계적 출력은 "자동화(autonomy)"로 표현된다. 별도의 움직임이 필요한 경우 특정한 기계적(Mechanical)속성이 도입되어야 하고, 이는 IT(Computing Power)와 결합되어 자동화(automation)의 속성이 도출될 수 있다. 이런 내용은 성격상 Mechatronics의 영역으로 기계와 IT와 결합되는 영역이 될 것이다. Mechatronics의 영역은 Robotics의 영역과 많은 부분이 중복될 것으로 판단되며, 이런 Mechatronics나 Robotics는 IT의 내용을 담기 위하여 보다 큰 체계(IT 시스템)에 Interconnected 또는 Networked된 상태로 운영될 것이다. 나아가 대규모의 IT-aided Manufacturing 시스템을 구성하게 된다. IT가 소형화되는 것과 같은 방향으로 움직일 경우 Mechanics는 MEMS의 영역에 대한 수요로 이어질 것이다. 물론 이와 같은 경우에 Mechanics가 많은 전력의 소비를 수반한다는 점에서 전력의 문제에 대한 심도 있는 고려가 이루어져야 할 것이다.

5.8 컨버전스(Convergence)의 진행

"컨버전스(Convergence)"는 무엇인가, 모여든다는 것(수렴)을 의미하고 이런 모임이 가능하게 하는 것, 즉 채널은 네트워크이다. 디지털 Convergence는 새로운 세기의 형태를 결정할 것이다. 공상과학 영화에서 볼 수 있던 것들이 우리의 가정에 들어 올 것이다. Converge된 차세대 네트워크는 대단한 사업 기회이다. Convergence를 통해 운영비용이 감소하며, 지능형 플랫폼은 경쟁력을 증진시키고 새로운 사업 기회를 창출할 것이고 Sony는 디지털 시대를 맞이하여 컴퓨터 및 다른 산업과 Converge하지 않을 수 없으며, Audio/Video 산업과 통신 산업 간의 가교 역할을 할 것이다〈그림5-20〉.

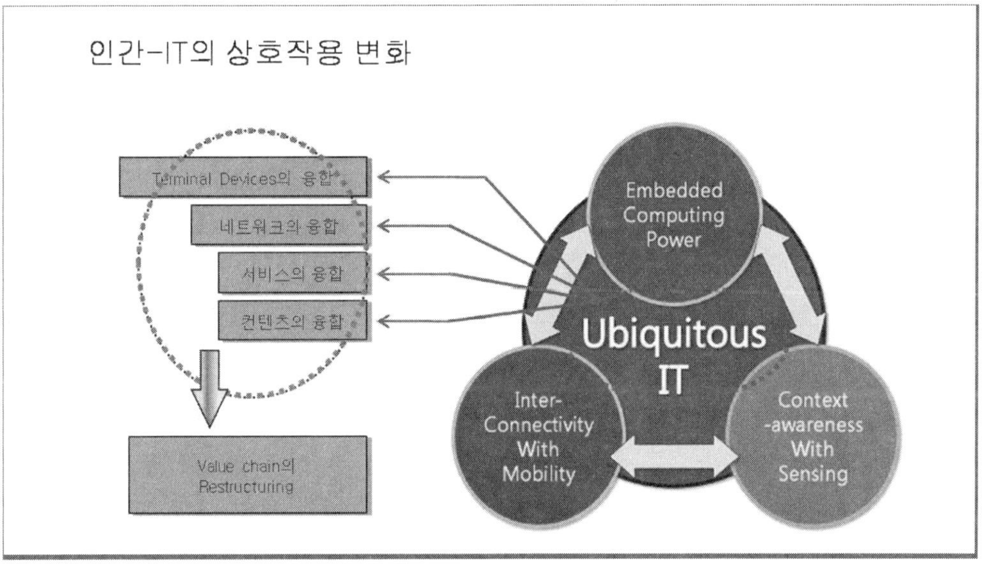

〈그림 5-20〉 디지털 컨버전스의 진행

"Convergence"는 서로 다른 기술 또는 제품들이 유사화 혹은 복합화 되면서 기존 시장 영역간의 경계가 불분명해지는 현상"을 일컫는다.

- **유사화 :** 기존에 서로 다른 고객가치를 제공하던 기술 또는 제품들로부터 유사한 고객가치가 제공된다.
- **복합화 :** 서로 다른 기술 또는 제품들이 결합되어 새로운 고객가치가 창출된다.

〈표 5-8〉 컨버전스의 종류

Technology Convergence	기술 발전에 의해 상이한 기술로부터 유사한 가치가 제공된다.
Offering Convergence	기술 융합에 따른 새로운 offering의 출시 및 고객 수용의 확산된다.
Business Convergence	제품 및 서비스의 유사화 및 복합화에 따라 사업영역의 경계가 중첩된다.
Industry Convergence	산업 간의 경계가 허물어짐에 따라 전통적인 산업구분이 재조정된다.

다양한 영역에서 다양한 양상으로 전개되는 컨버전스는 수렴 또는 동질성(similarity) 이라는 의미보다는 역설적으로 아래의 세 가지로 설명될 수 있다.

- 다양성 (Variety and Diversity)
- 범주의 확장
- 경계영역의 무수한 등장

서로 다른 두 개가 서로 수렴하여 동일하고 획일한 것으로 전환되기보다는 특정한 무엇이 기능적으로 다양한 것을 동시에 수용하고, 특정한 기능은 다양한 다른 것에 의하여 만들어질 수 있게 됨에 따라 수요자나 이용자의 입장에서는 엄청난 선택의 영역이 확보되는 것이다. 아울러, 서로 다른 두 개의 기능이 다양성을 유지한 채 기술적인 융합이 가능해짐에 따라 두 개 사이에 기존에 불가능했던 것들이 기술적인 가능성(technological possibilities)의 영역으로 들어오게 된다. 이와 같은 새로운 가능성을 일컬어 "경계적 영역" 이라 할 수 있다. 즉, 통신과 방송영역의 융합이나 미디어 부문의 융합 등을 예로 들 수 있다.

유비쿼터스 IT가 나타내는 컨버전스는 다양한 수준과 영역에서 동시다발적으로 일어나고 있다. Convergence는 컨텐츠, 컴퓨팅, 커뮤니케이션의 디지털화와 상호연계로부터 시작되어 수직, 수평적 산업으로의 확장을 거쳐 궁극적으로 Ubiquitous 환경을 형성할 것이다.

표 5-8은 컨버전스의 종류를 나타낸다.

(1) 단말기의 컨버전스

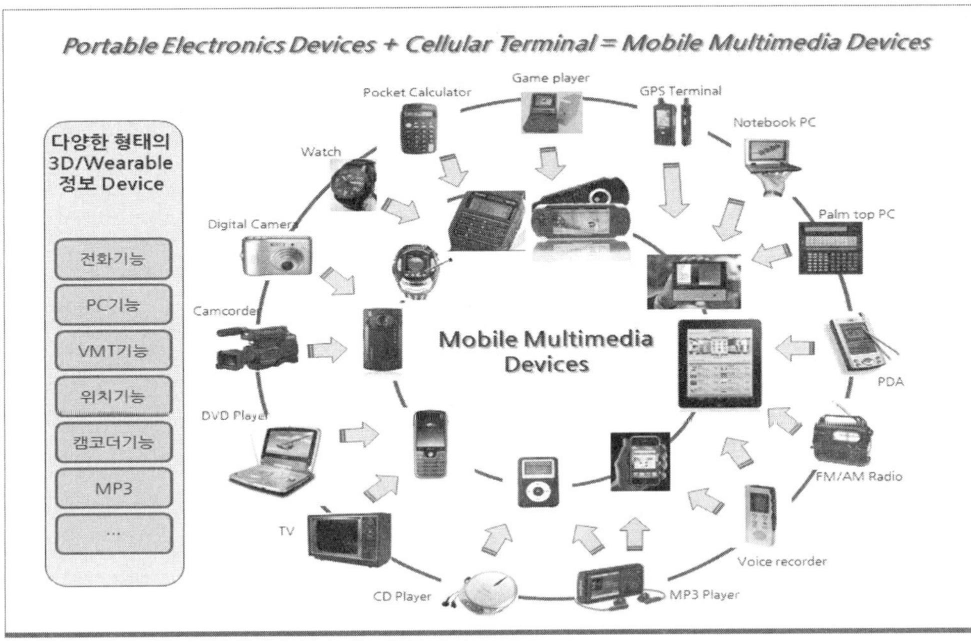

〈그림 5-21〉 컨버전스 장치들의 종류

모든 사물, 기기, 시설 등에 Computing Power가 잠입(embedding)하고, Networked 됨에 따라, 다양한 방법이나 양식을 통하여 기존의 IT기기(PC, 인터넷 Accesses, 통신 단말기 등)가 제공하였던 기능들의 도출이 가능해진다. 〈그림 5-21〉는 다양한 컨버전스 장치들의 종류를 나타낸다.

- **단말부분(termination)의 컨버전스 : 셀룰라 이동단말기능 + 포터블 가전기능**
  - 기능별 단말기에서 사용환경별 단말기로 변화
  - 디바이스 기술 발전 : CPU/OS, 1 chip RF, 접는 디스플레이, Wearable 단말 기술, 배터리 수명 이동 단말을 통하여 다양한 형태의 서비스가 가능하여야 하고, Nomadic IT 수요를 충족시킬 수 있어야 한다.
  - Sensing 기술의 고도화 : Ubiquitous sensing, 터치스크린, 음성 및 필기체 인식

그러나, 사이즈 I/O기능이 제한적인 소형의 이동 단말을 통하여 이용자가 필요로 하는 모든 용도, 수준의 Computing Power를 직접 도출하는 것은 쉽지 않을 뿐만 아니라 경제적으로 적절하지도 않다. 이동형 디바이스들은 작고, 가벼우며, 장시간 사용 가능

한 방향으로 발전하고 있다. 이것은 소형화에 따라 컴퓨팅 능력이 작아짐을 의미한다. 그러나 사용자들은 이런 작은 이동형 디바이스들이 크기와는 상관없이, 작지만 많은 일을 처리할 수 있는 컴퓨팅 능력을 갖추길 원하는 것도 사실이다. 이런 소형화와 다양한 성능을 조화롭게 구현하는 것은 결코 쉽지 않은 일이다.

따라서 이동 단말은 특정한 수준의(소규모의) Computing Power를 유지한채 네트워크를 통하여 다른 IT시스템에 Client로 접속하여 다양한 수준, 다양한 용도의 Computing Power(또는 IT자원)를 확보하는 것이 아키텍쳐의 적절한 모양이 될 것이다. 단말의 Computing Power와 네트워크 내의 Computing Power 사이의 분산처리(distributed computing)를 통한 IT자원의 확보가 이루어지는 것이다. "Cyber Foraging"의 의미는 pervasive 컴퓨팅 단말기는 사용자가 원하는 모든 기능과 성능을 가질 수 없기 때문에, 주위에 있는 높은 사양의 컴퓨팅 디바이스를 이용하는 것을 의미한다. 가정용 컴퓨터의 가격이 많이 하락하고 있으며 이에 따라, 가까운 미래에는 빌딩, 거리 어디에나 컴퓨팅 능력이 있는 디바이스가 설치될 것으로 예상되고 있다. 결과적으로는 고정되어 있고, 인터넷 연결이 가능한 디바이스들이 cyber foraging 기능에 사용될 것이며, gateway 혹은 surrogate의 역할을 할 것으로 예상된다.

이용자들이 원하는 수준의 Computing Power(Processing & Storage Services)를 제공하는 것은 정보통신서비스사업자의 새로운 사업영역이 될 수 있을 것이다. 이와 같은 Computing Power를 제공하는 서비스사업의 경우, 일종의 Utilities와 같이 Computing Power를 제공할 것이고, 서비스는 Nomadic하고 유비쿼터스해진다. 이용자들이 원하는 기능을 통합하고 복합화 하는 단말기기(terminal devices)의 컨버전스는, 일정한 규모의 Computing Power를 제외한 Computing Power를 다른 IT시스템에서 지원 받는 Cyber Foraging을 전제로 한다. 이는 다양한 이용자들 사이의 Computing Power 공유를 의미한다. 공유된 Computing Power 또는 서버의 입장에서는 공유된 Computing Power가 서로 다른 방향으로 활용하는 이용자를 지원한다는 점에서 다양한 기능을 지원하는 기능의 융합(function convergence)이 이루어지는 것으로 이해할 수 있다.

이동단말을 통하여 이용자가 필요로 하는 모든 용도, 수준의 Computing Power를 확보하는 모양은 Computing Power의 분산(distribution)을 의미하지만, 이용자의 입장에서는 단말을 통하여 모든 Computing Power의 컨버전스가 이루어지는 것으로 나타날 것이다.

Computing Power나 네트워크의 대역(bandwidth)공유와 관련한 논의 중의 하나가 Localized Scalability에 대한 논의이다. Smart space 기술에 따라 어느 한 지역의 네트워크의 사용이 많아지면, 해당 지역의 대역폭 밀도가 높아진다. 이는 네트워크 지연시간(delay)을 발생시켜, 사용자들의 네트워크 사용에 많은 혼란을 줄 수 있다. 이전까지의 Scalability에 대한 연구는 물리적 거리에 대해서는 고려하지 않았다. 원격 파일 시스템을 제공하는 컴퓨터는 접속하는 위치가 바로 옆 컴퓨터이거나 다른 나라의 컴퓨터이거나 똑같은 서비스를 제공해 주었다. 그러나 pervasive 컴퓨팅 환경에서는 작은 규모의 네트워크에 여러 사용자들이 연결해주기 때문에, 네트워크에서 멀리 있는 사용자의 연결에 대한 처리는 적게 해주어야 한다. 이러한 scalability 처리기능이 없다면, 멀리 떨어져 있는 사용자 때문에 네트워크 사용에 제한이 생기므로, 가까운 곳에 있는 사용자가 서비스를 받지 못할 수도 있다.

(2) 네트워크 컨버전스

유비쿼터스 IT의 핵심적인 부분의 하나가 모든 Computing Power(또는 IT's)를 네트워크로 Seamless하게 연결하는 것이다. Seamless 네트워크를 확보하기 위해서는 모든 네트워크가 Interconnected되어야 하고, 네트워크의 용도에 상관없이 트래픽(traffic), 채널(channels) 등의 교환이 가능하여야 한다. Networks의 관점에서 Convergence는 네트워크 플랫폼이 통합되는 것을 의미한다.

- **Multi-device Interface :** 다양한 네트워크 및 단말기를 통해 access 할 수 있는 고객중심의 Portal 완성

다양한 네트워크의 광대역화가 진행되고 새로운 네트워크의 유형이 등장할 것이며, 음성과 데이터, 유선과 무선 등 다양한 네트워크 간의 통합된 서비스의 제공이 가능해진다. 무선 위주의 통신 환경에 있어 communication device 및 entity에 관계없이 seamless한 connection 서비스 제공 : Core망은 통합(All IP화) 되고 Access망은 다양화 및 상호 연동한다. 이동전화망, Home Network, 위성DAB/DVB, WLAN, 초고속 유선망 등이 상호 연동 가능하고 서비스 Gateway를 통하여 Seamless한 서비스를 제공받는 형태로 발전한다〈그림 5-22〉.

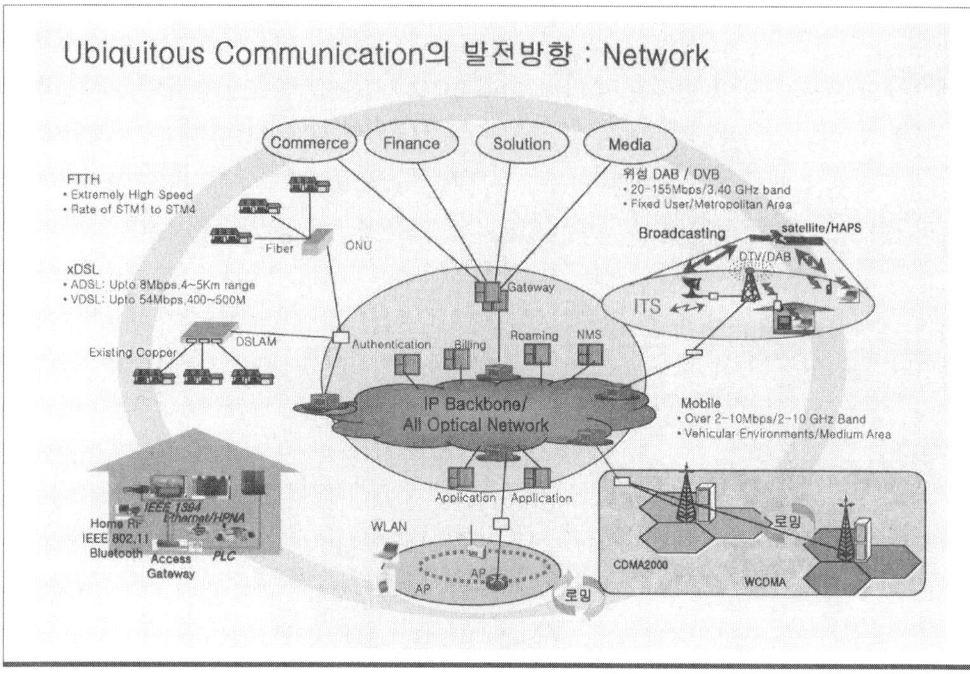

〈그림 5-22〉 네트워크의 발전방향

(3) 컨텐츠의 컨버전스

Contents의 관점에서 Convergence는 디지털화가 됨을 의미한다. 디지털 컨텐츠의 높은 상호 운용성으로 인해 다양한 네트워크 및 매체를 통한 고객으로 전달이 가능해지고 새로운 비즈니스 모델이 개발될 수 있다. Contents와 관련하여 다음과 같은 측면에 주목해야 한다.

- **디지털 기술의 발달**
  - 압축 기술의 발달
  - 전송 기술의 발달
  - 광대역 통신 기술의 발달
  - 지적재산권 보호 기술의 발달

- **디지털 컨텐츠의 높은 고객가치**
  - 제작, 전송, 교환 및 관리의 용이성
  - 고품질
  - 저비용

- **디지털 기기의 확산**
  - 제작 device : 디지털 카메라, 디지털 캠코더, CD-R 등
  - 재생 device : MP3 플레이어, eBook Reader, HDTV, DVD 등

유비쿼터스 IT환경의 컨텐츠는, 유비쿼터스 IT의 도입에 따라 인간-IT인터페이스가 다양하게 변하고 다원화됨에도 불구하고 컨텐츠의 종류에 상관없이 여전히 유통·소통이 가능해야 한다. 이를 위해서는 컨텐츠를 유지·관리하고 정리하여 이용자의 상황에 관계없이 체계적으로 전달할 수 있는 방안이 도입되어야 한다.

(4) 가치사슬의 재구성(Restructuring)

유비쿼터스 IT를 통하여 만들어지는 다양한 기능이나 애플리케이션 (applications) 영역의 컨버전스는 IT를 활용하는 기능이나 애플리케이션, 그리고 그 활용의 컨버전스로 이어지고 있다. 일정한 방향으로 수렴할 수 있으나, 종류와 기능의 다양성을 유지하면서, 이용자의 선호나 기호, 그리고 Needs에 적절하게 적응하는 방향으로 컨버전스가 일어날 것이다.

IT 활용, 즉 정보화 측면의 컨버전스는 IT를 활용하는 프로세스(processes) 또는 가치사슬(value chain) 상의 컨버전스로 이어진다. 기술적인 컨버전스와 마찬가지로 IT의 활용 측면에서의 컨버전스는 가치사슬의 새로운 조합가능성으로 이어지고, 다양성(variety)의 등장으로 이어진다. 가치사슬 상에서 우리가 경험하게 될 많은 변화는, 유비쿼터스 IT가 본질적으로 내포하게 되는 기술적 컨버전스에 기인하는 것으로 성격상 서비스나 사회적, 문화적, 경제적 기능(functions)의 컨버전스(functional convergence)와도 연계되어 있고 디지털화로 증대된 상호 이동성은 서로 다른 가치사슬의 경계를 무너뜨리고 융복합화를 유발한다. 가치사슬의 다양한 영역에서 다양한 양상으로 전개되는 컨버전스(convergence)는 수렴이라는 의미보다는 역설적으로 다양성(variety & diversity)확보, 활동범주의 확장, 경계영역의 무수한 등장 등으로 설명될 수 있다. 서로 다른 두 개가 서로 수렴하여 동일하고 획일한 것으로 전환되기보다는 특정한 무엇이 기능적으로 다양한 것을 동시에 수용하고, 특정한 기능은 다양한 것들에 의하여 만들어질 수 있게 됨에 따라 수요자나 이용자의 입장에서는 엄청난 선택의 영역이 제공된다.

유비쿼터스 IT의 컨버전스는 가치사슬의 새로운 설계를 가능하게 하고 전혀 다른 개념의 가치사슬의 창출을 가능하게 한다. 새로운 형태의 가치사슬을 추구하는 유인(incentive)은 사실상 고부가가치를 추구하고 고객의 니즈를 충족시키는 것에 두어진다.

유비쿼터스 IT는 새로운 가치사슬 관계를 발생시킨다〈그림 5-23〉.

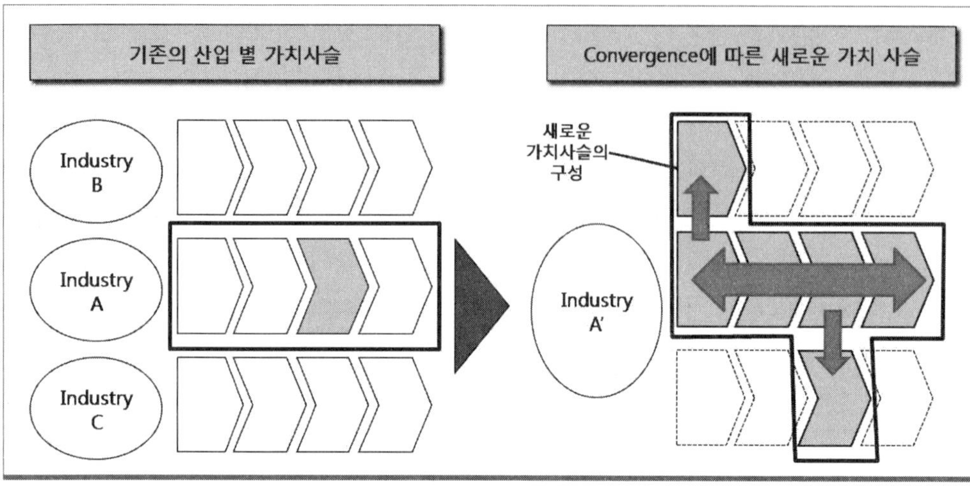

〈그림 5-23〉 기존산업의 가치사슬과 컨버전스의 새로운 가치사슬

Convergence는 각 산업의 가치사슬 간의 융합화와 복합화를 발생시키고, 이에 따라 새로운 가치사슬 구조가 구축된다.

- **기존의 산업별 가치사슬**
  - 산업 별로 개별적인 가치사슬의 흐름이 존재한다.
  - 가치사슬 상의 각 단계별로 독립적인 역할을 수행한다.

- **Convergence에 따른 새로운 가치사슬**
  - 산업 별 가치사슬 내에서의 수평적 통합이 일어난다.
  - 다른 산업의 가치사슬로의 수직적 확장 및 영역 재구성이 발생한다.
  - 기존 산업의 가치사슬이 분해되고 새로운 가치사슬이 구축된다.

Convergence 서비스를 제공하기 위해 다양한 사업자들의 참여를 통한 Alliance 관계가 필요하게 되며 이에 따라 산업간의 융복합화도 촉진된다. 기업이 추가적인 성장 기회의 확보를 위하여 다른 산업 영역 진출을 시도함에 따라 산업 경계가 허물어지고 산업 영역간 융합이 촉진된다.

새로운 성장 기회의 확보 및 전략적 자산을 활용한다.

- **성장을 위한 Convergence 사업기회 모색〈그림 5-24〉**
  - 시장의 성숙에 따른 성장의 한계가 나타남에 따라 새로운 성장기회의 확보가 필요해진다.
  - Convergence는 타 산업영역과의 융합을 통한 추가적 성장기회를 제공한다.

- 기업은 Convergence로부터 발생하는 사업기회를 활용하여 새로운 성장을 도모하려 한다.

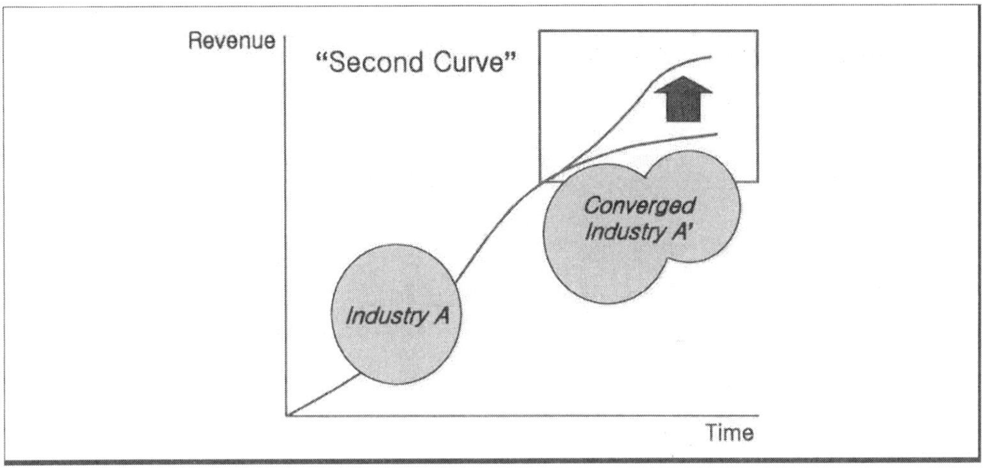

〈그림 5-24〉 컨버전스를 통한 이익 그래프

- **다른 산업 영역 진출 시도〈그림 5-25〉**
  - CATV 사업자가 자신의 네트워크를 활용하여 인터넷 접속 서비스를 제공한다.
    은행 점포망을 활용하여 증권, 보험 등 타 금융 상품을 판매한다.
  - 방송 Program을 인터넷을 통해 배포한다.

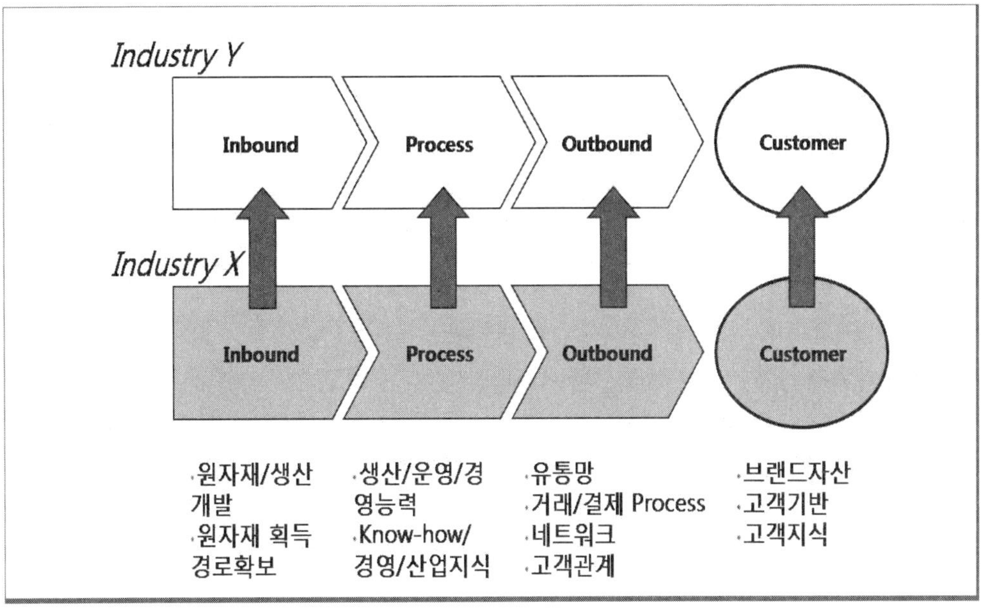

〈그림 5-25〉 컨버전스를 통한 새로운 산업

Convergence는 기술, 고객, 규제, 기업과 같은 Driver(動因)에 의해 발생하고 기업경영에 새로운 Paradigm을 유발시킨다.

- **Convergence와 관련된 기술의 의미**
  - 기술은 Convergence를 가능하게 만드는 도우미(enabler)이다.
  - 기술은 Convergence가 발생하는 영역이다.
  - 기술은 Convergence를 서비스, 시장, 그리고 산업수준으로 확산시키는 기폭제(initator)이다.

- **Convergence와 관련된 고객의 의미**
  - 고객은 Convergence를 받아들이는 시장(market)이다.
  - 고객은 Convergence를 요구하는 수요(demand)이다.
  - 고객은 Convergence를 평가하는 평가자(evaluator)이다.

- **Convergence와 관련된 규제의 의미**
  - 규제는 Convergence를 촉발시키는 방아쇠(trigger)이다.
  - 규제는 Convergence를 통제하는 통제자(controller)이다.
  - 규제는 Convergence를 활성화시키는 경제 외적인 요인이다.

- **Convergence와 관련된 기업의 의미**
  - 기업의 전략은 Convergence를 발생시키는 기업 내적 요인이다.
  - 기업의 전략은 Convergence의 방향을 결정짓는 방향타(steering wheel)이다.
  - 기업의 전략은 Convergence 참여 여부를 결정한다.

고객 니즈의 고도화는 이를 충족시켜 주는 새로운 Convergence서비스의 필요성을 증대시킨다.

- **편리성의 추구 :** 고객의 시간적 여유가 줄어들고 여가의 중요성이 증대됨에 따라 비용, 시간 등을 절약할 수 있고 일상활동을 편리하게 해주는 고객가치에 대한 고객 선호가 증가한다.
  예) Telematics, MP3 player 등

- **고품질의 추구 :** 고객의 제품 및 정보에 대한 지식과 숙련도가 증가하고 서비스에 대한 기대수준이 높아짐에 따라 고품질, 고성능의 제품에 대한 고객의 선호가 증가한다.
  예) HDTV, DVD 등

- **개인화의 추구 :** 사회전반의 생활양식이 급변하고 개개인의 lifestyle이 다변화됨에 따라 자신에게 customized되고 자기의사를 반영할 수 있는 서비스에 대한 고객 선호가 증가한다.
  예) PIMS, PFM(Personal Financial Management)등

상품이나 서비스의 혁신에 대한 고객의 수용성이 증대됨에 따라 Convergence 서비스의 개발을 촉진하고 조기 확산을 가능하게 한다.

- 학습, 경험 및 미디어의 발달 등에 의해 시간이 지날수록 개인 및 사회전반의 기술 혁신 수용성이 증가되고 있다.
- 전반적인 생활수준의 향상과 고객들의 기술적 이해도가 높아짐에 따라 새로운 기술에 대한 거부감이 감소한다.
- 통신수단의 발달 및 사람들 간의 상호 관계의 증가에 따라 구전 효과가 커져서 제품이나 서비스를 빨리 확산시킨다.
- 고객의 혁신 수용성 증대는 사업자들의 컨버전스 서비스나 제품의 개발을 가속화하고, 시장에서의 빠른 확산을 가능하게 한다.

Ubiquitous 환경에서는 다음과 같은 다양한 혁신적인 서비스들이 상용화될 것으로 예상된다.

- **지능형 개인 비서 (personal awareness assistant) :** PC, 카메라, 음성인식, 위치기반 등이 결합되어 개인비서 역할 수행 서비스
- **이동형 의사 결정 지원 (mobile decision support) :** 모바일 기기를 통해 구매, 길 찾기 등 의사결정 지원 서비스
- **가상 업무 협조 시스템 (virtual collaborative design) :** 원거리에서도 Face-to-face 작업 환경을 구현한 서비스
- **지식 검색 도구 (knowledge discovery tool) :** 사용자의 물음을 지능적으로 해석하여 해답을 찾아내는 서비스
- **가상 인테리어 (augmented reality) :** 실제 환경에 디지털 이미지 첨가로 새로운 환경 창출 서비스
- **능동형 지식 관리 (active knowledge management) :** 각종 Interface활용으로 지식 공유와 전체 작업성과를 증대시키는 서비스
- **지능형 구매 시스템 (autonomous purchasing object) :** 상황인식과 자체판단에 의한 자동화 구매 서비스

- **위치 기반 서비스 (location based services) :** 다양한 Interface에서 구현되는 위치기반서비스

- **가상 위치 인식 도구 (visual location awareness tool) :** 시각적 센서기능이 부가된 친구 찾기 서비스

- **지능형 판촉 서비스 (shoppers eye) :** 상점 근처를 지나는 고객에게 개인화된 Promotion을 제공하는 양방향 서비스

규제의 완화와 정부차원의 혁신지원 정책은 산업간 convergence를 촉진시킨다.

- 규제 완화

- 진입규제의 완화 (통신, 방송 등 여러 분야에서 신규 서비스에 대한 허가제 완화를 통산 다수 사업자간 경쟁 촉진)

- 역무구분의 온화 (기술 진보에 따른 다양한 신규 서비스의 등장에 따라 사업자간 역무구분 온화 추세)

- 운영규제의 완화 (공정 경쟁 촉진을 통한 소비자 이익 보호라는 기본적 틀 하에서 세부적 규제 사항의 완화 경향)

- 인수 합병에 관한 규제 완화 (상법, 증권거래법, 공정거래법에서의 M&A 관련 규제의 완화 추세)

- 정책적 추진

- 차세대 정보통신 인프라 구축 : 초고속 정보통신망 고도화 차세대 유무선 인터넷 기반 조기 구축 통신/방송 융합 추진

- 미래성장 주도산업의 전략적 육성 : 컨텐츠, SW, IT 기반의 융합기술 개발을 통한 신산업 창출 기반 마련
  기술력 있는 벤처 기업의 집중 육성
  차세대 전문 인력 양성

- 디지털 사회 환경 정비 : 전자인증체제 확립 및 사이버 공간의 안정성/신뢰성 보장
  지식정보사회의 안정적 기능에 필요한 법제도 확립

5.9 현실 공간(Space)의 보강

유비쿼터스 IT에 관한 논의 중의 가장 빈번한 하나가 "공간"(space)에 관한 내용이다. "유비쿼터스"의 어원 IT 요소(네트워크,Computing, 센서 등)가 "널리 편재되어 있는 (Ubiquitous)" 양상에서부터 "공간(space)"의 개념을 지니고 있다.

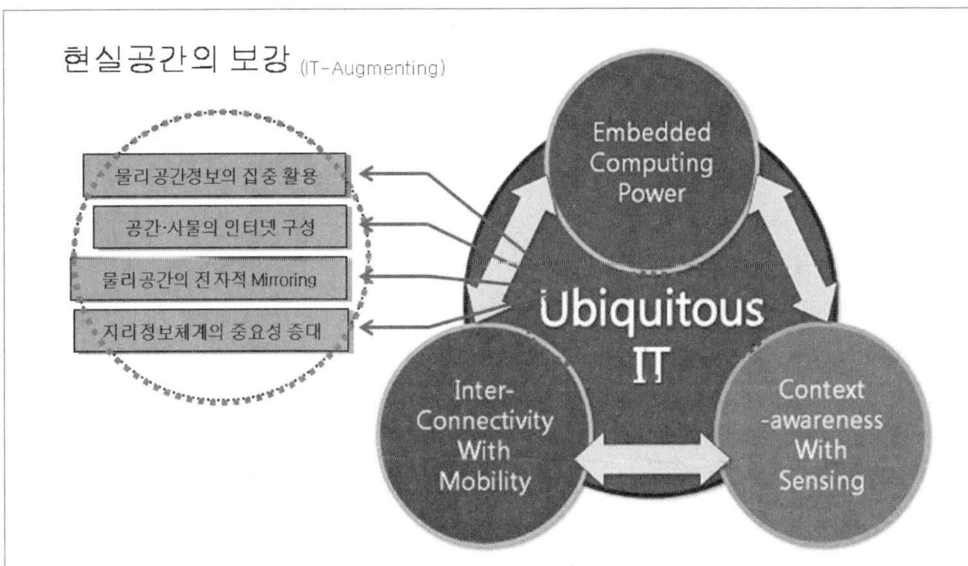

〈그림 5-26〉 유비쿼터스를 통한 현실공간의 보강

유비쿼터스 IT와 관련하여 "공간(space)"의 개념이 적용되는 내용은 현실공간의 IT화 (sensing(입력)과 displaying(출력)의 현실공간과의 결합)와 Smart 공간의 창출 (현실 공간의 Smart화), Locating 기능과 지리정보(geographic information) 이용의 활성화 (공간정보에 대한 체계적인 접근), 서비스의 Nomadism 확대 (IT 활용의 지리적 확산) 이다. "공간"의 개념을 도입함에 있어 IT의 활용을 통한 애플리케이션(applications)의 관점에 집중한다. "공간"의 개념은 본질적으로 기능(functions)에 관련된 개념이며 기술적인 개념이 아니다. Computing Power가 존재하는 방식으로서 자주 언급되는 "전자공간(사이버스페이스)"은 Computing Power가 존재하는 방식이라기보다는 결과 또는 기능으로 해석될 수 있는 대상이다〈그림 5-26〉.

"유비쿼터스"의 "공간"개념을 반영하는 애플리케이션을 전략의 전면에 내세우기 위해서는 애플리케이션이 적용되는 분야, 즉 영역별 논의는 필수적이라 할 수 있다. IT의 혁신과 관련한 기술적인 내용을 논의하는 과정에는 "전자공간과 현실공간의 융합"과 같은 표현을 사용할 수는 없다. 일부에서 "유비쿼터스"의 개념을 "공간"과 관련된 개념을 통하여 해석하기도 하나, "공간"의 개념 자체가 상당히 모호하고 기술적(technological)이기보다는 기능적(functional)으로만 설명될 수 있다는 점에서 전략적 구도를 설명하는 과정에 채택하여 활용하기에는 개념적인 혼란을 유발할 가능성이 있다. 지금까지의 "유비쿼터스"의 개념을 "공간"에 대한 많은 논의들이 추상적이고 관념적인 수준에 머물고 있거나 기술적인 설명을 결여하고 있다〈그림 5-27〉.

예) 육체와 정신이 결합하여 생명(life)이라는 전혀 다른 차원의 현상을 만들어 내듯, 전자공간과 물리공간의 결합은 이제까지 존재하지 않았던 새로운 제 3 공간을 창출한다. 전자공간의 무제한성과 물리공간의 실체성이 결합되어 만들어지는 제 3 공간은 아직까지 인류가 경험하지 못한 미답의 세계다.

예) 지금까지 물리적 평면으로만 보아오던 공간을 지식과 정보를 창조하고 전달하는 공간으로서 새롭게 인식하고 공간기술과 공간서비스의 중요성을 강조하고 있다. 앞으로 전개될 유비쿼터스 혁명은 지금까지 인류가 살아왔던 물리공간과 디지털혁명으로 등장한 전자공간 간의 대융합을 실현한 초공간인 유비쿼터스 공간을 창조함으로써 이전의 정보화와는 비교할 수 없는 엄청난 가능성을 가져올 것으로 전망된다. 최근의 정보화 과정에서 전자공간의 급속한 성장은 물리공간과 충돌을 야기하였다. 전자공간은 끊임없이 영토를 확장하고자 하며, 물리공간은 전자공간의 도전에 저항함으로써 기존의 영토를 고수하고자 한다.

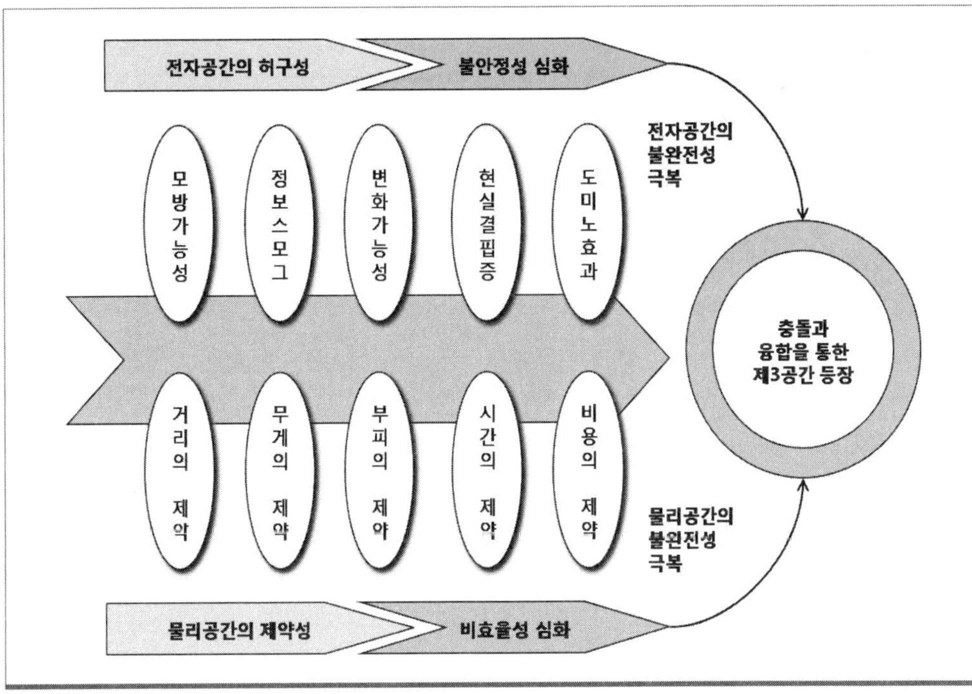

〈그림 5-27〉 현실공간과 유비쿼터스 공간의 융합

유비쿼터스 IT가 지원하게 될 "물리공간"을 지나치게 강조할 경우, 물리공간의 정보를 체계적으로 활용하게 될 IT시스템에 대한 고려가 제대로 이루어지지 못할 가능성이 있다. "유비쿼터스"의 논의에서 새로운 내용을 지나치게 강조하면서 기존 IT의 중요성에 대하여 과도하게 폄하하는 시각을 부각시키는 것은 경계할 필요가 있다.

예) 전자공간은 근본적으로 허구의 세계이다. 사이버 공간은 사이비 공간으로 조롱받으며, 거품 공간(Bubble Space)으로 폄하된다. 무엇보다도 이러한 불안정성은 아무런 장애와 마찰 없이 주변으로 파급된다.

(1) 공간 · 사물의 인터넷

"The Internet of Things"는 유비쿼터스 IT의 적용과 관련하여 언급되는 "현실공간(Space)"과 관련한 내용으로 이해된다.

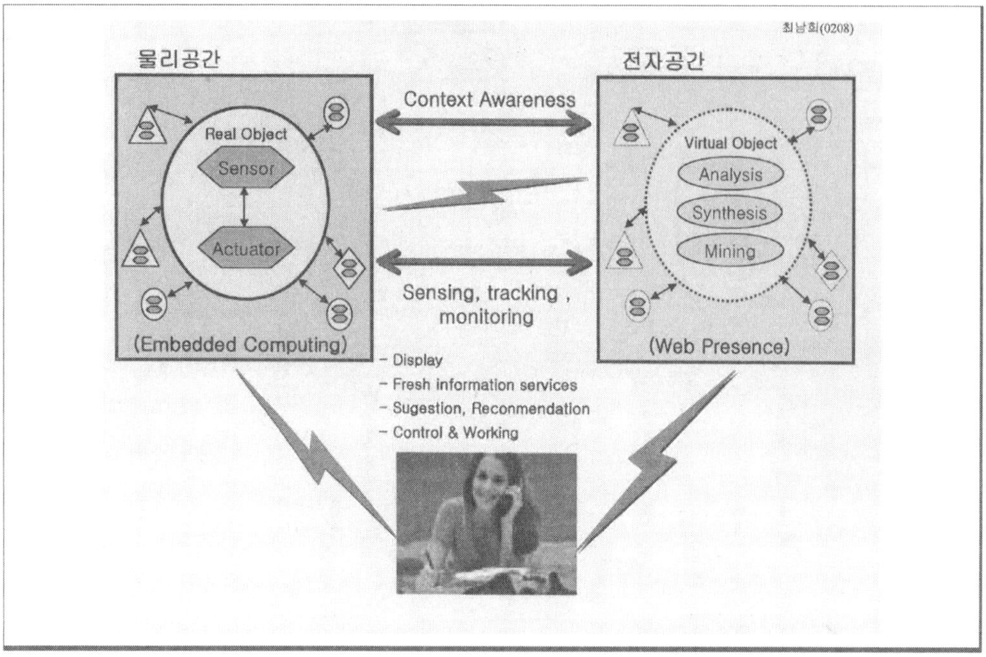

〈그림 5-28〉 공간-사물-컴퓨터-사람 연계의 개념

우선 "현실공간"(또는 "물리공간")을 구성하는 물건, 사물, 시설물, 장소, 지역 등의 내용들(이하, "공간의 내용물")이 특정한 주소(addresses)나 ID(identifications)를 가진다(이런 과정에 물리적인 좌표는 다양한 지리적 정보체계에 의하여 지원될 것이다). "현실공간"("물리공간")의 내용물들이 Computing Power를 가지고 Interconnected 된 상태로 IT시스템화 할 것이다. 물론 다양한 내용물들이 획일적인 Computing Power를 가질 필요는 없다〈그림 5-28〉.

이런 Computing Power들의 네트워크를 위하여 지금으로는 인터넷 플랫폼(Internet platform)이 가장 강력한 후보의 하나일 것이다. 물론 새로운 네트워크의 환경에 적절한 표준이나 통신방식, 네트워크 아키텍처들이 도입 될 것으로 판단되나, 인터넷의 유비쿼터스한 특성은 그대로 활용될 것으로 판단된다.

유비쿼터스 IT의 개념을 "공간"과 관련된 개념을 도출하는 것은 공간을 구성하는 다양한 요소, 특히 지리적 좌표(locations)나 특정한 사물, 건물, 도로 등에 주소(예, Physical URL)를 부여하고 IT를 통하여 인식이 가능하게 만드는 방법이 있을 수 있다. "현실공간"(물리공간)의 물리적 요소, 주소, ID, Historical 정보, Context 정보 등이 지속적으로 Computing Power의 네트워크를 통하여 체계적으로 관리, 운영되는 상태에서 "현실공간"("물리공간")의 제반 내용이 IT시스템(또는 "전자공간")에 반영되어 있을 것이다.

현실공간의 다양한 상황(contexts)의 전개를 인지하고 필요한 다양한 정보를 파악, 분석, 처리하여 특정한 결정을 내리는 자율성(autonomy 또는 proactiveness)을 통하여 IT서비스를 내놓는 과정이 현실공간 내에서(물리적으로) 이루어지게 된다. 물리공간의 내용물들에 주소(예, Physical URL)를 부여하고 IT시스템의 정보체계를 결합시킴으로써 인터넷의 주소를 통하여 물리공간의 내용물에 대한 정보 검색이 가능하게 되고, 주소가 부여된 사물간의 연계 또는 정보의 결합이 "Physical Hyperlinks"를 통하여 가능하게 된다〈그림 5-29〉.

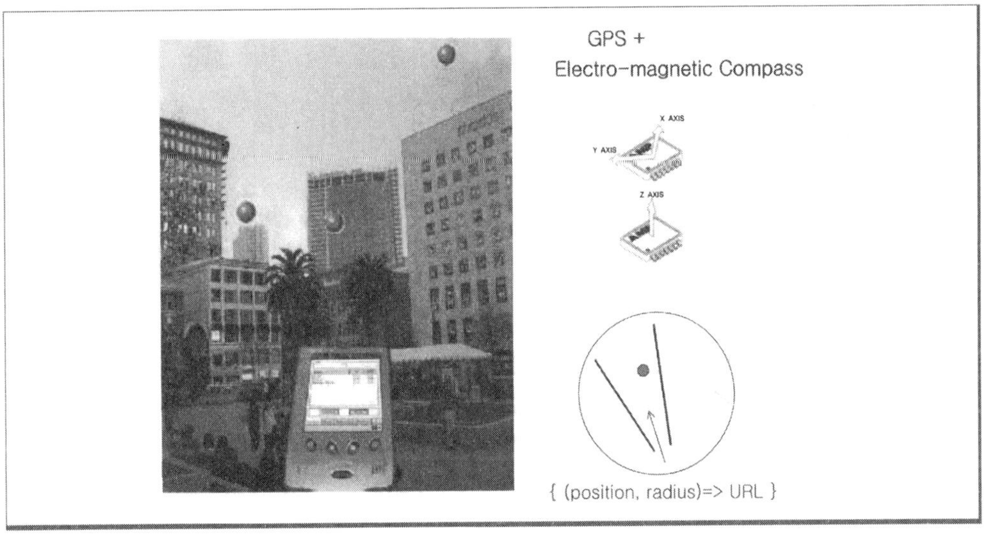

〈그림 5-29〉 Physical Hyperlinks의 모형

공간의 내용물들에 부여된 주소이외에도 공간의 고유한 Contexts나 환경의 내용(물론 이런 내용에 대한 정보는 Sensing을 통하여 확보하게 된다)에 따라 IT시스템의 정보를 차별화 할 수 있게 함으로써 IT시스템과 현실공간(또는 그 속에서 이루어지는 다양한 활동과 기능들)과의 결합이 체계적으로 이루어진다. "현실공간"의 Context에 따라 인터페이스, Computing Power, 서비스 등이 차별화됨으로써 IT서비스가 "현실공간"의 상황과 내용에 한층 많이 의존하게 된다.

(2) 현실공간(Context) 정보의 집중 활용

현실공간과 관련하여 유비쿼터스 IT가 부가가치를 창출할 수 있는 것은, 현실공간에 접합하는 IT요소 그 자체에 있기보다는 거기서 파악된 정보를 IT시스템을 통하여 처리하고 자율적인(proactive 또는 autonomous) 시스템을 통하여 현실공간을 지원할 수 있기 때문에 가능하다. 현실공간에서의 제반 활동(activities)이나 움직임들이 다른 사람, 물건, 공간적 시설물 등과의 상호작용 속에서 이루어진다는 점에서 유비쿼터스 IT에 의하여 제공되는 다른 사람, 물건, 공간적 시설물, 그리고 공간이 지니는 환경적인 측면 등에 대한 데이터나 정보는 제반활동과 의사결정에 중요한 역할을 수행할 수 있다. 물론 이와 같은 정보가 확보된 상태에서 현실공간의 서비스는 체계적이고 효과적으로 제공될 수 있을 것이다. 회의실, 건물 등에 사용자의 위치를 파악할 수 있는 기반시설을 설치하여, 사용자 위치에 따른 효과적인 서비스를 제공할 수 있다. 사용자의 프로파일(profile)에 따른 자동적인 냉방, 난방, 조명 조절이 가능한 기술이다. 사용자 컴퓨터의 소프트웨어(software)의 경우도 위치에 따른 동작이 가능하다.

"현실공간"은 사실상 모든 사물(objects)과 모든 활동(activities)이 포괄적으로 담겨 있기 때문에 모든 사물(과 대상), 그리고 모든 활동과 기능에 대하여 체계적인 구분 없이 전략에 대한 논의에 임하는 것은 적절하지 않다.

예) 유비쿼터스 시대에는 물리공간과 전자공간이 동시에 발전할 때 진정한 국가발전을 기약할 수 있다. 성공적인 'u-Korea'를 구축하는 데 있어서는 이러한 기술적, 경제적 이슈 이상으로 전자공간과 물리공간의 공간충돌, 공간부조화, 공간간 구조조정과 같은 공간간의 갈등 문제를 어떻게 극복할 것인가 하는 점에서 보다 더 중요한 이슈가 제기될 수 있으며 어떠한 전략을 통해 전자공간과 물리공간 간의 공진화를 달성할 것이냐가 중요한 관건이라고 할 수 있다. 디지털기술의 발전이 국가발전의 전략공간을 물리공간에서 전자공간으로 옮겨 놓았다면, 유비쿼터스 기술의 등장은 국가발전의 전략공간을 전자공간에서 물리공간과 전자공간이 연계·융합된 제3의 공간(초공간)으로 즉, 유비쿼터스 공간으로 재설정하고 있다.

"공간"의 개념을 설명하는 과정에 그 공간에 결부된 Computing Power, Networking, Sensing, Systems 등이 모든 기능(functions)을 수용할 수 있는 보편적인 기능공간(universal function space)일 수는 있으나, 이런 기능공간의 구축은 너무나 많은 비용을 수반하고 경제적이지도 않을 것이다. 같은 맥락에서 최근 정부의 정책으로 거론되는 "U-Sensor Network"(USN)의 경우에도 그 센서 네트워크가 지원하는 특정한 용도나 기능, 그리고 그 서비스의 내용에 의하여 세분화되어야 하며, 서비스(또는 기능이나 용도)를 중심으로 특화되어야(specialized) 한다. 표준화과정에 모든 종류의 기능이나 활동을 대상으로 설계될 경우, IT의 운영에 너무 많은 낭비요소를 끌어들이게 될 것이다. 따라서, 유비쿼터스 IT를 활용하여 탄생하게 되는 "공간"의 경우 IT시스템을 설계하는 용도(purpose)나 기능(functions) 또는 활동(activities)의 종류에 특화된 공간의 개념 또는 특정한 기능 중심의 "기능의 장"(functional field)이 될 것이다.

"기능의 장" 속에서는 특정한 목적과 의도가 충족되고 모든 시스템도 이런 목적과 의도를 중심으로 설계될 것이다. USN도 결국 특정한 기능이나 활동을 중심으로 설계될 것이기 때문에 사회 전반의 Universal한 기반으로서 역할을 하기보다는 지엽적인 용도를 충족하기 위한 특화된(specialized) Function Field 또는 Function Grid로서 모양이 이어질 것이다. 유비쿼터스 IT환경에서는 IT의 역할은 "현실공간"을 대상으로 기존의 기능(functions)과 활동(activities)등을 강화하는 것이다. IT의 기술혁신과 관련한 논의에서 "공간"의 개념은 기술적인 개념보다는 애플리케이션 또는 IT의 활용영역의 개념으로 사용될 수 있다. 따라서 IT의 기술혁신의 내용을 "전자공간"과 "현실공간"의 결합 또는 융합의 개념으로 사용하는 데는 한계가 있다.

- 공간에 존재하는 사물들의 물리적 위상과 정체성(identity) 식별을 통한 공간 개념의 정립
- 공간 내에 존재하는 환경, 사물의 개별적 지능화를 통한 전반적인 공간의 지능화 (Smart화)
- 공간의 상황이나 환경(Context)에 대한 인식
- 공간의 특징인 환경과 공간의 구성요소인 사물의 변화, 특성, 동선 등을 감식 (sensing, tracking)
- 환경, 사물의 변화, 공간 이동 등 공간 내에서 이루어지는 다양한 활동과 기능의 진전을 지속적 연계
- 공간 내 무수한 사물(대상)들과 공간 내 위치(좌표)에 이동(mobile)주소체계 부여

(3) 지리정보체계의 중요성 증대

현실공간은 지리적인 공간 개념을 내포하기 때문에 현실의 공간(또는 그 내용물)에 대한 IT의 활용이 강화되는 것은 기존의 IT와 연계된 지리적 개념, 즉 GPS와 GIS의 기능이 강화되는 것을 의미한다. Locating 기능과 지리정보의 고도화는 앞에서 지적된 Sensing(local context awareness)과 Displaying(location-customized information providing) 등과 연계되어 심화과정을 거치게 될 것이다. 현실공간을 구성하는 다양한 내용물(시설, 도로, 사람 등)과 공간적 좌표가 일정한 수준의 Computing Power를 지니고 체계적으로 네트워크에 연결되면서 지리적 공간을 구성하는 Computing Mesh를 제공하게 된다. 물론 이와 같은 Computing Mesh가 Nomadic Computing을 가능하게 하는 기반이 될 수 있다. 이런 Computing Mesh가 Sensing 기능을 중심으로 작용할 경우, 체계적인 Context-awareness가 가능해진다. 이와 같은 Computing Mesh에서

고정된 내용물은 고정된 좌표와 지리적인 개념에 근거하겠으나, 이동중인 내용물(예를 들어, 자동차, 사람 등)은 GPS를 집약적으로 사용하게 될 것이다. 이와 같은 지리적 Computing Mesh 속에서 현실공간의 전반적인 상황(context)의 전개에 대한 정보가 체계적으로 활용될 수 있게 되고, 이런 과정에 활용되는 대부분의 데이터베이스는 GIS의 형태를 갖추거나 GIS와 직·간접으로 연계되어서 활용될 것이다. 지리적 좌표와 관련된 다양한 정보나 지식, 데이터들은 GIS의 형태로 보관, 관리, 운영되고 다양한 기기(devices) (mobile인 경우도 포함)나 설비를 통하여 "유비쿼터스" 서비스를 제공할 수 있게 한다. 여기에서 우리는 향후 데이터베이스 운용에 대한 IT의 발전방향을 읽을 수 있다.

Chapter 06

임베디드 시스템

제6장

임베디드 시스템

요 약

아침에 일어나면 컴퓨터가 오늘의 날씨와 주요 일정을 알려준다. 아침식사를 위해 전자레인지에 기본 재료를 넣고 메뉴를 말하면 전자레인지가 조리법을 자동으로 내려 받아서 음식을 만들어 준다. 회사로 가는 차 안에서 본인에게 관심 있는 분야만 요약된 뉴스가 나온다. 중앙교통통제센터에서 자동차로 도로 정보를 보내서 최적의 경로를 선택하기 때문에 출근길의 막힘도 없다.

퇴근 후 집에 돌아와서는 주문형 비디오(VOD)로 좋아하는 영화를 보다가 영화에 나오는 배우의 옷이 마음에 들자 즉석에서 마우스로 옷을 클릭하여 가격정보를 확인하고 주문을 한다. 침대에 오르면 사람의 움직임으로 인식하고 집안의 모든 전등이 자동으로 꺼진다.

이것은 공상영화에서 나오는 얘기가 아니라 유비쿼터스가 일상화되었을 때 변화하는 우리 삶의 모습이다. 이번 장에서는 이와 같은 유비쿼터스 삶을 실현하는 임베디드 시스템에 대해 알아보도록 한다.

6.1 임베디드 시스템

(1) 임베디드 시스템의 개념

- **임베디드 시스템의 정의 :** 임베디드 시스템(embedded system)이란 미리 정해진 특정 기능을 수행하기 위해 컴퓨터의 하드웨어와 소프트웨어가 조합된 전자 제어 시스템을 말하며, 필요에 따라서는 일부 기계(mechanical parts)가 포함될 수도 있다. 즉, 우리 생활에서 쓰이는 각종 전자기기, 가전제품, 제어 장치는 단순히 회로로만 구성된 것이 아니라 마이크로프로세서가 내장되어 있고, 그 마이크로프로세서를 구동하여 특정한 기능을 수행하도록 프로그램이 내장되어 있는데, 이러한 시스템을 가리키는 것이다.

세탁기를 예로 들면, 이전에는 세탁과 탈수 기능만 갖는 단순한 기기였지만, 요즘 나오는 세탁기는 옷감 종류부터 시작해서 세탁할 옷의 양, 물의 온도 등을 고려하여 세탁할 수 있도록 되어 있다. 이와 같이 이전의 시스템으로는 하기 힘든 것을 마이크로프로세서와 그에 따른 제어 프로그램이 내장된 임베디드 시스템이 수행하는 것이다.

우리는 일상생활에서 많은 기계나 장비를 의식적이든, 무의식적이든 이용하거나 그 도움을 받아가면서 살아가고 있다. 이러한 기계나 장비 중에는 프로세서와 메모리를 포함하고 있어 메모리에 저장되어 있는 프로그램대로 실행되는 것들이 있는데, 이렇게 하나의 시스템에 포함되어 특정한 일을 하는 부분 시스템을 통칭하여 임베디드 시스템이라 할 수 있다. 따라서 '임베디드 시스템'이란 프로세서들이 들어가서 동작하는 제어 시스템을 일컫는 것이 일반적이다.

보통 마이크로프로세서의 크기나 성능에 관계없이 마이크로프로세서가 삽입된(embedded) 시스템을 총칭하긴 하지만, 일반적으로 32bit 이하의 마이크로프로세서를 사용한 시스템으로 그 범위를 한정한다. 보통, 임베디드 시스템의 경우 전체 시스템 가격이나 소비 전력을 낮추기 위해 시스템에 많은 제한을 가하는 특성이 있다. 그리고 범용 운영체제를 사용하기보다는 특화된 실시간 운영체제를 사용하거나 운영체제 없이 모니터 프로그램에 의해 로드되어 필요한 기능만을 수행하는 난일 프로그램으로 소프트웨어가 구성된다.

일반적으로 임베디드 시스템은 대량으로 양산되는 가전제품류와 소량 제작되는 제어 보드 군으로 크게 나눌 수 있다. 양산되는 시스템 프로그램은 제품 제작에 들어가기 전에 많은 테스트를 거치게 된다. 즉, 제품 출시 후에 문제가 발생하여 회수하는 일이 없도록 안정적인 동작에 중점을 둔다. 또한 많은 시스템이 복잡한 사용자 인터페이스보다는 간단하게 LED 몇 개와 액정 디스플레이로 상태를 표시한다. 이러한 것들은 주로 시스템이 컨트롤하는 것, 가령 통신 라인이나 제어 포트 등의 오동작시 처리 여부와 장시간 동작시 안정성을 보장하는 데 중점을 두고 개발한다.

임베디드 시스템에 대한 적절한 정의는 기술의 발전과 이를 응용한 제품의 등장과 이용에 따라 조금씩 변천되어 왔다. 초기 임베디드 시스템에 대한 적절한 정의는 "일반적으로 보다 큰 시스템의 일부로서 특별한 업무를 수행하기 위한 하드웨어와 소프트웨어를 포함하는 특정 한 응용시스템"으로 내릴 수 있다. 임베디드 시스템은 일반적으로

"반응적 시스템(reactive systems)"에 속하는데, 인간이나 시스템이 속한 환경과 끊임없이 서로 반응을 주고받는 시스템이다.

이에 반해 우리가 일반적으로 사용하는 개인용 컴퓨터, 워크스테이션, 기업체 등에서 사용하는 대형 컴퓨터는 하드웨어와 소프트웨어를 포함하는 시스템이지만, 특별히 정해진 용도로만 사용되는 것이 아니라 메모리에 적재되어 실행되는 프로그램에 따라 여러 가지 용도로 사용될 수 있다. 따라서 이러한 시스템은 범용이라 일컬어지며, 시스템 제작자로서는 이 시스템이 어떤 용도로 사용될지 알 수가 없다.

임베디드 시스템의 특징을 설명하면 다음과 같다.

- 일반적으로 보다 큰 시스템의 일부이거나 독립된 시스템으로서 특별한 업무를 수행하거나 사용자가 임의로 정한 업무를 수행하기 위한 하드웨어와 소프트웨어를 포함하는 특정한 응용시스템으로서 하드웨어와 소프트웨어의 구성 변경이 매우 어려운 시스템을 임베디드 시스템이라 한다. 〈그림 6-1〉은 임베디드 시스템 영역을 분류한 것이다.

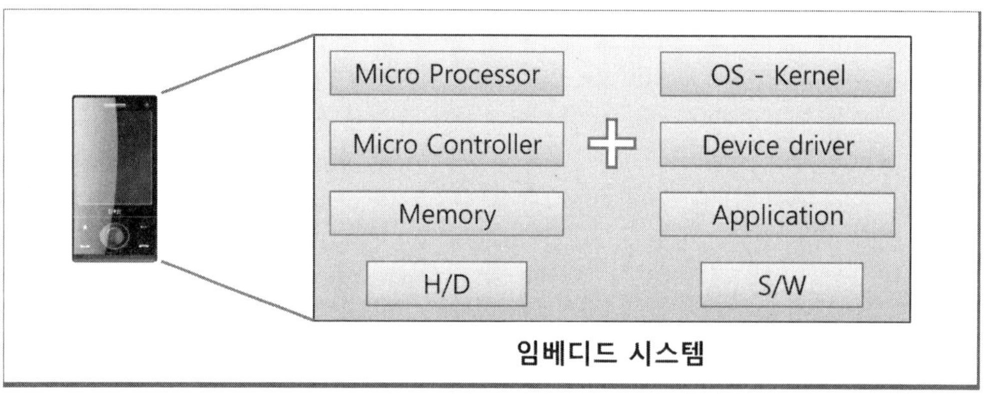

〈그림 6-1〉 임베디드 시스템의 영역

- 초기의 임베디드 시스템은 그 구성이 매우 단순하였다. 8/16bit 컨트롤러에 제한된 동작을 하도록 하는 소프트웨어가 탑재된 시스템이 전부였다. 물론 이 시스템은 지금도 사용된다. 하지만 강력한 마이크로프로세서와 DSP(Digital Signal Processing) 칩이 일반적으로 사용됨에 따라 사용 영역이 넓어지고 그에 따른 소프트웨어도 발달하게 되었다. 또한 이러한 대형 시스템을 제어하기 위한 임베디드 운영체제가 등장하기에 이르렀다. 임베디드 시스템의 역사는 공장자동화의 역사와 맥을 같이 한다. 따라서 임베디드 시스템의 역사는 공장자동화 부분을 참조할 필요가 있다.

(2) 임베디드 시스템의 적용분야

- **정보가전 :** 사전적 의미의 정보가전(情報家電, information electronic appliances)은 "정보를 수집하거나 영상을 기록해서 인간의 정신활동 지원에 일익을 담당하는 가정전용기기"를 의미한다. 가전이라 하면 냉장고, 세탁기, 청소기, 공기 조절기 등과 같이 가정 내 생활환경을 쾌적하게 유지하는 기기를 말하며, 이들 가전은 지금도 가사노동을 줄여 주고 주거환경을 정비하며 건강을 지켜주기 위한 목적으로 활용되고 있다. 이러한 정보가전제품은 기술적으로 AV 기기와 컴퓨터, 통신기기를 융합한 것으로, 미디어기기라고도 한다. 넓은 의미로는 기존의 AV 기기도 포함하여 정보가전이라 하는 경우도 있다. 정보가전의 선두주자는 라디오이며, 이 라디오를 통해 인간은 정확한 정보를 쉽게 얻을 수 있었다. 가정에서의 정보 수집은 라디오에서 TV로 이행되었다가 현재는 인터넷으로 대치되었다.

가전제품이 정보통신 기술과의 접목을 통해 정보가전으로 변화되면서 가전제품에도 임베디드 시스템용 운영체제와 칩 등이 본격적으로 도입되고 있다. 사실 수 년 전부터 아주 단순한 가전제품에도 마이콤(마이크로컴퓨터의 약어)이라는 소형 칩이 적용되어 왔지만, 가전제품이 자체 칩을 통해 다양한 인공지능 또는 퍼지기능을 요구하게 되면서 고성능 칩과 SW 및 운용체계의 적용이 불가피해졌다. 그러나 가전제품에 PC나 고성능 컴퓨터에서 사용하는 시스템을 적용할 수는 없다. 왜냐하면 빠른 구동성과 쉬운 활용법 등이 가전제품의 생명이기 때문이다.

최근 출시되는 전자제품 중에는 마이크로프로세서를 넣지 않았거나 프로그램을 탑재하지 않은 제품은 거의 없다. 물론 간단한 장치들은 그런 프로그램이 없어도 직접 회로를 설계하여 해결할 수 있지만, 조금만 덩치가 크거나 지능적인 제품들은 거의 임베디드 시스템을 도입하고 있다.

이러한 정보가전도 아날로그에서 디지털로 급속히 전환되고 있는 추세이다. 가정에서 사용하는 TV, 오디오, VCR, 냉장고, 세탁기 등 기존 제품들에 컴퓨터 및 정보통신기술을 접목하여, 가전제품 고유의 기능을 수행하면서 인터넷을 통해 가정에서 필요한 각종 정보를 얻을 수 있는 디지털 정보가전이 속속 등장하고 있다. 따라서 디지털 정보가전은 빠른 속도로 가전 시장을 잠식하고, 이로 인해 기존 아날로그 가전은 설자리를 잃어갈 것으로 예상된다. 디지털 정보가전의 특징 중 하나는 컴퓨터 없이도 인터넷을 이용할 수 있고 홈 네트워킹을 기반으로 모든 가전제품이 연결되어 정보를 주고받을 수 있다는 점이다 또한 기존 아날로그 제품과는 비교할 수 없을 정도로 높은 수준의 화질과 음질을 제공한다. 뿐만 아니라 디지털 정보가전은 이동전화 단말기 등으로 원격 제어할 수 있는 홈 시큐리티 기능을 구현할 수 있고 초고속 인터넷과 연결되어 영화,

음악, 부가 정보 등 다양한 멀티미디어 콘텐츠를 주고받을 수 있게 되다. 그 동안 단일 기기로만 사용되어 온 가전제품이 이제는 컴퓨터 못지 않은 정보사회의 핵심기기로 탈바꿈하고 있는 것이다.

일반적으로 전자레인지, 전기밥솥, 진공청소기, 에어컨, 냉장고 등의 전자제품들은 임베디드 시스템의 도움 없이는 불가능하다. 이제는 가전제품들도 인터넷과 결합한 인터넷 TV, 인터넷 냉장고, 인터넷 전기밥솥 등이 등장하고 있다. 이런 기술들은 단순한 회로 구성이 아닌 진보된 하드웨어 기술과 소프트웨어 기술이 융합된 고급 임베디드 시스템의 결정체이다. 임베디드 시스템이 적용되는 디지털 정보 가전제품으로는 디지털 TV, DVD 플레이어, MP3 플레이어, 인터넷 냉장고, 인터넷 세탁기, 웹 스크린폰, 차세대 게임기, 텔레비전에 장착하여 인터넷 서비스를 구현하는 셋톱박스, 인터넷과 홈 네트워킹이 가능한 방송·인터넷 겸용 셋톱박스 등을 꼽을 수 있다. 이 중 인터넷 TV가 대표적인 정보가전제품으로 가정용 텔레비전에 인터넷 접속 기능의 셋톱박스를 결합시킨 장치이다. 인터넷 TV는 인터넷에 익숙하지 못한 주부와 노년층 또는 어린이들을 겨냥해 텔레비전을 다루듯 쉽게 인터넷에 접속할 수 있도록 하려는 목적으로 개발된 것이다. 1996년 미국의 웹 TV 사가 인터넷 검색이 가능한 TV를 선보인 것이 인터넷 TV의 시초이다. 그 후 소니, 필립스, 삼성전자, LG 전자 등 국내외의 가전업체들이 인터넷 TV를 제품화하였지만, 소비자들의 호응을 얻지 못해 판매실적은 미미한 수준에 머물렀다. 당시는 멀티미디어 콘텐츠가 절대적으로 부족하고 초고속 네트워크의 보급마저 미미해서 흐릿한 TV 브라운관 화면으로 텍스트 위주의 인터넷 정보를 전달하기에는 부족한 점이 많았기 때문이다. 2010년대에 들어서면서 인터넷 인구가 급증하고 멀티미디어 콘텐츠가 폭증하면서 인터넷 TV는 대중화의 새로운 전기를 맞았다. 주부, 노년층으로 인터넷 이용 층이 확대되고, 온라인 주식거래, 인터넷 쇼핑몰, 동영상 서비스 등 인터넷 콘텐츠가 다변화됨으로써 인터넷 TV에 대한 수요도 크게 증가하였다. 국내 시장에는 인터넷 TV 네트웍스, 홈 TV 인터넷, 클릭 TV, 티컴넷 등 인터넷 TV 전문업체들이 등장하면서 시장 쟁탈전이 치열해졌다. 한국통신·하나로통신 등 초고속 통신서비스를 제공 중인 대형 통신업체들도 여기에 가세하면서 TV로 인터넷 정보검색은 물론 전자우편, 홈쇼핑, 주식 및 은행거래, 방송시청, 주문형 비디오 등의 서비스 활용이 일반화되었다. 그러나 가정용 텔레비전 브라운관의 해상도가 PC 모니터에 비해 떨어진다는 점이 인터넷 TV의 가장 큰 문제점이다. 최대 해상도가 640X480 수준인 인터넷 TV는 1024X768의 정밀한 해상도가 보편화되어 있는 PC 모니터에 비하면 화면의 정보 표시량이 적고, 가독성(可讀性)도 크게 떨어져 텍스트 검색에 문제가 있기 때문이다. 또, 인터넷 TV에서는 검색내용 저장, 복사, 출력 등 인터넷 검색상의 일반적인 작업을 할 수 없는 점도 큰 결점이다. 인터넷은 물론 영상전화까지 가능한 디지털 냉장고, 인터넷 디지털 디오스 냉장고는 백색가전과 정보가전이 통합된 미래 가정의 홈 네트워크화에 대비하여 동영상 통신기술을 가전제품에 적용시킨 최초의 디지털 백색가전제품이다〈그림 6-2〉.

〈그림 6-2〉 인터넷 세탁기와 인터넷 냉장고

또 다른 디지털 정보가전의 예로 디지털 TV가 있다. 국내 가전 3사는 일명 벽걸이 TV로 불리는 PDP TV를 비롯하여, 대화면 프로젝션 TV와 브라운관 방식의 HDTV 등 첨단 디지털 TV를 개발하여 시장에 선보이고 있다. 이러한 디지털 TV도 압축된 영상의 복원 등을 위해 많은 프로그램들이 포함되어 있으며 이러한 소프트웨어와 하드웨어를 총괄하는 임베디드 시스템이 내재되어 있다.

DVD 플레이어, 디지털 카메라, 디지털 캠코더 등 디지털 가전제품 등이 이미 소비자들에게 좋은 반응을 얻으며 일상생활에서 사용되고 있는데, 이러한 제품에도 임베디드 시스템은 필수적이다.

디지털 정보가전의 또 다른 중심 분야로 비디오 게임기 부문이 있다. 기존의 비디오 게임기들은 단순히 TV에 연결하여 사용하는 것으로 사용자의 입력을 받아들이는 하드웨어를 위한 드라이브와 출력을 위한 비디오 부분, 게임 프로그램의 적재와 실행을 위한 메모리 관리 부분 등 작은 임베디드 시스템으로 구성되는 것이 일반적이었다. 하지만 최근에 시장에 나오고 있는 비디오 게임기들("플레이스테이션2"(소니사 제품), "엑스박스"(마이크로소프트사 제품))은 단순한 게임기의 역할뿐만 아니라 인터넷 접속기의 역할까지도 하게 되었다. 즉, 가정의 개인용 컴퓨터를 대체할 수 있는 제품으로의 가능성을 내재하고 있는 것이다. 이러한 제품에도 임베디드 시스템이 필수적인데, 특히 소니는 "플레이스테이션2"를 위한 운영체제로 리눅스를 사용하고 있어, 리눅스가 단지 서버나 데스크탑 컴퓨터를 위한 운영체제가 아니라 임베디드 시스템에도 적당한 운영체제라는 것을 실증적으로 보여주고 있다. 이외에도 핸드폰이나 스마트폰에도 임베디드 시스템이 필수적으로 내재되어 있다. 현재 이러한 상용 제품들을 위한 임베디드 운영체제로는 시장에서 그 안정성과 효율성, 응용프로그램 개발의 용이성 등이 입증된 제품들(VxWORKS, pSOS, Win-CE 등)이 사용되는 것이 가장 일반적이다. 하지만 이러한 상용 제품의 사용은 제품 단가의 상승, 개발된 응용프로그램의 호환성 문제 등이 남아 있다. 이러한 문제점 때문에 임베디드 운영체제로 리눅스를 채택하려는 연구와 개발의 열기가 높아지고 있다.

디지털 가전 분야는 반도체·방송가전·소프트웨어·부품·콘텐츠 등 전자산업 전반에 미치는 파급 효과가 매우 크기 때문에 이 시장 선점은 곧 미래 전자산업 시장에서의 주도권 확보로 이어진다. 미래 사회에는 가전·컴퓨터·통신·방송기술이 융합되어 디지털화·네트워크화·지능화 등 새로운 개념의 제품이 등장할 것이다. 기존 가전제품에 인터넷과 네트워크 기술은 물론 인간공학과 첨단 디자인까지 접목한 이른바 '미래가전'이 그것이다. 즉, 디지털 시대를 맞아 인터넷·블루투스·모바일 기술이 결합한 미래형 디지털 정보가전이 속속 등장함으로써, 기존가전의 대명사로 불리던 냉장고·세탁기 등 아날로그 백색가전과 AC 가전을 밀어내고 주력 제품군으로 자리 잡을 것으로 기대하고 있다. 미래형 디지털 정보가전 시장은 2010년에 본궤도에 올라 홈 네트워크를 구성하는 게이트웨이와 인터넷 냉장고·디지털 TV 등 디지털 가전제품을 포함한 세계시장 규모만도 수백억 달러를 형성했고 향후 계속 성장하고 있다. 특히 미래형 디지털 정보가전은 소비자들이 단순히 제품만을 구매하는 것이 아니라 이를 통해 정보와 지식, 아이디어를 구매한다는 점에서 콘텐츠 등 다른 산업에 미치는 파급 효과가 엄청날 것으로 예상된다.

가전제품에 채택되는 임베디드 시스템, 특히 실시간 운영체제로는 윈도우 CE·pSOS·VxWORKS 등에서부터 임베디드 리눅스·차이(chai) 등 다양하다. TV·냉장고·세탁기·전자레인지·에어컨·전기밥솥 등 가전제품의 보급대수를 감안 할 때, 가전 시장에 채택될 임베디드 시스템, 특히 실시간 운영체제(RTOS)와 임베디드 칩의 시장 규모는 어마어마할 것으로 추산된다. 현재 삼성전자·LG 전자 등 종합가전 메이커를 포함하여 셋톱박스·각종 휴대형 정보가전 등을 개발하는 벤처기업들이 임베디드 시스템의 개발 및 도입에 적극 나서고 있다. 임베디드 시스템에 대한 관심은 종합가전 메이커뿐 아니라 벤처기업에서도 활발하다. 특히 국내 150~200여 업체가 몸담고 있는 셋톱박스 분야에서 임베디드 시스템의 활용 열기는 매우 뜨겁다. 이는 인터넷 IP시스템을 기반으로 한 홈 게이트웨이, 위성과 지상파 및 케이블을 활용한 디지털 방송, 가전제품을 망으로 묶어주는 홈 네트워킹 등이 수면 위로 떠오르면서 단순형 방송 수신기에 불과했던 셋톱박스가 정보가전의 핵심 품목으로 떠오르고 있기 때문이다.

이러한 제품 개발 예를 들어보면, 엠바이엔(http://www.mbyn.co.kr)은 인터넷 셋톱박스인 미디어엑스를 개발하였다. DVD, DVB/ATSC, MPEG2 등은 그 동안 엠바이엔이 쌓아온 디지털 기술이 집약된 제품으로 아날로그 및 디지털 방송 수신, PVR(Personal Video Recoder) 기능, DVD 플레이어, 인터넷 접속 기능 등이 한 제품에서 모두 구현된다. 그리고 코스트론(http://www.costron.com)은 디지털 방송 수신 및 인터넷 연결 기능을 결합한 셋톱박스인 웹아츠를 개발하였다. 이 기기를 TV에 연결하면 TV 화면을 통해 인터넷 쇼핑·사이버 트레이딩 서비스네트워크 게임 등 개인용 컴퓨터를 통해서만 이용할 수 있었던 서비스를 인터넷으로도 즐길 수 있다〈그림 6-3〉.

특히 해상도 640X480인 일반 TV 화면에서도 800X600 해상도를 구현함으로써 인터넷 사이트 화면을 TV에서도 자연스럽게 볼 수 있게 하고 있다.

또한 매직아이 (http://www.mesdigital.com)는 MMSP(MultiMedia Signal Process)2라고 명명한 임베디느 칩 솔루션을 개발하였다. 이 칩은 IMT2000, 이동방송, 자동차, 인터넷, 콘텐츠의 결합에 대비한 차세대 칩으로 MPEG 1/2, MP3, ACC, WMA의 멀티 스탠더드 코드 기능이 추가된다.

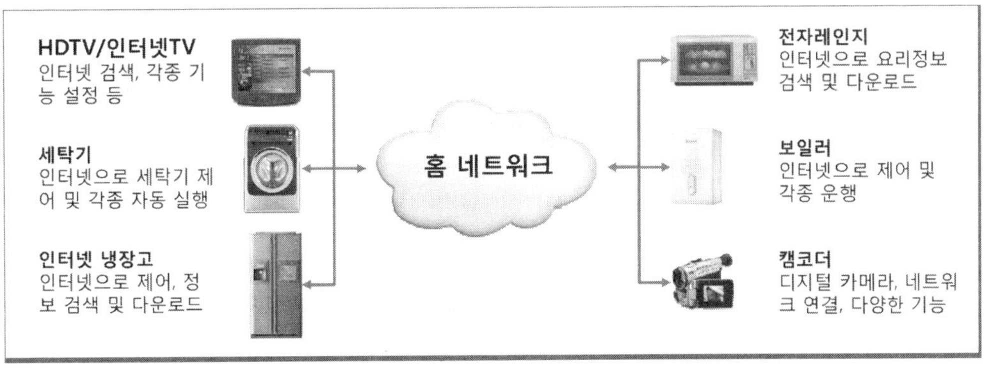

〈그림 6-3〉 홈 네트워크 구성도

- **사무기기 :** 전자기술의 혁신으로 컴퓨터 하드웨어기술 및 소프트웨어기술이 크게 발달되어 컴퓨터가 보다 저렴해지고, 소형화, 고성능화되었으며, 통신기술의 발달로 LAN의 이용이 대중화됨에 따라 고속으로 정보통신이 가능해졌다. 또한 종합정보통신망의 출현으로 음성,

화상, 데이터를 하나의 통신망으로 통합하여 고속전송과 다양한 통신 서비스가 가능해졌고, 사무정보기기의 대량 보급에 따라 다양하고 복합적인 기능을 가진 사무정보기기의 대량 보급이 이루어졌다. 또한 기업 활동의 범위가 국제화됨에 따라 과거 기업 경영 환경에 비해 현재의 기업 환경에서 분석하고 활용해야 할 정보가 폭발적으로 증가하였으며 이들 정보를 효율적으로 분석하고 경영 전반에 활용하기 위해서는 최신 기술을 바탕으로 한 각종 사무자동화 기기를 활용할 수밖에 없게 되었다. 즉, 사무자동화 기기는 사무자동화를 위한 컴퓨터, 통신장비, 워드프로세서, 팩시밀리, 전화, 복사기 등의 각종 기기들을 말한다.

이러한 여러 가지 기기들 중 임베디드 시스템이 포함되어 있는 장비로 대표적인 것이 다기능 레이저 프린터와 디지털 복사기를 들 수 있다. 이들 장비는 전용 프로세서와 메모리, 경우에 따라서는 하드디스크를 포함하고 있으며 이러한 하드웨어와 응용프로그램들 상에서 인터페이스를 해주는 자체 운영체제도 포함하고 있는 것이 일반적이다.

- **제어**

  - **공장자동화 :** 공장자동화(FA, Factory Automation)는 사무자동화, 가정자동화와 더불어 3A로 불린다. 그 중에서 공장자동화는 가장 급속도로 발전하여 자동화산업의 선도적 역할과 제조 공정 분야의 중추적인 기능을 수행하고 있다.

공장자동화란 미리 작성된 소프트웨어를 통해 사람의 개입 없이도 제품의 설계, 제조, 조립, 검사 등의 생산 공정을 거쳐 창고로부터 제품이 출하되는 인체의 생산 과정을 자동적으로 관리하는 시스템인데, 중앙 제어 시스템에 의해 제어된다. 이와 같은 공장자동화의 최종 목표는 무인화(unmanned factory)이기 때문에 생산 라인에서 사용되는 기계 장치가 점차 자동화되어 감에 따라 인간의 노동력도 자동화된 기계 장치로 대체되고 있다. 공장자동화의 이점은 생산량의 증대, 생산비의 절감, 품질의 향상, 생산 기간의 단축, 기능공 부족 해소, 위험한 작업의 대신 수행을 들 수 있다. 공장자동화에서 임베디드 시스템의 발전 모습을 쉽게 찾아볼 수 있는데, 공장자동화의 발전이 임베디드 시스템의 발전과 역사를 함께 한다고 보아도 무관하다. 지금 세워지고 있는 공장들은 노동력 중심의 공장 설비보다 최신 시스템의 자동화 설비 장치를 가지고 제품을 보다 효율적으로 생산해 내고 있다. 공장자동화에 들어가는 자동화 장비와 설비들이 바로 임베디드 시스템의 한 부분이다. 이 장비와 설비들은 목적에 따라 하드웨어로 구성되어 있다. 확장성, 업그레이드, 기능 수정을 위해 소프트웨어를 조합하여 구축하기도 한다. 이러한 장비를 1960년대 초 1, 2차 세계대전 이후 제어 분야 제품의 생산과 연구개발이 활발하게 진행되면서 발전하였다. 특히 1957년 러시아의 최초의 인공위성 발사, 1962년 미국의 최초의 통신위성 발사의 성공은 이러한 디지털 제어 분야를 발전시키는 데 큰 역할을 했다. 이때 가장 인기 있었던 분야가 직접 디지털 제어(DDC, Direct Digital Control)였다. 기존의 아날로그 컨트롤러가 수행하던 것들을 컴퓨터가 대신 하게 된 것이다. 그러나 이러한 발전과 응용프로그램의 증가에도 불구하고 기존의 아날로그 컨트롤러에 비해 월등히 가격이 비쌌기 때문에 컨트롤이 실패했을 경우 백업이 불가능했다. 1970년대 초반(하드웨어 시대)은 컴퓨터 컨트롤 하드웨어, 소프트웨어를 포함한 계측기기의 발전 시대였다. 또한 네트워크상에 연결된 몇 대의 컴퓨터에 대한 분산 공정제어가 공장 생산 설비의 목적으로 개발되었다. 1974년에 프로그램을 저장하고 재 호출할 수 있는 메모리를 탑재한 PLC를 일본의 마쓰시다 산업전기(Matsushita Electrical Industrial)에서 제작하였고, 곧이어 마이크로프로세서가 개발되면서 현재의 임베디드 시스템과 같은 모습을 갖추게 되었다. 현재는 각급공장의 생산 라인 시스템을 제어, 감시 및 자동화할 수 있고, 생산 과정에서 얻어지는 각종 생산 자료 및 정보들을 컴퓨터가 데이터베이스에 저장한다. 특히 단독 구성, 상위 호스트와의 네트워크 구축을 통해 생산과 결과 통보를 용이하게 한다.

- **홈 오토메이션 :** 가정자동화(HA, Home Automation)란 주택을 단순한 주거 개념으로 보지 않고 컴퓨터와 통신 및 반도체기술을 응용하여 일상생활을 자동화시킨 가정을 의미한다. 컴퓨터 통신망을 이용하여 생활정보, 문화정보, 홈뱅킹, 홈쇼핑, 학습정보, 진료 등 많은 정보를 얻음으로써 사용자들이 시간과 공간의 제약에서 자유로워지는 데 그 목적이 있다. 가정자동화에 대한 기술 개발은 이미 70년대부터 시작되었다. 리모트 컨트롤러 하나로 집안이나 외부에서 조명, 수도, 가스, 난방, 가전제품 등을 제어하는 것이 목표였다. 이런 시도에는 주로 유선 개념이 적용되었기 때문에 여러 기기를 제어하는데 전기선 외에 별도의 선과 장치가 필요한 것이 단점이었다. 최근에는 무선 제어기술이 발달하면서 가정자동화 시스템에 대한 연구가 활발히 추진 중이다. 앞으로 가정의 가전제품 환경이 무선 쪽으로 변할 것이 분명하기 때문에 정보통신 업체들뿐만 아니라 가전제품 업체들도 연구에 가세하고 있다. 무선 제어 기술의 가장 큰 걸림돌은 가전제품에 장착될 무선 모듈의 단가와 표준화 문제이다. 이노버텍은 표준 공용 무선 프로토콜인 스왑(SWAP, Shared Wireless Access Protocol)에 맞춰 제품을 개발했다. 최근에는 무선을 이용한 가정자동화 시스템이 활발하게 보급되고 있다〈그림 6-4〉.

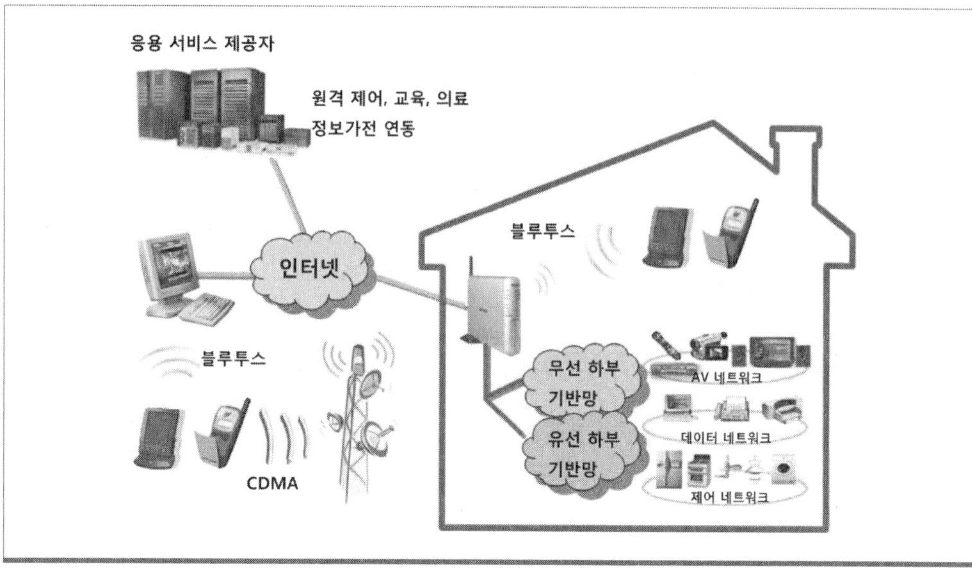

〈그림 6-4〉 홈오토메이션 구성도

- **모바일 디바이스**

- 이동전화 : 무선통신 방식에 의해 이동체에 설치하는 송수신 설비를 가진 자에 대해 이동전화 교환 설비를 이용하여 주로 음성을 송신하거나 수신하는 전기통신 서비스로 일반전화와는 달리 케이블을 사용하지 않고, 무선 전파에 의해 언제 어디서나 누구와도 양호한 품질로 통신이 가능하도록 설계된 시스템으로, 휴대용 전화 및 차량 전화 등의 편리한 형태로 가입자에게 통신 서비스를 제공 할 수 있다. 이동전화의 특징은 이동성을 완벽하게 보장하기 위한 전파를 통신의 매체로 사용한다는 점이다. 이러한 특징으로 인해 일정 지역 내에서 동시 사용자의 수가 고정적이 아니라 가변적이고, 지형지물에 의한 반사로 전파의 전달 경로를 정확하게 예측하기가 어려우며, 단말기가 소형화·경량화 되어야 하고 주파수 자원의 한계를 극복해야 하는 단점이 있다. 이러한 문제점들은 극복하기 위해 이동 전화기에는 단순한 송수신 모듈만으로 구성되어 있는 것이 아니라 수신된 신호의 처리와 자신의 위치를 알리기 위한 중계기와의 주기적인 신호의 송수신, 간단한 주소 저장 기능 등 여러 가지 응용프로그램이 같이 존재해야 한다. 따라서 지금의 이동전화는 전용 프로세서와 메모리를 포함하고 있으며, 이와 같은 하드웨어와 응용프로그램 사이의 인터페이스를 위해 안정성이나 신뢰성 등이 이미 검증된 상용 임베디드 운영체제를 사용한다. 즉, 이동전화기는 하나의 작은 임베디드 시스템인 것이다.

– 스마트 폰 : 휴대전화와 개인휴대 단말기(PDA)의 장점을 합친 것으로, 휴대전화기에 일정 관리, 팩스 송수신 및 인터넷 접속 등의 데이터 통신 기능을 통합시킨 것이다. 인터넷 정보검색은 물론 액정 디스플레이에 전자 펜으로 문자를 입력하거나 약도 등 그림정보를 송수신할 수 있다. 선택 사양인 데이터 어댑터를 장착하면 일반 전화선으로도 데이터를 전송할 수 있다. 그러나 제한된 메모를 장착하면 일반 전화선으로도 데이터를 전송할 수 있다. 그러나 제한된 메모리 환경 때문에 파일 시스템을 탑재할 수는 없다. 스마트폰은 휴대폰으로 사용하는 외에 휴대형 컴퓨터로도 사용할 수 있고, 이동 중에 무선으로 인터넷 및 PC 통신, 팩스 전송 등을 할 수 있다. 방식을 보면 아날로그 방식, 유럽의 GSM 방식, 일본의 PHS 방식, 한국의 CDMA 방식으로 무선통신을 할 수 있도록 개발되었다.

– PDA : PDA(personal Digital Assistant)는 휴대형 정보 단말기를 말한다. 노트북보다 훨씬 작은 소형 컴퓨터이면서 전자수첩보다 강력한 컴퓨팅 파워를 갖고 있다. 전체 크기가 작기 때문에 디스플레이 장치(LCD)의 크기가 제한되며, 펜으로 문자를 써서 인식하게 하는 펜 입력을 기본으로 하고 있다. 일정 관리, 주소록, 메모장 같은 개인정보 관리 프로그램을 기본으로 제공하며, PC와 연결하여 자유롭게 데이터를 주고받을 수 있다. 또한 기본으로 제공되는 프로그램 외에 새로운 프로그램을 설치하여 사용할 수 있다. 최근에는 무선통신의 발달로 PDA를 통한 인터넷 접속이 가능해짐에 따라 PDA는 무선 인터넷 분야를 새롭게 개척해 나가고 있다. 스케줄과 거래처 관리가 필수적인 비즈니스맨이나 일정관리가 필요한 대학생들은 주로 다이어리, 전자수첩 등 비효율적인 방법으로 개인정보를 기록하고 이용해 왔다. PDA는 기본적으로 제공되는 프로그램과 추가 애플리케이션을 통해 개인정보 관리의 비효율성을 개선해 준다. 또한 PDA의 개인정보 관리 프로그램들과 대응되는 PC용 개인정보 관리 프로그램을 제공하여 PDA와 PC를 연결하여 입력된 정보들의 수정, 추가, 백업을 지원함으로써 새로운 차원의 개인정보 관리 방안을 제시한다. PDA를 이용하면 장소에 구애 받지 않고 이동 중에도 휴대폰과 연결하여 인터넷에 접속할 수 있다. 웹 페이지 검색, 전자우편 송수신, PC 통신, 주식매매 등 PC에서 할 수 있는 인터넷의 주요 기능들을 PDA에서 이용할 수 있다.

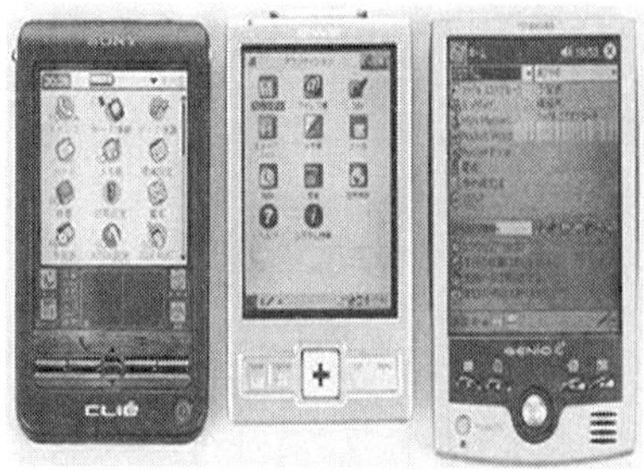

〈그림 6-5〉 Sharp Zaurus 와 Palm PDA

6.2 임베디드 소프트웨어 기술

(1) 임베디드 운영체제

- **임베디드 운영체제의 정의 :** 임베디드 운영체제는 임베디드 시스템을 이루는 기본 소프트웨어이며 이러한 운영체제 위에 응용프로그램을 첨가함으로써 하나의 임베디드 시스템의 설계가 이루어진다. 따라서 임베디드 시스템이라는 용어는 일반화된 개념을 가지고 있으며, 임베디드 운영체제 역시 이를 따른다.

실시간 시스템은 응답의 정확도와 신뢰성, 그리고 명확히 지정된 시간 안에 필요한 작업을 수행하여야 하는 시스템이다. 즉, 어떠한 제어응답의 시간이 초과한 후에는 응답이 아무런 의미가 없어지는 미사일 제어 장치나 비행기의 항법 장치 등을 예로 들 수 있다.

실시간 운영체제는 이러한 실시간 시스템을 운영하기 위한 소프트웨어를 칭하며, 대부분의 임베디드 시스템에서 실시간적인 요소를 필요로 하나, 모두 그런 것은 아니다.

최근의 실시간 시스템은 "Hard Real Time System"과 "Soft Real Time System" 으로 구분되다. 앞서 언급한 실시간 시스템과 같은 전통적인 제어 장치들이나 군사용 장비 들은 "Hard Real Time System"에 속하며, 휴대폰, PDA등과 같은 정보화 기기와 정보 가전 등에 사용되는 임베디드 시스템은 "Soft Real Time System"에 속한다. 이는 원하는 응답시간에 만족하지 못하더라도 치명적인 결함을 가져오지 않는다.

따라서 이러한 두 가지 시스템에서 사용되는 운영체제 역시 그 특징을 달리하고 있기 때문에, 개발자는 시스템의 특징과 목적에 따라 적절한 운영체제를 선정해야 한다.

다음은 Greg Hawley가 1999년에 Embedded Systems Programming(http://www.embedded.com) 잡지에 기고한 내용으로, 개발할 임베디드 시스템의 목적에 알맞은 운영체제를 선정하기 위한 방법을 제시하고 있다. 앞에서 언급한 기술적인 배경과 함께 이러한 체크 리스트를 이용함으로써 보다 효율적으로 임베디드 운영체제의 선정을 수행할 수 있다.

- **언어 및 마이크로프로세서 지원 여부 :** 개발 과제에서 어떤 운영체제를 사용할 것인가와 사용하고자 하는 언어와 마이크로프로세서를 지원하는가의 여부를 검토하여야 한다.

- **개발 도구 호환성 :** 운영체제를 선정할 경우 사용하려는 운영체제와 개발 도구와의 호환성을 검토해야 한다. ICE(In-Circuit Emulator), 교차 개발을 위한 컴파일러, 어셈블러, 링커, 그리고 소스 레벨의 디버거와의 호환성 등을 확인한다.

- **서비스 :** 운영체제의 메모리 관리, 프로세스 관리, 파일 관리 등의 기본적인 기능 이외에도 다양한 서비스를 제공하는지 여부를 살펴야 한다. 따라서 운영체제가 개발 단계에서 사용하고자 하는 메커니즘(큐, 타이머, 세마포어 등)을 얼마나 지원하고 있는가 하는 등을 살펴본다.

- **메모리 풋프린트(Memory Footprint) :** 임베디드 운영체제는 제한된 자원에서 동작함으로 메모리 풋프린트가 매우 중요하다. 통상적으로 전체 메모리 크기를 조절할 수 있는(Scalable) 구조를 가지고 있어야 하며 불필요한 서비스는 운영체제 구성에서 제외할 수 있는 선택적 포팅이 가능한 구조를 가져야 한다. 또한 메모리의 구성에 따른 실장이 자유로워야 한다. 즉 RAM 및 ROM으로 각각 실장 가능하여 운영체제의 역할을 수행하여야 한다.

- **성능 :** 개발하고자 하는 시스템의 성능을 선택한 운영체제로 구현할 수 있는가 하는 점을 고려해야 한다. 따라서 여러 운영체제의 벤치마킹을 통해 하드웨어에 맞는 운영체제를 선택한다.

- **소프트웨어 구성 :** 원하는 소프트웨어 서비스가 제공되는가 여부인데 통신 프로토콜(Protocol), 스택이나 통신 서비스 또는 실시간 데이터베이스, 그리고 웹 서버, 가상 메모리 구조, 그래픽 지원 여부가 중요한 기준이 된다.

- **디바이스 드라이버 :** 개발하고자 하는 시스템에 통상적인 하드웨어 구성 이외의 것이 사용될 경우 디바이스 드라이버의 지원여부를 체크 하여야 한다.

- **디버깅 도구 :** 최근의 운영체제는 통합개발환경을 가지고 있는데, 이러한 통합 개발환경에서 소스 레벨 디버거의 지원 여부이다.

- **표준화 호환성 :** 응용프로그램이 표준화를 만족하고 신뢰도를 만족하는가 여부이다.

- **기술 지원 :** 통상적인 기술 지원은 구매 시의 무상과 유상으로 구분되며 기술적인 지원의 심화도가 개발 과정을 단축하는 중요한 인자가 된다. 따라서 교육 및 현장 지원 여부도 고려 대상이다.

- **소스 제공 여부 :** 개발 과제의 특성에 따라 운영체제의 소스 지원 여부가 중요하다.

- **라이센스 비용 :** 사용하는 운영체제와 관련된 비용을 체크해야 한다. 즉 개발 과정을 위한 개발 플랫폼 라이센스와 별도로 실장된 하드웨어마다에 런타임 라이센싱 비용을 요구하는 운영체제가 있다.

- **명성 :** 충분히 현장 적용을 통해 검증된 명성을 가진 운영체제인가 하는 점이다.

- **서비스 :** 운영체제가 개발자에게 필요한 도구를 제공하여야 한다. 즉 API가 충분하여 다양한 형태의 세마포어 지원, 타이머, 메일박스, 큐, 버퍼 관리자, 메모리 관리자, 이벤트 및 그 외의 여러 가지 IPC(Inter Process Communication) 등 다양한 서비스가 가능한지 검사해야 한다.

임베디드 시스템이라는 것은 일반적인 시스템과는 달리 특정한 작업만을 하도록 설계되며, 초기의 임베디드 시스템은 비교적 단순해서 운영체제가 필요 없이 사람이 순차적인 프로그램을 작성해서 실행되도록 하였고, 중간에 인터럽트가 발생되는 경우에만 그 순차적인 프로그램에서 잠시 벗어나는 정도였다. 이전의 임베디드 시스템들은 주로 간단하고 단순한 순차적인 작업에 관련되어 있었기 때문에 굳이 운영체제를 사용한다는 것은 그 자체가 낭비였고 그럴 필요조차 없었다. 하지만 최근의 임베디드 시스템 분야에서는 그 시스템 자체가 커지게 되고, 네트워크나 멀티미디어가 시스템에 기본으로 장착되면서 임베디드 시스템의 기능도 많아지고 복잡해졌기 때문에 순차적인 프로그램 작성이 매우 어렵게 되었다.

따라서 임베디드 시스템에서도 운영체제의 개념이 필요하게 되었고 임베디드 시스템의 특성상 실시간이라는 요소를 만족해야 했으므로 실시간 운영체제가 임베디드 시스템에 도입되었던 것이다. 현재 실시간 운영체제를 채택하여 개발된 제품들이 점점 늘어나고 있다. 이제는 많은 임베디드 시스템에서 그 목적에 맞게 실시간 운영체제와 함께 적절하게 사용되고 있는 추세이다.

임베디드 시스템에서의 운영체제는 크게 실시간 운영체제와 비 실시간 운영체제로 나눌 수 있다. 대표적인 실시간 운영체제를 꼽는다면 VxWorks, pSOS, VRTX, QNX, OSE, Nucleus, MicroC/OS-Ⅱ 등을 들 수 있다. 이들 실시간 운영체제는 공통적으로 특정 태스크를 중단시키고 다른 태스크를 수행할 수 있도록 하는 선점형(Preempted) 멀티태스킹을 지원하며, POSIX를 지원한다. 각 태스크들은 우선순위를 가지고 있어 높은 우선순위의 태스크가 먼저 실행된다.

실시간 운영체제는 보통 커널 모드와 사용자 모드가 있고 시스템 콜에 의해 각 모드에 대한 독립성을 보장한다. 또한 통합 개발환경과 디버깅 툴을 제공하여 개발자들이 쉽게 소프트웨어를 개발할 수 있도록 한다. 문제는 이들 실시간 운영체제들이 대부분 고가이어서, 시스템 개발비용이 상승하고 양산시 라이센스 비용이 제품원가에 차지하는 비중이 커진다는 점이다.

현재 나온 임베디드 운영체제는 그 종류가 무수하다.

그 중 대부분은 RTOS(Real-Time Operating System, 실시간 운영체제)이며 RTOS가 임베디드 운영체제라고 말해도 과언이 아니다. 하지만 여기에는 윈도우 CE, 임베디드 리눅스, 그리고 임베디드 시스템에서 자바(Java)를 쓸 수 있도록 하는 임베디드 자바와 퍼스널 자바 등이 포함된다.

• RTOS – 실시간 운영체제

– 정의 : RTOS는 임베디드 시스템이 가지는 특성 중 실시간적인 요소를 충족하기 위해 나온 운영체제라고 할 수 있다. 즉, RTOS는 임베디드 시스템의 근간이 되는 운영체제인 셈이다. 실시간 운영체제라고 하면 일반적으로 말하는 운영체제(윈도우 계열, 유닉스, 리눅스)와는 막연하게 무언가 조금은 다를 것이라고 생각이 들지도 모르겠다. 하지만 임베디드 운영체제라고 해서 특별히 다른 것은 없다. 일반 운영체제들이 수행하는 태스크 스케줄링, 태스트간의 통신, 메모리 관리, I/O 인터럽트 등 이러한 요소들을 RTOS도 같이 지원한다. 일반 운영체제와의 차이점은 시간 제약에 차이, 신뢰성, 범용성과 특수성 정도이다. 예를 들어 윈도우 환경 하에서 어떤 프로그램을 실행하였는데 어느 때는 빨리 실행되고, 어느 때는 늦게 실행된다고 해서 크게 문제될 것은 없다. 혹

수행하는 프로그램이 잘못 수행되어 시스템이 다운되는 경우가 발생할 수도 있다. 그러나 RTOS 환경 하에서 실행되는 작업들은 정해진 시간이 큰 문제가 될 수 있다. 따라서 임베디드 시스템이 가지는 정해진 시간 내에 수행하는 능력, 신뢰성은 일반 운영체제보다 엄격하게 지켜져야 하는 규약과도 같은 것이다. 또한 일반 운영체제(예를 들어 유닉스, 윈도우)들은 PC 환경에서 여러 가지 작업들을 수행할 수 있으나, RTOS는 작업환경이 일반적으로 임베디드 시스템으로 제한을 받고 있으며, 그 시스템 또한 보통 한 가지 목적으로 개발되어 있다. 따라서 RTOS 역시 그 한 가지 목적을 위해 최적화되어 있다고 보면 된다. 임베디드 운영체제와 RTOS는 어느 정도 구별이 필요하다 임베디드 시스템이 실시간적인 요소를 가지는 것은 사실이지만 모든 임베디드 운영체제가 가장 RTOS인 것은 아니다. 그 예로 PDA에 들어가는 운영체제가 가장 적절할 것이다. 다시 말하면 임베디드 운영체제 내에 RTOS가 포함된다고 보는 편이 보다 정확하다.

– 실시간 운영체제의 종류

- **PsOSystem :** 실시간 멀티태스킹 커널을 중심으로 여러 개의 소프트웨어 컴포넌트와 라이브러리를 두고 있다. 이런 컴포넌트와 라이브러리는 선택적으로 사용될 수 있다. 하부 구조에는 디바이스 드라이버 및 칩, 각종 디바이스의 정보를 담고 있는 BSP(Board Support Package)가 포함되어 있다. 만일 하드웨어가 변경될 경우, 이 BSP만 수정하여 시스템 프로그램에 많은 변경 없이 쉽게 만들어 낼 수 있으므로 BSP와 디바이스 드라이버의 바탕 위에 커널과 기타 필요한 컴포넌트들을 링크하고, 다시 그 위에 사용할 각종 태스크와 응용프로그램을 제작하여 사용하는 것이다〈그림 6-6〉.

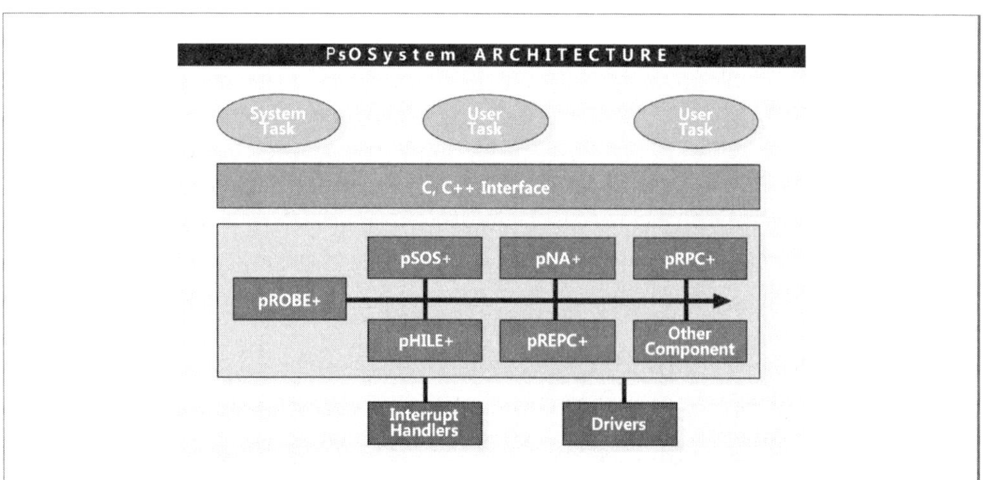

〈그림 6-6〉 PsOSystem Arch

• **VxWorks** : 화성 착륙선 패스파인더의 운영체제로 쓰인 윈드리버사의 RTOS인 VxWorks는 PsOSystem과 유사한 점이 많다. PsOSystem이 통합 개발 환경으로 pRISM+를 제공한다면 VxWorks는 토네이도를 제공한다. VxWorks의 커널인 마이크로 커널은 선점형 멀티태스킹이며 총 태스크의 단계는 256개이고 스케줄링 방식도 높은 우선순위를 가지는 태스크가 먼저 실행하는 방식을 지원한다. 만일 같은 우선순위를 가질 경우 라우드로빈 방식의 스케줄링을 이용하는 것도 PsOSystem과 유사하다. 또 하나 PsOSystem이 여러 개의 컴포넌트로 되어 있다고 하면 VxWorks는 200개 가량이 모듈을 지원하는 형식으로 되어 있어 개발자는 이들 필요한 모듈만 사용해서 시스템에 맞는 운영체제를 구성할 수 있다〈그림 6-7〉.

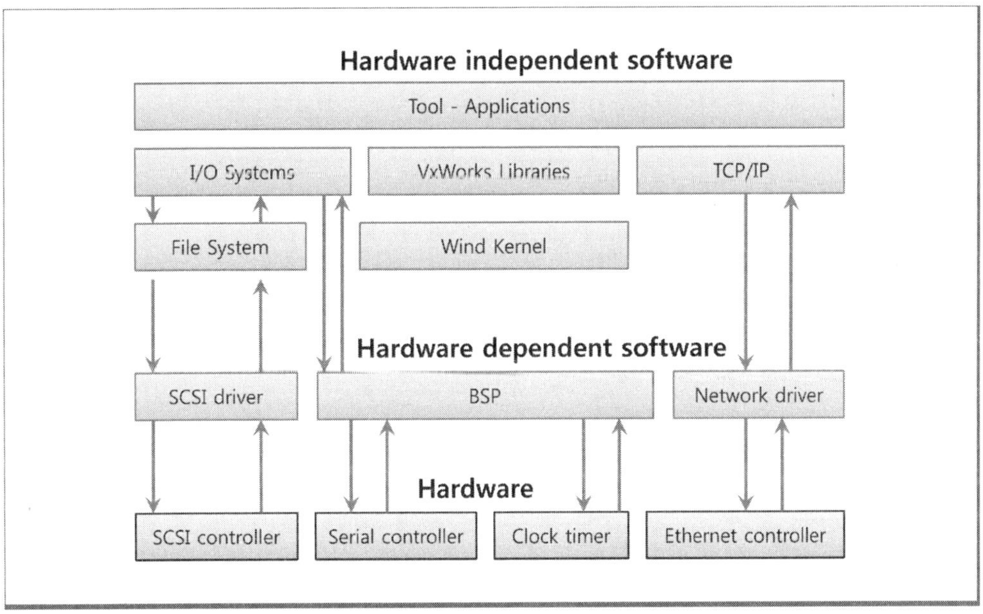

〈그림 6-7〉 VxWorks Architecture

• **VRTX** : 현대의 RTOS들이 지원하는 거의 모든 서비스를 지원하고 있다. 태스크간의 통신을 위해 세마포어와 메시지 큐, 공유 메모리, 소켓, 시그널 등을 제공하고, 표준 TCP/IP 네트워킹과 ROM이나 로컬 디스크, 네트워크로 부팅이 가능하게 되어 있다. 파일 시스템은 MS-DOS와 RT-11 파일 시스템을 지원하는 등 여러 가지 서비스를 제공하고 있다. VxWorks의 구조는 크게 하드웨어에 의존하는 BSP, 디바이스 드라이브 영역, 하드웨어에 의존하지 않는 커널, 그에 따른 모듈 및 응용프로그램으로 나누어진다〈그림 6-8〉.

이것은 PsOSystem과 매우 유사한 부분이다. 토네이도는 교차 개발 환경을 지원하는 통합 개발 환경이다. 이 툴의 구성은 크게 세 가지로 나누어지는데, VxWorks의 응용프로그램을 관리하고, 디버깅하고, 모니터링할 수 있는 통합 개발 환경들로 이루어져 있다. 여기에는 소스코드 에디터, C와 C++컴파일러, 타겟 시스템의 상태를 그래픽 환경에서 모니터링할 수 있는 브라우저, C 언어 해석기인 WindSh Embedded Linux embedded System 등의 기능이 들어 있다. 토네이도는 pRISM+와 달리 프로세서마다 각각 다른 툴과 컴파일러를 제공하는 것이 아니라, 하나의 컴파일러에 모든 프로세서를 지원한다.

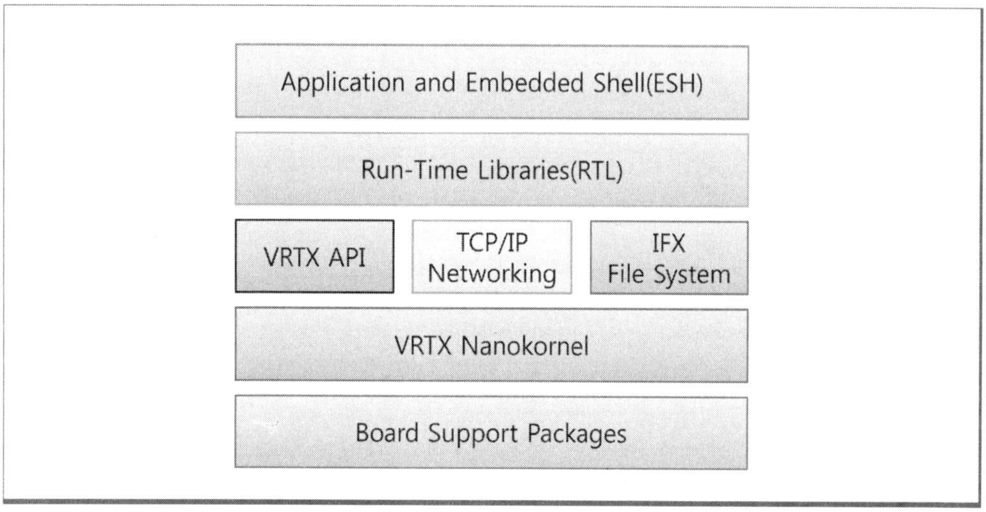

〈그림 6-8〉 VRTX Architecture

• **비실시간 운영체제**

- 임베디드 리눅스 : 리눅스는 초기 PC나 서버급 시스템에 포팅이 되어 사용되다 최근에는 임베디드 시스템으로 그 관심사가 옮겨진 듯하다. 이미 일부 국가에서는 임베디드 시스템에 리눅스가 포팅 되어 실제 제품으로 선보이고 있는 예도 비일비재하다. DEC에서 만든 DEC station이란 워크스테이션은 MIPS 기반의 R2000/3000/4000에 리눅스를 포팅 하였고, 모토롤라에서는 콜드파이어에 uclinux를 포팅한 네트워크 장비를 개발하였다. 암 코어(ARM core)를 프로세서로 사용하는 시스템은 http://www.arm.uk.linux.org에서 리눅스를 포팅한 소스코드들을 찾아볼 수 있다. 주로 인텔사에서 개발한 스트롱암(StrongARM) 시스템에 포팅한 사례가 많다. Empeg라는 MP3 플레이어도 있으며, Itsy라는 컴팩에서 만든 PDA 역시 스트롱암에 리눅스를 포팅 하여 만든 제품이다. 그 중에 눈에 띄는 제품이 지메이트에서 만든 PDA인 YOPY이다. YOPY 역시 스트롱암 시스템에 리눅스를 포팅 하였으며, MP3 및 MPEG 플레이어, 웹 브라우저, 전자우편 기능 등이 내재되어 있다. GUI의 기능을 부가하기 위해 덩치가 크고 실행 시 많은 자원이 필요한 X-Window 대신 W-Window를 사용하였다. 임베디드 운영체제 분야에서

임베디드 리눅스의 비중은 점점 커지고 있다. 기존의 임베디드 운영체제와 비교해 보았을 때, 상용 운영체제보다는 임베디드 시스템이 가지는 실시간적인 요소를 충족시키지 못하는 것은 사실이다.

또한 윈도우 CE보다는 개발 환경이 좋은 편도 아니다. 그리고 본래 PC 기반으로 만들어졌기 때문에 메모리가 열악한 임베디드용으로 쓰기에는 커널이 너무 크다. 이런 불리한 점을 가진 임베디드 리눅스가 그 비중이 커지고 사람들이 많이 다루게 되는 배경에는 오픈 소스에 라이센스 비용이 없다는 임베디드 리눅스의 큰 장점을 들 수 있다. 그렇지만 분명 실시간 기능이 떨어지기 때문에 경성 실시간 시스템에서는 쓰기 힘들고, 커널의 크기를 줄여서 PDA 같은 임베디드 시스템에만 가능할지 모른다. 이러한 임베디드 리눅스에 실시간 제어의 요소를 가미한 것이 RT-Linux이다.

- 마이크로소프트 윈도우즈 CE : PC 계열의 운영체제 시장을 석권한 마이크로소프트사는 다시 모바일 운영체제 시장으로 뛰어들었다. 즉, 기존의 윈도우 인터페이스에 모바일 네트워크 기능을 강화하여, 가전제품, PDA, 자동차 셋톱박스 등에 탑재될 임베디드 운영체제를 만드는 일이다. 버전 1.0에서 2.0, 2.01, 2.11, 2.12(3.0)에 이르기까지 커널은 여러 차례 버전 업 되었지만, 여전히 윈도우의 모양을 하고 있다. 하지만 이런 요구에 맞추다보니 하드웨어의 사양이 매우 높아서, 가격 경쟁력에서 다른 모바일 제품에 밀리고 있는 실정이다. 네트워크 기능을 살펴보면, 적외선 통신, 데스크탑과의 오토싱크 및 PCS나 셀룰러폰을 이용한 웹 브라우징 능력을 갖고 있다. 특히, 차세대 가전제품에 윈도우 CE를 이용하여 하나의 윈도우 호환 환경에서 홈오토메이션, 카 내비게이션 등을 고려함으로써 한 때 하드웨어 업체들의 강력한 지원을 받기도 하였다. 따라서 개발환경은 다른 상용 운영체제에 비해서 훨씬 편리한 것을 알 수 있다. 문제는 완전한 실시간 운영체제가 아니라는 점이고, 이러한 단점으로 인해 산업용, 정밀용으로는 신중히 생각해야 한다는 것이다. 물론 윈도우 98이나 NT에 비해 상당히 안정적인 편이다. 윈도우 CE는 32bit 윈도우 운영체제와 호환성이 있는 임베디드 운영체제이다. 여러 RTOS와 마찬가지로 모듈화 되어 있다. 차이가 있다면 그 모듈이 좀 더 세분화가 가능한데, 그 세분화한 것을 컴포넌트라고 한다. 좀 더 자세히 말하면 모듈은 완전한 기능을 갖춘 것이고 컴포넌트들은 그렇지 못 한 것이다. 이렇게 모듈화 되어 있기 때문에 필요한 부분만 선택하여 사용할 수 있게 되어 있다. 또한 커널은 선점형 멀티 스레딩을 지원한다. 윈도우 CE는 기본적으로 32개의 프로세스를 가질 수 있고, 하나의 프로세스는 8개의 스레드를 가질 수 있다. 이 스레드는 스케줄링의 기본이 된다. 32bit 윈도우와 호환성이 있기 때문에 Win32 API를 이용하여 쉽게 프로그램을 포팅할 수 있다. 개

발 툴은 Platformbuilder 2.11, 윈도우 CE용 VC++ 6.0, 윈도우 CE용 VB 6.0이며, 섬세한 제어 분야가 아닌 엔드 유저를 지향하는 비주얼한 제품에 상당히 유리하다. 또한 TCP/IP, PPP와 IrDA 같은 프로토콜을 가지고 있어 다른 윈도우 시스템에 쉽게 연결할 수 있고, Win32 직렬 APIs, TAPI 등을 지원한다. 실제 윈도우 CE가 가장 많이 쓰이고 있는 분야는 PDA 시장이다. 그러나 현실적으로 대부분의 PDA 시장은 팜 운영체제(Palm OS)가 장악하고 있고, 윈도우 CE가 차지하는 부분은 미미하다. 이런 현실에 마이크로소프트는 새로운 기능을 첨가한 윈도우 CE를 개발하려는 움직임을 보이고 있다. 이를 포켓 PC라고 명하고 있으며, 그 내용을 살펴보면 컬러 디스플레이를 지원하고, 아웃룩(Outlook), 엑셀(Excel), 윈도우 미디어 플레이어(Windows Media Player), 인터넷 익스플로러(Internet Explorer), 이북 리더(eBook reader), 워드(Word)와 같은 애플리케이션 계획을 밝히고 있다.

- RT-Linux : 기존의 리눅스는 타임 슬라이스에 의한 스케줄링 방식을 따르고 있다. 따라서 지금 수행되고 있는 프로세서보다 다음에 수행될 프로세스가 우선순위가 높더라도 바로 지금 수행되는 프로세스가 중단되는 것이 아니라 주어진 타임 슬라이스가 되어야만 현재의 프로세스가 프로세서를 운영체제에 돌려준다. 또한 현재 수행되는 프로세스가 다른 프로세스보다 우선순위가 높다고 해서 계속 수행되는 것이 아니라, 역시 주어진 타임 슬라이스가 지나면 다른 프로세스에게 프로세서를 양보해야만 한다. 이런 이유로 인해 기존의 리눅스가 실시간 기능이 떨어지는 것이다.

RT-Linux는 New Mexico Tech의 Victor Yopdaiken에 의해 시작된 것으로 기존 리눅스에 실시간 기능을 부과하였다. 리눅스는 커널 자체가 실시간 기능이 떨어지기 때문에 이를 대신할 실시간 커널을 만들었다. 여기서는 기존의 커널을 그대로 두고 새로이 실시간 커널을 추가했다고 생각하면 된다. 이렇게 함으로써 최소한의 소스 변경으로 실시간 기능을 추가할 수 있는 것이다. 기존의 커널은 새로운 실시간 커널 하에서 하나의 프로세스로 존재한다. 여기서 기존의 커널은 우선순위가 가장 낮은 프로세스로, 다른 실시간 프로세스들이 없어야 비로소 실행되던 것이다. 실시간 커널은 실시간 프로세스를 생성, 스케줄링해서 실행하고, 기존의 리눅스 커널은 자신의 프로세스를 관리하고 자신의 인터럽터를 처리한다. 실시간 커널의 스케줄링은 선점형 스케줄러로서 프로세스의 우선순위를 두고 스케줄링을 실시한다. 따라서 커널이 선점형 커널이 되어야 하므로, 기존의 리눅스 커널이 제공하는 시스템 콜을 실시간 프로세스나 인터럽터가 이용하지 못하게 함으로써 이를 해결하고 있다. RT-Linux는 기존 리눅스에 비해 실시간 기능이 향상된 것은 사실이지만 기존의 리눅스 커널에다 새로이 실시간 커널을 추가한 것으로 시스템 자원이 충분하지 않은 임베디드용 운영체제로는 덩치가 큰 것이 단점이다.

Chapter 07

RFID

제7장

RFID

요 약

"기계와 기계가 말을 한다?", "물건과 물건이 말을 한다?" 이 말은 최근에 매체에 오르내리는 M2M(Machine to Machine) 혹은 T2T(Thing to Thing)에 관한 비유적인 표현이다. SF 영화에나 나올 법한 이러한 상황이 최근 새로운 이슈로 등장하고 있는 것이다. 유비쿼터스 컴퓨팅에 관한 개념이 화두가 되고 있는 시점에서 그 세부적 사항들에 관한 내용들이 속속 알려지고 있는데, 그 변혁의 핵심에 놓여있는 것이 M2M 혹은 T2T 개념이다.

M2M은 기계들과 우리의 일상생활 속에 널리 퍼져있는 기기들의 네트워킹에 관한 개념이다. M2M 통신은 컴퓨터의 본체에서부터 일상의 물건들까지 모두 연결하고(예를 들면, 옷, 신발, 가방, 핸드폰, 가전제품, 운송수단, 건물 등) 사용이 가능하도록 해 줄 것이다. 또한 이러한 기반 기술을 이용하여 새로운 수준의 "스마트 서비스"와 상거래를 자유롭게 할 것이다. 이 개념을 실현시켜 줄 수 있는 핵심이 바로 RFID(Radio Frequency IDentification)인 것이다.

7.1 RFID의 개념

(1) RFID의 기술적 배경

사람, 동물, 상품 등에 대한 자동식별 방법은 과거에 여러 가지 방식이 개발되어 사용되어 왔다. 대표적인 종류로서 바코드시스템은 일용품산업계 요구에 의해 1976년에 설계된 것으로 13개의 디지트로 구성되며 지난 20년간 가장 성공한 자동인식시스템이며 광문자인식(Optical Character Recognition)은 1960년도에 처음 사용되었으나 다른 자동인식 시스템에 비해 고가이며 복잡하다. 바이오 인식은 생체의 개별적인 특성을 인식하는 기술이며 지문인식, 음성인식, 홍채인식 등이 있다. 스마트카드는 전자식 데이터 저장 시스템이며 1984년에 처음으로 공중전화 스마트카드에 사용되었다. 접촉 부분을 통한 직렬 인터페이스를 통해서 카드와 리더 간에 쌍방향으로 데이터 전달이 이루어지며 메모리 카드와 계산 가능 카드로 세분된다. 과거의 식별 시스템 혁명을 주도했던 현존하는 바코드 라벨은 매우 저렴하지만 저장 능력이 적고 재 프로그램이 불가능하여 현재 여러 분야의 수요에 적당치 않은 점들이 지적되고 있다. 기술적으로는 실리콘칩에 데이터를 저장하는 것이 효과적이며 전화카드나 은행카드와 같은 접촉 방법에 의한 스마트카드를 생각할 수 있으나 이 카드 사용을 위한 기계적인 접촉은 사용하기에 실용적이지 못하다. 데이터 운반 장치와 리더(reader)간의 비접촉식 데이터전달이 보다 더 실용적이며 이와 같이 전원과 데이터를 전달하기 위해서 사용되는 절차 때문에 비접촉식 식별시스템을 RFID 시스템이라고 한다〈그림 7-1〉.

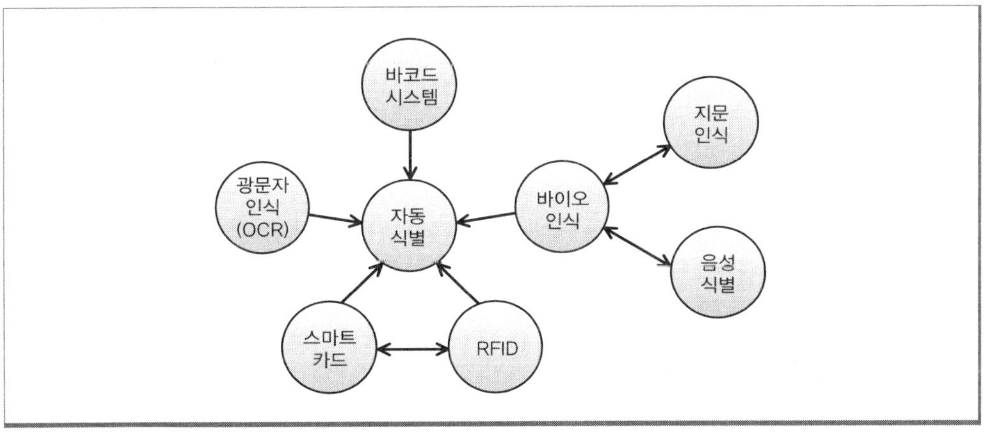

〈그림 7-1〉 자동식별 시스템의 분류

(2) RFID의 정의

- **RFID의 개념 :** RFID(Radio Frequency IDentification)는 제품에 붙이는 태그(tag)에 생산, 유통, 보관, 소비의 전 과정에 대한 정보를 담고 자체 안테나를 갖추고 있으며, 리더(reader)로 하여금 이 정보를 읽고, 인공위성이나 이동통신망과 연계하여 정보시스템과 통합하여 사용되는 활동, 또는 칩을 말한다. 국내·외 보고를 종합할 때, RFID에 관한 명확한 정의나 개념이 관련 기관이 Ubiquitous computing network를 어떻게 파악하는가?에 따라 크게 두 가지 상이한 측면에서 접근하고 있는 양상을 보이고 있으며 명확한 정의가 내려져 있지는 않은 상황이다. 주로 유통, 군사면 에서 RFID를 도입하고 있는 미국에서는 최첨단 컴퓨터와 소프트웨어의 기술력을 토대로 BT(Biological Technology)와 NT(Nano

Technology)의 응용을 통해 IT를 새로운 차원으로 발전시켜 유비쿼터스 세상을 구현한다는 계획을 세우고 있으며, 따라서 RFID를 "Smart dust"라는 개념에서 자율적인 센싱과 통신 플랫폼 능력을 갖춘, 보이지 않는 "컴퓨팅 시스템"이라는 측면에서 접근하고 있다.

EU의 경우에도 "사라지는 컴퓨터 이니셔티브(disappearing Computer initiative)"라는 측면에서 사물에 소형의 내장된 디바이스인 "smarties"를 삽입하여 감지, 인식, 컴퓨팅 및 무선 통신 등의 기능을 지난 정보인공물로서 사물 간 협력적인 상황인식을 가능하게 하는 행동이나 칩이라는 개념에서 접근하고 있어 통신기능을 부과한 computing 또는 객체지향적 측면에서 접근하고 있다. 반면, 일본의 경우에는 자국이 보유한 기술력과 자원을 네트워크화 함으로써 유비쿼터스를 조기에 확산시키는 전략을 계획하고 있는데 광, 무선, 센서, 초소형 기계장치, 가전기술등 일본이 강점을 가지는 기술과 관련 제품을 네트워크로 연결시킴으로써 유비쿼터스를 구현하고자 한다. 따라서 RFID를 이해함에 있어, TRON(The Real time Operating system Nuclear) 프로젝트의 일환으로 "무엇이든, 어디서든 네트워크"를 가능하게 하는 Ubiquitous Network의 "센서"로서 RFID를 파악하고 있다. 다시 말하면, 무선주파수를 통해 비접촉으로 사물의 상태, 속성을 파악하는 것으로 다양한 사물들이 자유자재로 네트워크를 구성하고 어떤 단말기를 가지고도, 언제, 어디서든 네트워크에 연결하여 다양한 서비스를 제공받을 수 있는 Network의 "센서"라는 개념에서 접근하고 있다. 이에 따라, 각 연구기관의 RFID 정의 또한 두 가지 맥락에서 정리되는데, MIT Auto ID 센터에서는 RFID를 "the internet if things"이라고 정의하고 있다. 이는 인터넷이나 또는 유사한 네트워크를 통하여 태그가 부착된 아이템을 원거리에서 실시간으로 감지하는 것을 의미한다. Accenture 통신/하이테크 연구소에 따르면 RFID는 초소형 프로세서, 메모리, 안테나 등이 포함되어 있는 실리콘 기반의 전자 인식 태그로 무선으로 배터리 없이도 읽고 쓸 수 있으며 값싸게 만들 수 있는 특징을 가진다고 정의하고 있다. 이에 반해, CNET 일본에서는 물리적인 IC 칩에 ID 정보를 저장하여 무선으로 읽어낼 수 있도록 하는 기술로 정의하고 있다. 국내의 경우, 정보통신부는 U-센서 네트워크 서비스로 RFID를 정의하고 있는데, 이는 "사물에 전자태그를 부착하고 각 사물의 정보를 수집/가공함으로써 개체 간 정보교환, 측위, 원격처리, 관리 등의 서비스를 제공하는 것"으로 정의하고 있으며, 산업 자원부는 RFID에 대해 "제품에 부착된 칩의 정보를 주파수를 이용해 읽고 쓸 수 있는 무선 주파수 인식으로 사람, 상품, 차량 등을 비접촉으로 인식하는 기술"로 정의하고 있다. 국내 연구기관의 정의로는 IITA의 경우 "Micro-chip을 내장한 Tag, Label, Card등에 저장된 Data를 무선 주파수를 이용하여 reader기에서 자동 인식하는 기술"로 정의하고 있으며, 한국전자통신연구원에서는 "무선 주파수를 사용하는 소형 IC 칩을 사용하여 비 접촉으로 사물을 인식하는 기술로서, 사물의 위치 파악 및 경로 추적을 통해 기업에게 실시간으로 제품의 상황에 관한 정보를 전달할 수 있는 기술"로 설명하고 있다. RFID의 특징을 요약하면 다음과 같다〈그림 7-2〉.

- **물체나 동물 또는 사람 등을 식별하기 위해 무선 주파수 내에 전자기 또는 정전기 커플링 사용을 통합시킨 기술이다.**
- **직접 접촉을 하거나 가시대역 상에 스캐닝을 할 필요가 없다.**
- **기존 자동인식을 대체할 기술로서 산업계에서의 사용 증가가 예상된다.**
- **주파수가 높으면 시스템의 가격이 더 비싸진다.**

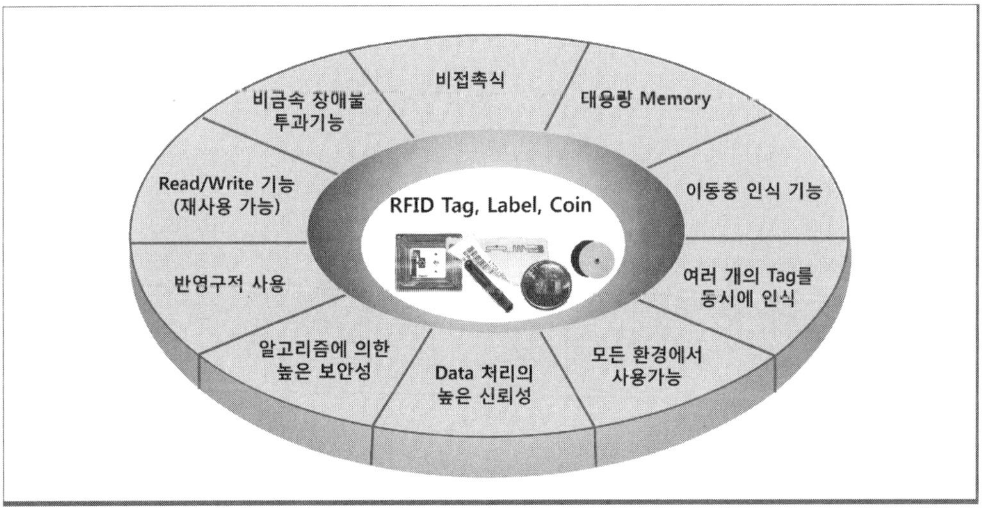

〈그림 7-2〉 RFID의 특징

• **RFID와 기존 인식기술과의 비교 :** RFID 도입 이전에 산업현장에서 활용되는 인식 기술로 가장 대표적이고 대중적인 것으로 바코드와 자기카드를 들 수 있다. 바코드는 다양한 폭을 가진 바(검은 막대)와 스페이스(흰 막대)의 배열 패턴으로 정보를 표현하는 부호 또는 부호체계로서 주로 유통산업에서 널리 쓰이고 있는 기술이며, 자기카드는 자기카드를 테이프 형태로 코팅을 하여 그곳에 정보를 저장하는 것으로 전통적인 신용카드나 승차권 같은 곳에 사용되고 있다. 〈표 7-1〉은 RFID와 바코드, 자기카드의 차이점을 설명하고 있다.

〈표 7-1〉 RFID와 전통적인 인식 기술과의 비교표

구분	바코드	자기카드	RFID
인식방법	비접촉식	접촉식	비접촉식
인식거리	0~50cm	리더기에 삽입	0~5m
인식속도	4초	4초	0.01~0.1초
인식률	95%이하	99.9%	99.9% 이상
투과력	불가능	불가능	가능(금속 제외)
사용 기간	불가능	1만 번 이내(4년)	10만 번(60년)
데이터 보관량	1~100바이트	1~100바이트	64k 바이트 이하
데이터 Write	불가능	가능	가능
카드 손상률	매우 잦음	잦음	거의 없음
Tag 비용	가장 저렴	저렴	보통($5~$1)
보안 능력	거의 없음	거의 없음	복제불가
재활용성	불가능	불가능	가능

• **RFID의 기술적 특성 :** RFID는 다음과 같은 기술적 특성들을 갖고 있다.

- 기본적인 운용절차
    - Full Duplex/Half Duplex
    - Sequential

- 트랜스폰더 데이터 저장 능력
    - 1비트 트랜스폰더
    - 수 바이트에서 수 킬로바이트

- 전원공급
    - Active(배터리 있음)
    - Passive(배터리 없음)

- 운용 주파수
    - LF(Low Frequence) : 30∼ 300kHz
    - HF(High Frequence) : 3∼ 30kHz
    - UHF(Ultra High Frequence) : 300kHz 이상

- 사용거리
    - 근결합 : 1cm 이하
    - 원결합 : 1m 이하
    - 장거리 : 1m 이상

- 데이터 송신(태그 --〉 리더)
    - Backscatter
    - Load Modulation
    - Harmonic 생성

- 트랜스포터 모양
    - 카드형
    - 막대형
    - 동전형

- **RFID의 분류**

- 전원공급에 따른 분류 : RFID는 〈표 7-2〉와 같이 Tag의 전원공급에 따라 분류를 하며, 가격과 수명의 장점으로 인하여 Passive Type을 많이 사용한다.

〈표 7-2〉 RFID Tag의 분류

유형	정의	장점	단점
Active Type	Tag 자체에 내장된 전지를 사용	안테나와 교신거리가 짧음	Tag 가격이 고가이고, 전지의 수명에 종속적이다.
Passive Type	안테나에 전송되는 송신 출력을 이용하여 전원 공급	Tag의 가격이 저가이고 수명이 반영구적이다.	안테나와 교신거리가 짧음

- 주파수에 따른 분류 : 주파수에 따라 분류할 경우 〈표 7-3〉과 같이 나눠진다.

〈표 7-3〉 주파수에 의한 분류

주파수		장점	단점
125~134kHz		• 증명된 기술 • 전파기준/전파인체보호기준에 문제없음 • 금속물체에 영향을 받지 않음 • 공급자가 많음	• 데이터 전송 속도가 매우 느림 • Tag의 크기기 큼
13.56kHz		• 적당한 Tag • 적정한 가격	• 음영지역이 문제가 됨 • 인식거리가 짧음(0.1~1m)
UHF	433kHz	• 기술특성상 최고의 주파수 • 위치추적 서비스로 확산 가능	• 국내 도입의 적용 재검토
UHF	860~960kHz	• 긴 인식거리(5~10m) • 국제 물류 SCM 활용을 위한 표준화 진행	• Tag의 크기가 큼 • 나라마다 다른 전파 규제
2.45GHz		• 작고 값싼 Tag • 높은 전송속도	• 전파기준/전자파인체 보호기준에 따라 인식거리가 1m 이하 • 전파간섭문제

7.2 RFID의 구성요소

(1) RFID의 구성요소

• RFID의 시스템은 〈그림 7-3〉과 같이 크게 안테타가 포함된 Reader기, 무선자원을 송/수신 할 수 있는 안테나, 정보를 저장하고 프로토콜로 데이터를 교환하는 Tag, 서버 및 네트워크 등으로 구성된다. 각 부분의 기능으로는 리더기(reader)는 RFID Tag에 읽기와 쓰기가 가능하도록 하는 장치이고, 안테나는 정의된 주파수와 프로토콜로 Tag에 저장된 데이터를 교환하도록 구성되는 장치이며, Tag는 데이터를 저장하는 RFID의 핵심기능을 담당한다.

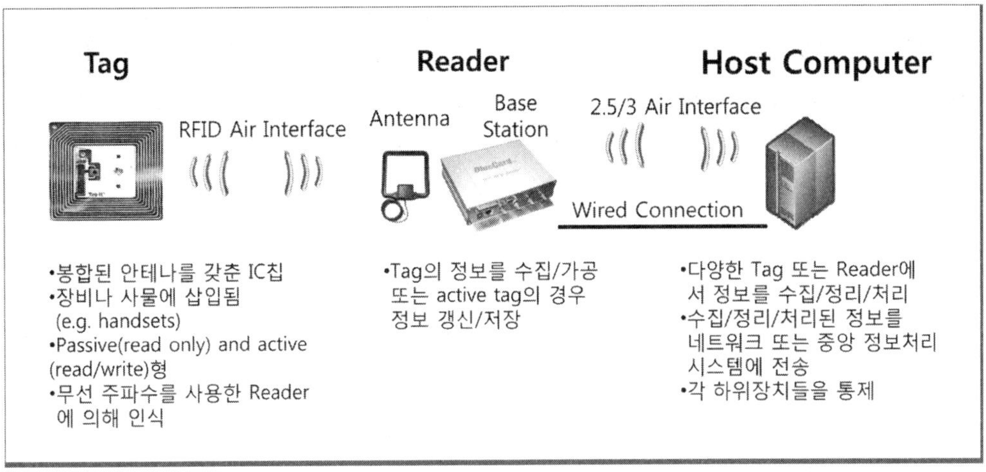

〈그림 7-3〉 RFID 시스템 구성요소

• 태그는 IC 칩과 안테나로 구성되어 있고 다양한 모양과 크기가 있다. 동물을 추적하기 위해 피부 아래에 이식되는 태그는 직경이 연필심만큼 작으며 길이는 1cm 밖에 안 된다. IC 칩의 주요기능은 데이터의 저장으로 메모리 크기(25bit에서 512KB 이상), 메모리 형태(읽기 전용, 읽고 쓰기가 가능한 형, 한 번한 쓰며 여러 번 읽기가 가능한 형태), 메모리 종류(EEPROM, 강유전체 RAM(FRAM))에 따라 가격이 다르다.

• RFID 시스템은 무선접속 방식에 따라 상호유도(inductively coupled) 방식과 전자기파(Electromagnetic wave) 방식으로 나눌 수 있다. 상호유도 방식은 근거리(1m 이내), 전자기파 방식은 중 장거리용 RFID로 사용되며, 상호 유도 방식은 코일 안테나를 이용하며 전자기파 방식은 고주파 안테나를 이용해서 서로 무선접속을 한다. 상호 유도 방식의 태그는 거의 수공으로 작동된다. 즉 태그의 IC칩이 동작하는데 필요한 모든 에너지는 리더기에 의해 공급되어진다. 따라서 리더기기의 안테나 코일은 주변지역에 강한 자기장을 발생한다. 방출된 자기장의 일부분이 리더기와 떨어져 있는 태그의 코일 안테나에 유도성 전압을 발생, 정류된 후 IC를 위한 에너지로 공급된다. 전자기파 방식의 태그는 IC 칩을 구동하기 위한 충분한 전력을 리더기로부터 공급받지 못하므로 장거리 인식을 위한 추가적인 전지를 포함하는 경우(능동형)도 있다.

• 리더기와 태그는 여러 가지 디지털 방식의 부호화(coding)를 이용 기저대역의 데이터를 처리한다. 무선 신호는 주로 기본적인 세 개의 디지털 변조방식 즉 ASK(Amplitude

Shift Keying), FSK(Frequency Shift Keying), PSK(Phase Shift Keying)를 이용, 저 신호를 고주파 신호로 변환하여 전송된다. 그러나 특정 주파수 대역(미국의 UHF 내역)에서는 전자파의 인체 영향이나 다른 통신 시스템과의 간섭을 줄이기 위하여 특정 변조방식만을 쓰도록 요구되는데 가장 많이 쓰이는 것이 주파수 확산(SS : Spread Spectrum)방식이다. SS 중 CDMA 모바일 폰이나 무선 랜에 이용되는 직접 시퀀스(Direct Sequence, DS)와 블루투스에 이용되는 주파수 호핑(Frequency Hopping : FH)이 주로 사용되다. 그러나 이러한 변조방식을 태그에 적용하면 그만큼 복잡한 회로가 필요하여 가격이 상승하므로 실제적으로는 리더기만이 이러한 변조 방식을 사용하고 태그는 SS의 전체 주파수를 커버하도록 광대역으로 만들고 ASK등을 이용하여 신호를 전송한다. 기타 데이터 정보의 신뢰성을 높이기 위한 여러 신호처리가 수행되는데, CRC(Cyclic Redundancy Check)등의 방법을 사용하는 에러율 감소방법, 여러 개의 태그를 구별하기 위하여 무선 랜 등에서 사용되는 Aloha나 CSMA(Carrier Sense Multiple Access)와 비슷한 방식을 사용하는 충돌방지(anti-collision) 방법, 데이터의 보호를 위하여 대칭 또는 비대칭 암호 알고리즘을 사용하는 데이터 보안방법 등이 적용된다. 특히 이러한 신호처리는 태그의 메모리의 기능성에 의존한다.

• RFID Tag을 구현하는 데에는 안테나 기술과 실장 기술이라는 세부 기술이 필요하다. 다음은 안테나 기술과 실장 기술의 유형을 설명한 것이다.

- 안테나 기술

• **Winding :** RFID Tag의 코일을 winding 도구와 도료의 고운 접합 기술을 사용한 것이다. RFID Tag에 코일의 종단을 접합한 후 코일을 생성한 것으로서 135kHz 미만의 주파수에서 사용한다.

• **Embedding :** PVC막 사이에 RFID Tag칩을 삽입한 것이다. Sonotrode를 이용하여 PVC막 안에 직접적으로 코일 와이어를 삽입하고 초음파 발생기를 사용하여 와이어에 열을 발생시켜 코일을 원하는 위치에 배열한 뒤 전기 용접을 사용하여 Tag의 종단을 코일의 시작부분과 끝 부분을 접합하여 만든다〈그림 7-4〉.

〈그림 7-4〉 Embedding 방식 안테나

- **Etched :** 플라스틱 막 표면에 35um 두께의 구리 층을 형성한 것이다. 구리 층에 식각법을 사용하여 코일을 생성하며, 식각법을 사용하여 제작된 코일의 길이는 약 100um이다〈그림 7-5〉.

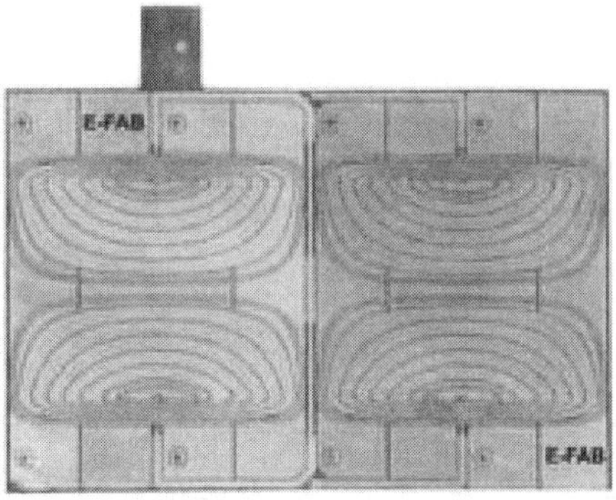

〈그림 7-5〉 Etched 방식 안테나

• **Printed :** 실크 스크린 방식을 사용하며, 프린트 잉크, 광학적으로 용해되는 성분의 분말가루, 합성수지를 사용한다. 동작 주파수는 8mHz이상이고 저가이므로 비용 면에서 유리하다〈그림 7-6〉.

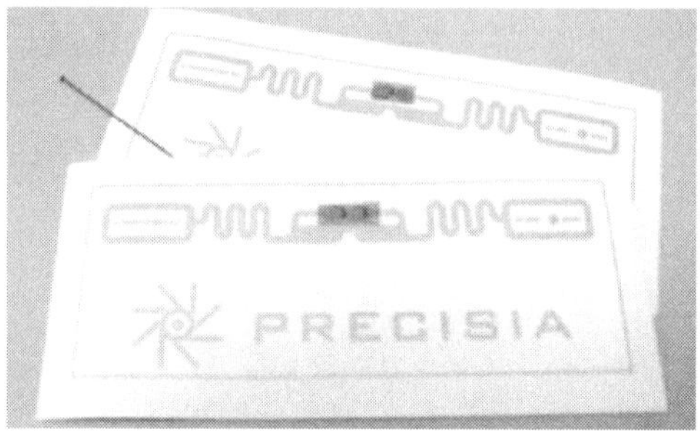

〈그림 7-6〉 Printed 방식 안테나

- 실장(實裝) 기술 : Tag의 각 구성요소들을 실제로 구동할 수 있는 형태로 조립하는 기술을 말한다.

• **Disk and Coin :** 중심에 고정할 수 있는 홈이 있으며 ABS 재질로 실장 한다〈그림7-7〉.

〈그림 7-7〉 Disk and Coin 방식 실장

• **Glass :** 동물의 피하지방에 삽입해 동물을 인식하기 위한 수단으로 사용한다〈그림 7-8〉.

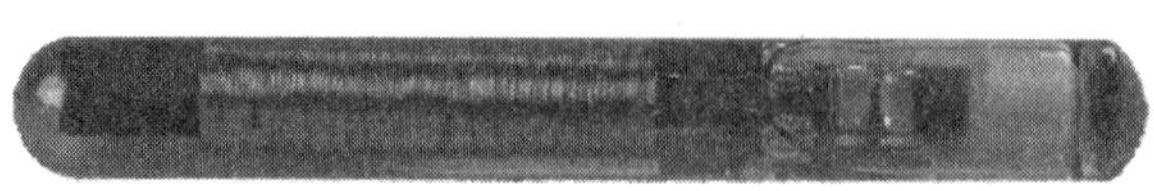

〈그림 7-8〉 Glass 방식 실장

• **Plastic :** 물리적 강도의 향상을 위해 개발되었다.

- **Tool and Gas Bottle Identification :** 일정 산업부분에 적용되며, ISO69873으로 표준이 되었다.
- **ID Format contractless smart card :** 비접촉식 스마트카드가 많이 사용됨에 따라 RFID 응용분야에서 많이 사용됨에 따라 ID-1 계열 형식을 사용한다〈그림 7-9〉.

〈그림 7-9〉 ID Format contractless smart card 방식 실장

- **Smart Label :** 얇은 종이 형태의 실장 기술이다〈그림 7-10〉.

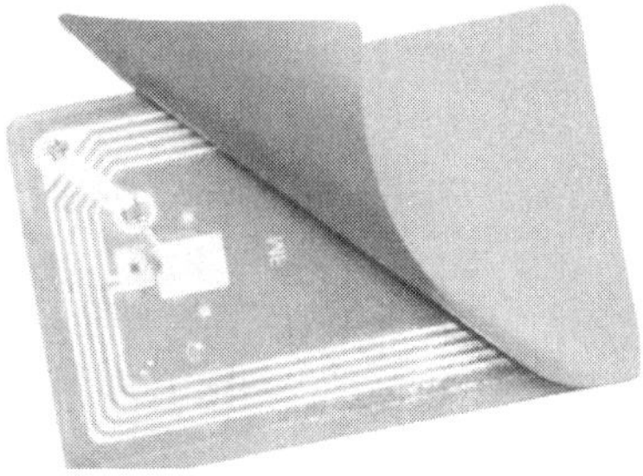

〈그림 7-10〉 Smart Label 방식 실장

- **Coil on chip :** 칩 합성기술을 이용하여 칩 내부에 코일을 내장한다〈그림 7-11〉.

〈그림 7-11〉 Coil on chip 방식 실장

(2) RFID의 동작원리

- RFID 시스템은 〈그림 7-12〉와 같은 순서로 동작된다.

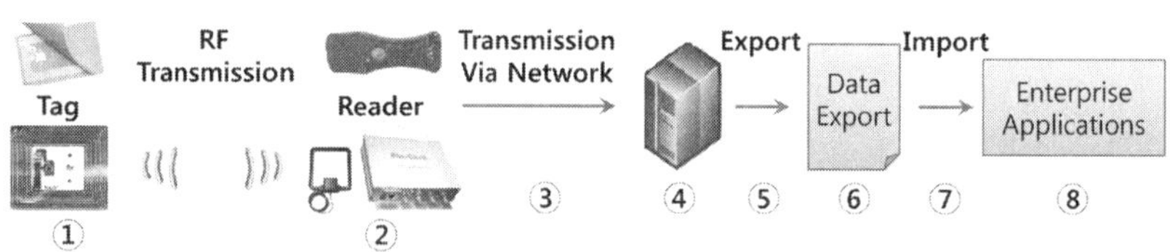

〈그림 7-12〉 RFID 시스템 동작 순서

① Tag : 전자상품코드(EPC : Electronic Product Code)와 같은 데이터를 메모리에 저장한다.
② Reader(판독기) : RF 안테나를 통해 Tag에 데이터를 기록하고 읽어 들인다.
③ 판독기와 Transaction 데이터 저장영역 사이의 접속을 이룬다.(유선 네트워크)
④ Read Manager : Tag으로부터 데이터를 읽어 들이도록 지시를 내리고 전달된 데이터를 해석하는 역할을 담당한다.
⑤ Tag으로부터 읽어온 데이터를 Export하는 과정이다.
⑥ Tag의 데이터를 Export하기 적당한 포맷으로 바꾼다.
⑦ 백-엔드 기업 애플리케이션(유통 시스템이나 ERP등)으로 Tag 데이터를 Import하는 과정
⑧ 기업 애플리케이션 : 실질적인 기업업무에 활용하기 위해 Tag 데이터의 처리를 담당한다.

7.3 RFID의 동향 및 전망

(1) 국내외 기술동향

- **국외 기술동향**
  - 초소형, 초저가의 tag를 구현하기 위한 기술 개발 중이다.
    - 초소형화는 나노 기술에 의한 반도체 칩 개발로 가능하다.
    - 초저가 태그를 위한 기술로는 플라스틱 트랜지스터〈폴리머 반도체〉, 무칩(chipless)〈미국 Inkoda〉, 무선 센서와 RFID를 결합한 SAW(Surface Acoustic Wave)등이 있다.

  - 많은 정보를 먼 거리에서 인식할 수 있는 UHF 또는 2.45GHz로 전개 중이다.
  - 한 개의 reader로 다양한 주파수 대역의 tag 인식 기술을 개발하였다.
  - Tag의 아이템 정보 구별을 위한 ID 시스템 및 네트워크 연동 기술을 개발하였다.
  - 국외업체의 주요한 RFID 개발현황은 〈표 7-4〉와 같다.

〈표 7-4〉 국외업체 개발현황

회사명	개발현황
필립스(네델란드)	• HITAGTM 계열로 제품 출시 • 목축업과 식품유통업에 주로 사용 • RFID Tag 제작비용이 저렴 • Glass 실장 기술을 사용할 수 있는 칩의 크기
Ti-RFID(미국)	• 표발행, 도서관 관리, 유통망 관리에 사용 가능 • RFID Tag에서 리더로 보내는 정보는 암호화한다. • 데이터 읽기/쓰기 기능 • 다양한 실장 기술에 적용 가능
하타찌(일본)	• 지폐, 상품권, 문서 등에 내장 가능 • Chip on Coil 실장 기술사용 • 세계 최소형 칩 • 의료품, 농산물, 철강재료등 유통 물류 관리용으로 확산 계획

- **국내 기술동향**
  - 기술적 수준이나 상품경쟁력에 있어서 소규모의 중소회사로 구성되어있다.
  - 이동 통신 산업에서의 경험을 살려 기술과 제품에 있어 경쟁력을 갖춘 회사들을 중심으로 한국형 RFID 구축 계획 중이다.

〈표 7-5〉 국내 RFID 개발회사 현황

회사명	개발현황	비고
전기연구소, 인터콤	Active type 2.45GHz	다양한 인식 거리의 태그 제작
KETI	Passive 5.8GHz(Read Only) Active type 5.8GHz	
삼성테크윈	국내 최소 스마크 라벨 사용	
한세 텔레콤	미국 Matrics사와 제휴로 RFID 리더기 개발	지능형 기지국 시스템 개발
벼리 시스템	미국의 Tagsts사와 기술 제휴 체결	RFID 태그(도서용, CD, DVD용) RFID 대출 반납기
크레디패스	RFID 기반 자동통행료 징수 시스템 개발	
스팍스컴	RFID 응용 시스템 개발	

(2) RFID 신기술

- 유비쿼터스 컴퓨팅의 핵심은 스마트한 상황 인식과 장소에 구애받지 않고 네트워킹을 가능케 하는 무선기술이다. 따라서 유비쿼터스 칩이란 상황 및 환경을 인식, 감지하고 무선을 통해 네트워크에 연결하는 무선식별(RFID) 및 무선센서(Wireless Sensor) 칩을 말한다. 어디에나 무엇에든 존재할 수 있는 유비쿼터스 칩의 첫 번째 기술적 도전과제는 그 가격이 엄청나게 저렴하여야 한다는 것이다. RFID 칩의 경우, 가장 대표적인 칩 이용 프로젝트는 MIT Auto-ID 센터의 "The Internet of Things"이다. 이는 인터넷과 인터넷 비슷한 네트워크를 통하여 태그가 부착된 아이템을 원거리에서 실시간 감지하는 개념이다. The Internet of Things를 궁극적으로 가능케 하려면 5센트 이하의 스마트 태그가 필요한데 전체 태그의 가격 중 IC 칩이 차지하는 비중은 60~80%이다. 이러한 초저가의 태그를 구현하려면 IC 디자인, 통신 프로토콜, 리더기 디자인, 백-엔드 시스템 디자인 등을 망라하는 시스템 레벨의 기술 혁신을 필요로 한다. 최근에는 이러한 실리콘 기반 칩의 가격 한계를 극복하기 위한 여러 대안 기술의 개발이 활발하게 전개되고 있다. 그 대표적인 예가

인피니온 등에서 개발 중인 폴리머 반도체에 의한 플라스틱 트랜지스터이다. 또 다른 예로, 무칩(chipless) 태그로 미국 Inkoda는 최근 1센트 이하의 RFID 태그 기술을 개발하였다. 이 기술은 종이나 플라스틱에 매우 얇은 금속 파이버를 내재하여 전파의 투과와 산란을 만들어내어 고유한 식별을 가능케 한다. 또 표면탄성파를 이용하여 무선센서와 RFID를 결합하는 SAW(Surface Acoustic Wave) 태그도 최근 주목받는 저가기술 중 하나이다. 두 번째 기술적 도전과제는 소형화이다. 소형화는 나노기술에 의한 반도체 칩의 개발로 가능하다. 하나의 칩에 센서, CPU, 메모리, 프로세서, RF, DSP 회로를 넣어 $1mm^2$ 정도 크기까지 실현될 것으로 예상되고 있다. 현 단계의 기술혁신으로 피츠버그 대학의 연구팀은 antenna on a chip 기술을 개발, "PENI Tag"라고 불리는 $2mm^2$ 크기의 초소형 RFID 태그를 구현하였다〈그림 7-13〉.

〈그림 7-13〉 PENI Tag

현재의 다양한 응용 주파수 대역 및 적용 분야는 멀티밴드/프로토콜 리더기 및 고정/이동형/휴대형/PCMCIA형 등 다양한 크기/용도의 리더기 개발을 요구하고 있다. 또 데이터의 처리/분배를 위한 지능형 에이전트와 다양한 비지니스 시스템(SCM, ERP, CRM)에 연동하기 위한 적응형 미들웨어의 개발도 추진 중이다. 현재 국내의 경우, 대부분의 RFID 관련 산업은 그 기술의 수준이나 상품경쟁력에 있어 매우 취약한 소규모의 중소회사로 구성되어 있어 글로벌 경쟁력에 있어 매우 취약한 소규모의 중소회사로 구성되어 있어 글로벌 경쟁력을 갖추고 새로운 시장 개척을 위하여서는 이동통신 산업에서의 경험을 살려 기술과 제품에 있어 글로벌한 경쟁력을 갖춘 회사들을 중심으로

"핵심 플레이어"를 만들어 한국형 RFID 비즈니스 에코 시스템을 구축해야 할 필요성이 대두되고 있다.

(3) 표준화 및 연구 개발 현황

• **RFID 기술 표준화 동향**

현재 RFID 기술 표준화는 ISO(국제 표준화 기구)와 IEC(국제 전기표준 회의)의 합동기술 위원회(JTC1 : Joint Technical Committee 1)안의 SC1의 WG4에서 추진되고 있는 세부적으로는 SG31/WG4내에 다시 4개의 하위 부서가 있어 분야별로 표준화가 진행되고 있다.

시스템간 프로토콜 표준화는 SG1, RFID 태그의 유일식별을 위한 번호 부여 방법 표준화는 SG2, RFID 시스템의 핵심인 주파수 대역별 Air interface의 표준화는 SG3에서 각각 진행되고 있다.

- 주파수 표준화

주파수의 경우 현재 5개 주파수 대역을 중심으로 총 14종의 표준안이 논의되고 있는데, 현재, 미국, 유럽 등 대부분의 국가에서 135kHz이하, 13.56MHz, 433MHz, 2.45MHz 대역에서 RFID를 사용하고 있으며, 향후 860~930MHz 대역이 전 세계적 표준화에 적합한 주파수 대역으로 수렴될 전망이다. 미국은 902~928MHz 대역을 RFID 대역으로 사용 중이며, 유럽의 경우 865~868MHz 대역을 RFID 주파수로 추가 허용할 것을 검토하고 있다. 우리나라와 일본의 경우 860~930MHz 대역을 이동통신용으로 사용하고 있어 일본의 경우 950~956MHz 대역을 RFID용으로 할당하고 2.45MHz 대역은 유비쿼터스 기반으로 활용할 예정이다. 우리나라의 경우에는 기존 시티폰에 할당하였던 910~914MHz 대역을 RFID용으로 할당하는 방안을 검토 중에 있다.

- 무선바코드 체계

유럽과 미국의 바코드 통합관리 기구인 EAN.UCC는 860~930MHz 대역 ISO 표준기 무선 바코드 체계(GTAG : Global TAG)의 정립을 위해 태그에 저장되는 바코드 데이터 포맷의 표준화를 추진하고 있는데 MIT Auto ID 센터의 "EPC"를 유력한 대안으로 파악하고 있다. 일본의 경우 유비쿼터스 ID 센터에서 사물이나 소프트웨어, 서비스 등에도 ID를 부여할 수 있는 코드체계로 "유비쿼터스 ID"를 일본 독자의 산업 표준으로 제안하고 있다. 유비쿼터스 ID는 보안성을 중요시하며, 메모리나 CPU의 존재여부와 무관하게 적용가능하고 기존의 RFID에서부터 스마트카드 등의 모든 초소형 칩까지 적용가능하게 설계 되었다. 필요시 인터넷과 연동되며, 자체 내에서 처리가 가능한 경우에는 자체에서 처리를 완료한다는 특징을 MIT EPC와의 차별화 전력으로 내세우고 있다.

- **RFID 연구동향**

RFID의 개발은 앞서 RFID의 정의 부분에서도 언급한 바와 같이 유비쿼터스 컴퓨팅의 기반 기술의 하나인 센싱 기술로서 파악, 연구되고 있다. 따라서, RFID의 기술 개발 동향을 이해하기 위해서는 각국의 유비쿼터스 기술 개발 동향을 이해하는 것이 선행되어야 한다.

앞서 서술한 바와 같이 유비쿼터스 기술개발 동향은 크게 미국, EU의 입장과 일본의 입장 두 가지로 나눠진다. 그런 측면에서 RFID의 기술 개발 흐름 또한 모든 사물을 객체로 인식하고 사물의 내부에 RFID 칩을 삽입함으로써 사람이 사물을 이용함에 있어 편의성을 극대화하고 비용을 절약하고자 하는 측면에서 주로 RFID 칩의 "내재성"을 강조하는 미국, EU의 연구 개발의 흐름과 모든 사물의 내부에 초소형 RFID 칩을 삽입하여 사람과 사물, 사물과 사물간 네트워크를 구성한다는 주로 "네트워크성"에 역점을 둔 일본의 입장, 크게 두 가지 기술 개발의 흐름으로 나누어진다.

- 미국

미국은 국방부 산하 고등연구 계획국(DARPA)과 국립표준 기술원(NIST)이 대학 연구소 및 민간기업의 유비쿼터스 프로젝트 자금을 지원하고 이에 HP, IBM, MS등의 민간기업과 MIT, CMU, 워싱턴 대학등이 적극적으로 동참하는 형태로 유비쿼터스 컴퓨팅 프로젝트를 진행하고 있다. 미래 경제사회의 근간이 될 상업용 기술 및 응용 기술을 개발한다는 관점에서 특히 자국의 정보산업 경쟁력 유지와 조기 응용기술 개발에 중점을 두고 연구를 진행하고 있다. 현재는 HCI(Human Computer Interface) 기술과 그 표준화에 주력하고 있으며, 전자태그를 이용한 상품 관리를 위하여 MIT를 중심으로 북미지역 코드 관리기관(UCC : Uniform Code Council), 국방성, 업체 등의 협력을 통해 Auto ID 센터를 설립(1998년)하여 기술개발 및 상용화를 적극 추진하고 있다.

RFID관련 대표적인 프로젝트로는 고등연구 계획국(DARPA)과 정보처리 기술국(IPTO)에서 자금을 지원받아 UCB를 중심으로 진행되고 있는 "Smart Dust" 프로젝트가 있다. 스마트 먼지는 RFID 칩으로서 $1mm^2$ 크기의 실리콘 모트라는 입방체 안에 완전히 "자율적인 센싱"과 "통신 플랫폼"을 갖춘 보이지 않는 컴퓨팅 시스템으로 설계되었다. 또한, MIT와 UCC, P&G등 현재 75개 협력사가 공동으로 참여하는 "Auto ID" 프로젝트는 "Smart Tag"를 각종 상품에 부착해 사물을 지능화하여 사물 간, 또는 기업 및 소비자와의 커뮤니케이션을 통해 자동화된 공급 망 관리 시스템 개발에 기여하겠다는 프로젝트이다.

-EU

유럽의 경우 2001년 유럽연합(EU)의 정보화 사회 기술 계획(IST)의 일환으로 미래 기술 계획(FET)의 자금지원을 받아 "사라지는 컴퓨팅 이니셔티브" 사업을 중심으로 16개 연구 프로젝트를 진행하여 유비쿼터스 컴퓨팅에 대한 전략을 모색하고 있다. 새로운 컴퓨팅 네트워크 및 구조화와 컴퓨터 객체들 간의 조합에 따른 새로운 개념의 서비스 창출을 통해 정보 기술을 일상 사물과 통합하여 인간 생활을 향상한다는 목표를 가지고 있으며, 미국 사례와 마찬가지로 연구소, 대학, 기업이 공동으로 참여하고 있는 경우가 많다. "Smart Its" 프로젝트가 대표적 사례로서, 사물에 소형의 내장형 RFID 칩인 "Smart Its"를 삽입하여 감지, 인식, 컴퓨팅 및 무선 통신 등의 기능을 지닌 정보 인공물(Information Artifacts)를 개발하며, 나아가 지능화된 사물 간 커뮤니케이션을 통해 사물간의 연계까지를 목표로 삼고 있다.

- 일본

일본은 자국이 국제 경쟁력을 확보하고 있는 모바일, 광섬유, 가전, IPv6, 정밀가공 기술과 연계시킨 "포스트 e-Japan"전략 차원에서 일본 총무성을 중심으로 꾸준히 유비쿼터스에 대한 연구를 지원하고 있다. 일본의 유비쿼터스 연구는 "어디서나 컴퓨터 환경", 즉 모든 사물에 초소형 칩을 이식하고 네트워크를 구성하여, 통신이 가능한 유비쿼터스 컴퓨팅 환경을 구축한다는 목표로 동경대학 사카무라 겐 교수의 TRON(The Realtime Operating System Nucleus) 프로젝트를 중심으로 연구를 진행하고 있다.

또한 2001년에는 총무성 산하 "유비쿼터스 네트워크 기술의 장래 전망에 관한 조사 연구회"를 발족하여 관련 기술에 대한 국내외 연구개발 동향을 조사 및 분석하고, 유비쿼터스 네트워크 사회의 실현을 위해 대응해야 할 연구 개발 과제나 연구개발 추진대책 등을 검토하였다. 최근 동향으로는 위 연구회에서 "개인 정보 관리 보호 가이드 라인 원칙안"을 제정하여 내각에 최종 보고할 예정으로 있는데 주로 개인 프라이버시 침해에 관한 대책 및 예방책을 포함하고 있어 RFID에 관한 일본의 연구가 종전의 주로 기반 기술 개발에 초점을 맞추고 있으면서도 점차 RFID의 응용분야 및 비지니스 영역에의 확산에도 관심을 기울이기 시작한 것으로 보인다.

일본의 대표적 RFID 관련 프로젝트로서, TRON 프로젝트는 초기 일본 국내의 다양한 내장형 S/W의 규격통일을 시도하고 TRON 칩 개발과 영역별 특징을 제시하였으며, 지능형 지역분산 시스템을 추구하고 있다. 최근 NTT 토코모의 "i-mode"에 "iTRON"이 적용되는 등 활발한 활동을 벌이고 있다.

- 한국

현재 국내 RFID 관련 기술 개발은 정부와 국책연구기관을 주도로 추진하고 있으며, 국제 공동 연구를 통해 기술력 차이를 극복하고, 상용화를 위한 산업체와 공동 개발을 추진한다는 체계를 가지고 있다. 주로 지경부를 중심으로 "u-센서 네트워크 계획"등 기술 개발 및 활성화 정책이 추진되고 있다.

(4) 발전방향

- RFID의 발전방향으로 현재 관심을 기울여야 할 부분은 기능적 측면에서의 발전 가능성과 비용적 측면에서의 발전 가능성이다. 우선 기능적 측면에 있어 현재 가장 널리 검토되고 있는 방식은 Passive 형태의 RFID 칩으로서 고정된 개체인식 코드 획득 수준에 머무르고 있으나 2010년 이후에는 주변 환경 인지 기능, 개체 간 통신 가능, 상황 인지 정보처리 능력 등이 부가될 것으로 보여 유비쿼터스 센서로서의 역할이 보다 확대될 전망이다. 비용적 측면에 있어, 전자 태그가 소형화, 지능화하는데 비해, 가격은 수 센트대로 저가화가 실행될 조짐을 보이고 있어 물류, 유통분야 뿐만 아니라 동물관리, 환경, 재해예방, 의료관리, 식품관리 등 실생활에서 활용이 확대될 전망이다.

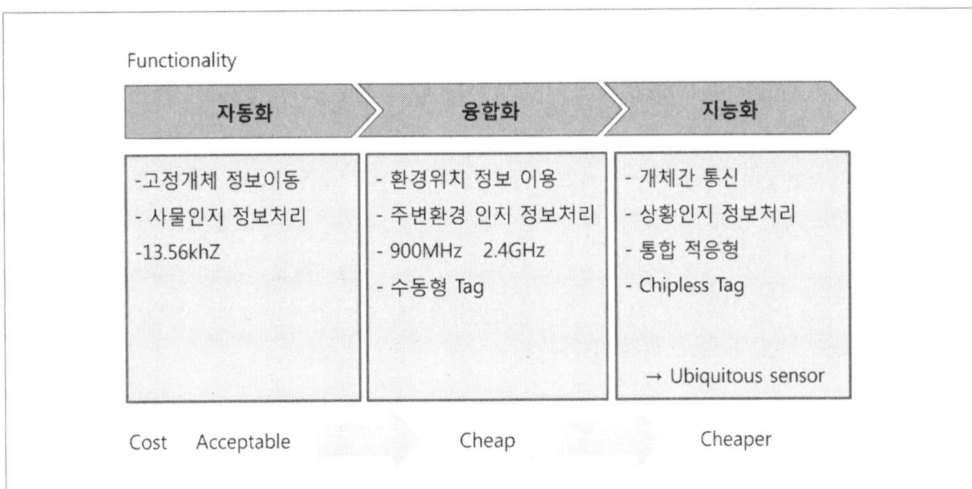

〈그림 7-14〉 RFID 칩의 발전 단계

7.4 RFID의 적용분야

(1) RFID 응용분야

- 최근 RFID는 물체 인식의 단계를 넘어서 산업 전반의 관리 시스템에 속속 적용이 되고 있다. 몇 가지 대표적인 애플리케이션을 살펴보면 다음과 같다.

 - 자동차 RFID 칩의 사용으로 제조에서 폐기까지 자동으로 관리됨으로 생산에 드는 비용이 절감되는 효과를 가져와서 전체적인 SCM에서의 비용을 효과적으로 절약해 주며, 각종 텔레매틱스 서비스들을 통하여 운전자를 보다 안전하고 편리하게 보호 할 수 있다.

 - 물류는 선적에서 적재까지 정확한 작업이 가능하도록 함으로써 비용 절감과 아웃소싱을 통한 스마트 서비스를 제공하는 유비쿼터스 컴퓨팅의 핵심이다. 상품의 배송 추적이 식품산업에서 그 중요성이 많이 인식되었고 상품에 대한 추적과 감시를 할 수 있으므로 비용 절감 및 안전한 식품 공급을 가능하게 한다.

 - 의약품 관리 제약 산업은 환자의 차트에 UbiComp-enabled Electronic data capture(EDC) 방식을 도입, 자동으로 데이터를 수집하고 분석함으로 시간과 비용을 절감할 수 있게 된다. Electronic Patient Diary(EPD)를 통하여 종합적인 환자관리가 가능할 뿐만 아니라 임상실험에 투입될 환자 모집에 효율성을 증가시킬 수 있다.

 - 가전제품 시장은 이미 포화상태에 도달하였지만 새로운 패러다임, 즉 스마트 홈, 스마트 기업과 같은 개념을 도입하여 새로운 시장창출과 구매 촉진이 필요한 시기이다. 가전제품에서 세탁기는 세탁물에 달려있는 RFID 칩을 읽어서 그 옷감에 맞는 세탁 방법을 자동으로 설정한다거나, 냉장고는 음식물에 달린 RFID 칩으로 냉장고에 있는 음식물을 문을 열지 않고도 확인하고 그 음식물의 유통기한 확인은 물론 냉장고 스스로 부족한 음식물을 알려주는 역할까지 수행할 수 있게 된다. 그리고 가전제품들이 모두 네트워크화 되면 자가진단으로 서비스 회사에 자동으로 연락하여 수리할 수 있게 됨으로써 서비스 비용 및 모니터링 절감 효과를 얻을 수 있다.

〈표 7-6〉 RFID 적용분야 예시

구분	분야	주요내용	비고
건강관리/식품	제약	• 시각장애인을 위하여 약품용기에 처방, 투약방법, 경고등의 정보를 넣은 RFID Tag 부착 • 판독기를 통해 정보를 음성으로 변환하여 전달	미 FDA 권고
	건강관리	• 위변조 방지와 시설 이용을 위한 식별수단제공. 알츠하이머 환자 수용시설 및 의약품/의학용 소모품에 부착	
신원확인/보안	놀이공원/이벤트	• 방문자에게 RFID 칩이 내장된 팔찌나 ID 태그를 부탁. 위치추적 및 미아방지, 그룹 간 위치 확인 서비스, 지불 수단	
	도서관/비디오대여점	• 책과 비디오 테잎에 부착. 체크인과 체크아웃 관리, 도난 방지	
	보안	• 개인 ID 태그로 활용. 변조방지 신분확인 및 출입통제, 추적대상 또는 도난방지 대상이 되는 어떠한 물건에도 부착 가능	
	접객업	• 자동 지불수단 및 출입통제 수단	
물류/유통	제조업	• 부품에 부착. TQM 및 부품 조달(JIT)에 활용	
	물류관리	• 파레트, 화물, 반환용 컨테이너에 부착, 비용절감 및 배송정보 제공, CRM 데이터 수집	Wallmart 사례
	비현금지불	• 주유 기타 비현금 지급 소요 시 자동 계산	Exxonmobile McDonald
	소매업	• 상품 검색 및 진열 장소 검색. 재고관리, 도난방지	
	선적/수령	• 파레트 또는 컨테이너, 각 상품에 부착, 선적과정 단축 및 포장시간 단축	
	창고업	• 개별화물 조사 및 자동 보고서 작성, 오류 발생 저하 및 노동력 절감	
	수송관리	• 자동 통행료 징수	
금융업	비현금지불	• 주유 기타 비현금 지급 소요 시 자동 계산	Exxonmobile McDonald
SI	RFID 도입	• RFID의 비지니스 영역에의 도입	Accenture
군사	상황인지	• RFID를 이용하여 적국동향 감시 및 기타 기능 수행	Dust

Chapter 08

세계의 유비쿼터스 사회 추진 전략

제8장

세계의 유비쿼터스 사회 추진 전략

요 약

지금 세계는 또 다른 조용한 혁명의 시기를 눈앞에 두고 있다. 산업혁명과 정보화 혁명에 이어 유비쿼터스 컴퓨팅이라는 영역에서 우위를 선점하려는 각국 정부 차원에서의 노력이 조용하게, 그러나 치열하게 진행되고 있다. 유비쿼터스 환경에서의 기술 우위와 비즈니스 선점이 미래의 국가 경쟁력을 좌우한다는 측면에서 미국, 일본, 유럽에서는 어떠한 전략을 펼치고 있는지, 그리고 우리나라에서는 어떠한 구상을 갖고 있는지 이장에서 알아보도록 한다.

8.1 유비쿼터스 컴퓨팅 추진의 청사진

(1) 유비쿼터스 컴퓨팅의 전략적 인프라

태그는 바코드와 유사한 용도로 근거리 무선통신기술을 기반으로 유통, 물류, 사물을 추적하는 RFID적 사물식별등을 목적으로 사용한다. 개별 사물 자체의 정보를 무선 접근점(AP : Access Point)에 전달하는 태그는 물류 분야에 대한 높은 사업 가능성으로 많은 기업들 사이에 핫 이슈가 되고 있다. 그러나 유비쿼터스 컴퓨팅 서비스 인프라 측면에서는 태그보다는 센서 네트워크에 먼저 주목할 필요가 있다. 유비쿼터스 컴퓨팅 객체의 통신 플랫폼은 인터넷이 기본이 아니다. 유비쿼터스 컴퓨팅 객체들의 실제적인 통신 플랫폼은 인터페이스나 블루투스와 같은 근거리 무선 통신 기술 RF, 빛을 사용하는 모스 부호 통신 등이다. 즉, 유비쿼터스 컴퓨팅 객체들은 근거리 무선 통신을 기반으로 NFC(Near Field Communication)를 통한 다음 인터넷용에 연결되는 형태를 취하고 있어 비 IP기반의 컴퓨팅 객체인 셈이다. 비 IP 기반의 컴퓨팅 객체들이 제공하는 리얼 컴퓨팅을 기반으로 하는 유비쿼터스 서비스는 사용자 혹은 단말을 중심으로 동시성 실시간을 기반으로 구축되는 센서 네트워크인 사용자망, 단말 망에 의하여 제공될 것으로 예측하며 동시성 기반 사용자망이 유비쿼터스 컴퓨팅의 핵심 기술적 인프라로 판단된다. 즉, 센서기술 중 오늘날 널리 사용되고 있는 다양한 수동·능동형 센서 기술과 장차 나노 기술에 의해 나타날 나노크기의 센서 기술은 차별화하여 파악해야할 것이다. 일반적 사물이나 인체에 식재될 극초소형 나노센서의 활용은 현재의 기술로는 사실상 무리이지만 일반 센서의 활용은 기술상 특별한 장애가 없다. 유비쿼터스 컴퓨팅에 있어서 센서의 정의는 CPU와 통신 기능 그리고 센서로 구성된 전자 객체 칩인 동시에 자율형 컴퓨팅 단말이다. 따라서 오늘날 소형 단말이나 소형 컴퓨팅 칩의 기술 범위에 유비쿼터스 컴퓨팅 센서를 포함시켜도 무리가 없으리라고 판단된다. 또한, 센서 네트워크에 있어 센서에 대한 의미의 재해석이 요구된다. 즉, 나노 기술이나 기술에 의한 전자 장치의 실용화 및 상용화는 현실적으로 한계가 있다. 그러나 유비쿼터스 컴퓨팅의 개념에 의한 사용자 중심 혹은 단말 중심의 다양한 서비스나 응용의 구현은 현실적으로나 상용화 측면에서 많은 가능성을 제시하고 있다. 그래서 유비쿼터스 컴퓨팅의 개념에 대한 센서 네트워크는 현재의 기술로 실현 가능한 사용자 혹은 단말을 중심으로 하는 사용자망으로 구축될 수 있으며 구축된 사용자망을 기반으로 단말 중심의 다양한 유비쿼터스 컴퓨팅 서비스 및 응용의 활용이 가능하다. 이러한 의미에서 근거리 무선 통신에 의한 실시간 가상 센서 네트워크를 난발 혹은 단말을 소지한 사용자를 중심으로 적용하여 활용할 수 있다는 의미에서 본서에서는 센서 네트워크를 사용자망으로 정의하고 설명한다. 따라서 CPU와 통신 기능 그리고 센서로 구현된 단말이 차세대 단말의 한 유형이 될 것이다. 이러한 단말과 사용자 망 인프라가 사용자의 물리적 환경에 리얼 컴퓨팅 서비스와 실시간 상황인식 서비스를 제공할 수 있을 것으로 파악된다.

사용자망인 센서 네트워크는 동시성 가상 망으로 NGN을 거쳐서 BCN(최근 디지털타임스에 따르면 정보통신부는 NGcN을 대체하기 위한 3단계의 브로드밴드 코리아 건설을 위한 NGcN IT 광대역 통합망 구축 추진계획(안)을 마련했다. 이 프로젝트를 통하여 2010년까지 전국 만 가구에 50Mbps 내지 100Mbps급 광대역 서비스를 제공했으며 추후 고도화될 물리적 네트워크인 초고속 인터넷과는 상호 보완적 관계를 형성할 것이다. 즉, 대용량, 초고속, 고비용의 네트워크 서비스는 초고속 인터넷이 사용될 것이며 단순 저가격의 네트워크 서비스는 사용자망이 활용될 것이다. 또한, 화재나 지진, 전쟁 등의 천재지변으로 물리적 네트워크인 초고속 인터넷이 장애를 일으키거나 물리적으로 파괴될 경우에 가상망인 사용자망은 물리적 네트워크와는 무관하게 일부의 분야에서는 정상적 통신 서비스를 제공할 수 있다. 따라서 초고속 인터넷과 사용자망이 함께 구축됨으로서 네트워크 서비스의 신뢰성이 확보되며 초고속 인터넷의 통신 트래픽에 대한 부분적 분산과 사용자 통신비용을 절감시킬 수 있으며 NFC 기반 응용 산업이 활성화 될 수 있는 인프라의 역할을 담당하게 될 것 이다.

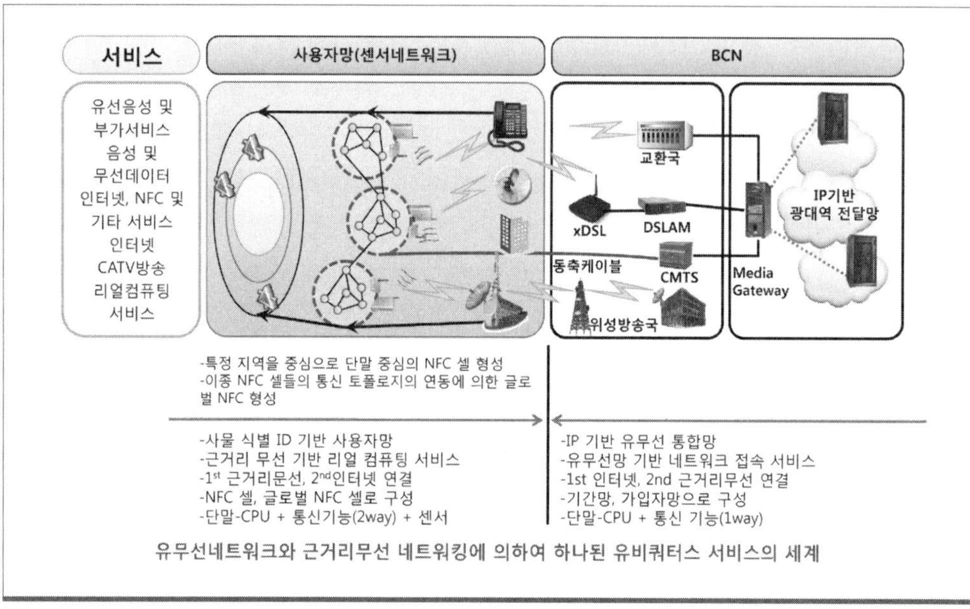

〈그림 8-1〉 유무선 통합 망과 사용자망에 의한 네트워킹의 완성 모습

(2) 유비쿼터스 컴퓨팅 추진과 구현 모습

- 유비쿼터스 컴퓨팅 세계인 비 IP 기반의 네트워크 NFC에 대한 인프라 구축과 기반 기술 개발 유비쿼터스 서비스와 응용에 대한 사업 준비도 시작 단계에 불과하다. 그래서 차세대 IT 서비스와 응용의 세계인 프론트 엔드 영역에서 한국적 유비쿼터스 컴퓨팅 인프라 구축과 IT 관련 산업의 활성화를 위하여 국가적으로 수행해야 할 연구 개발 영역과 수행할 조직 등이 필요한 시점이다. 이러한 프로젝트는 다음 〈표 8-1〉과 같은 주요 8대 사업 분야로 제시할 수 있다.

〈표 8-1〉 유비쿼터스 컴퓨팅 관련 Layer별 8대 사업 개요

계층	사업 개요	연구 대상
사업화 전략	비가시적(intangible) 유비쿼터스 서비스의 사업화 모델(국가적 인프라 구축, 공공정보 서비스, 비영리 민생 서비스, 상용응용 활성화 인프라 구축등)과 사업 전개 전략 연구	비가시적 객체인 디지털 컨텐츠, 컴퓨팅 서비스 등에 대한 사업 모델
보안	사용자망 기반 단말 정보·개인인증정보·실시간 개인 금융거래·실시간 상황정보등과 관련된 물리적 인증 대상 객체들에 대한 보안 연구	물리적 대상을 인증하는 기술
응용	유비쿼터스 파이럿트 프로젝트(2Way 인터페이스, Location and Role 서비스 기반 전자기기, Near Field Communicator, 망 기반 응용 솔루션등)	2Way 인터페이스 기반 정보기기용 및 단말용 응용
사물식별 체계	지능형 단말들이 모든 종류의 물리적 객체(제품·서비스·전자기기 등)을 식별하기 위한 전자사물코드체계(MIT AutoID 센터의 RFID 태그의 ePC 혹은 일본의 유비쿼터스 ID 등과 유사한 비 IP 기반 객체 식별을 위한 코드 체계)의 설계	물리적 객체(정보가전, 단말 서비스 등을 식별하는 ID)
핵심기술	유비쿼터스 서비스 제공을 위한 휴대폰·PDA·노트북·가전 등에 적용할 2Way(블루투스·RF·적외선통신 등의 NFC, 유무선 인터넷) 인터페이스 통신모듈 칩 세트, 차세대 단말(CPU+통신기능+센서), RFID 태그 및 RF 서버 태그의 설계와 개발	NFC을 실현할 수 있는 통신 및 단말, 태그 S/W 및 H/W
미들웨어	사용자망의 가상 네트워크 서비스 제공을 위한 미들웨어 인프라인 동시성 기반 가상 네트워크 응용 S/W 플랫폼의 설계 및 개발	NFC 통신 토플러지 연동, 이종 NFC 셀의 심리스한 연결 등
인프라	유비쿼터스 컴퓨팅 인프라인 P2P(Grid 개념 포함) 기반의 사용자망(센서 네트워크)의 설계와 구축	P2P 방식의 2Way 인터페이스 기반 NFC 통신 인프라
표준화	유비쿼터스 컴퓨팅 관련 기술 및 서비스, 물리적 전자객체 식별코드등의 표준화 작업	보안, 물리적 전자객체 ID, 미들웨어, 인프라등

• 이러한 프로젝트는 기존의 다양한 형태의 컴퓨터들이 일상적 모든 기기(시계, 핸드폰, 신용 카드, 비디오, 오디오, 자동판매기, 자동차, 전철 등) 속에 스며들게 하여 남녀노소 정상인이나 장애인에 대한 구분 없이 누구나가 컴퓨터에 대한 특별한 조작법을 익히지 않고도 기존의 시계 핸드폰 등을 사용하는 것처럼 IT 서비스를 활용하게 할 것이다. 또한 프론트 엔드 측의 차세대 망 기반 응용들의 사업화 모델과 사업화 전략 제시와 산업 활성화를 위한 인프라 구축을 목표로 한다.

• 이러한 프로젝트는 국내 유비쿼터스 컴퓨팅이 유선, 무선, 유무선 통합, 근거리 무선 통신 기술 그리고 PostPC, MEMS, 센서, 초소형 컴퓨팅 객체 칩 기술과 사용자망(센서 네트워크)과 연계되어 추진되고 있다.

• 장차 세계의 백 엔드 측에는 생태학적 특성을 가진 네트워크 로봇틱스 기술과 자율 지능형 브로커(broker), 근거리 무선 통신과 동시성 분산협업 가상 망이 모든 서비스의 근간이 될 것이다. 그리고 프론트 엔드 측에서는 c-Tag형 RFID 태그들이 수동적 자율 서비스를 제공할 것이다. 그리고 s-Tag형 RF 서버 태그들이 능동적인 자율 제어 서비스와 리얼 컴퓨팅 서비스를 제공할 것으로 추정된다. 이러한 변화에 따라 네트워크 로봇틱스 기술 기반 컴퓨팅의 활용은 가정, 업무, 여행, 오락 등 개인의 다양한 생활환경 속으로 침투할 것이다. 예를 들면, 사용자의 휴대폰, 디지털 카메라, 개인 소지품들 중에 내장된 위치 센서나 체온 혈압, 심장 박동 수 등을 모니터링 하는 건강 센서 등의 다양한 개인용 장치로부터 실시간으로 취득되는 실생활과 연결된 정보를 활용하여 사용자의 건강상태가 위중할 경우 자동으로 의사와 소통하게 하거나 긴급 119구조대를 통한 긴급 구조 등을 받을 수 있다.

또한, 사용자가 식당에서 식사를 하거나 백화점등에서 쇼핑할 때 사용자가 의식하지 않은 상태에서 사용자의 휴대 장치에 마일리지를 증가시켜 주거나 쿠폰 등을 부여할 수도 있다. 사용자가 잠시 머무는 식당이나 공원 등에서 사용자의 취향에 맞는 음악이나 대형 화면을 통한 영상이나 영화의 예고편을 보여 줄 수도 있다. 종래의 네트워크 구조와 인프라로서는 지원되지 않는 이러한 새로운 서비스와 응용들이 동작할 수 있기 위해서는 개인 혹은 인간 중심의 능동형 서비스 제공이 가능한 새로운 차세대 네트워크(Calm services network) 구조와 생태학적 자율 지능형 인프라 서비스인 네트워크 로봇틱스 개념의 제공이 요구된다.

• 이러한 진화는 프론트 엔드 영역이 자율 및 지능화하면 백 엔드 영역도 지능적 환경 및 자율형 서비스를 제공하기 위하여 유용한 서비스의 생성과 무익하거나 불편한 서비스 객체들을 소멸시키는 특성을 가지는 생태학적 속성을 가진 네트워크 로봇틱스 개념으로 진화하지 않을 수 없다. 따라서 유비쿼터스 프로젝트와 BCN 프로젝트를 통화여 백 엔드의

IT 세계와 프로트 엔드의 세계가 상호보완적으로 진화하여 〈그림 8-2〉와 같이 상호 연동하여 자율적 IT 분산 협업 기반의 서비스를 제공하는 하나 된 모습을 보여 줄 것이다.

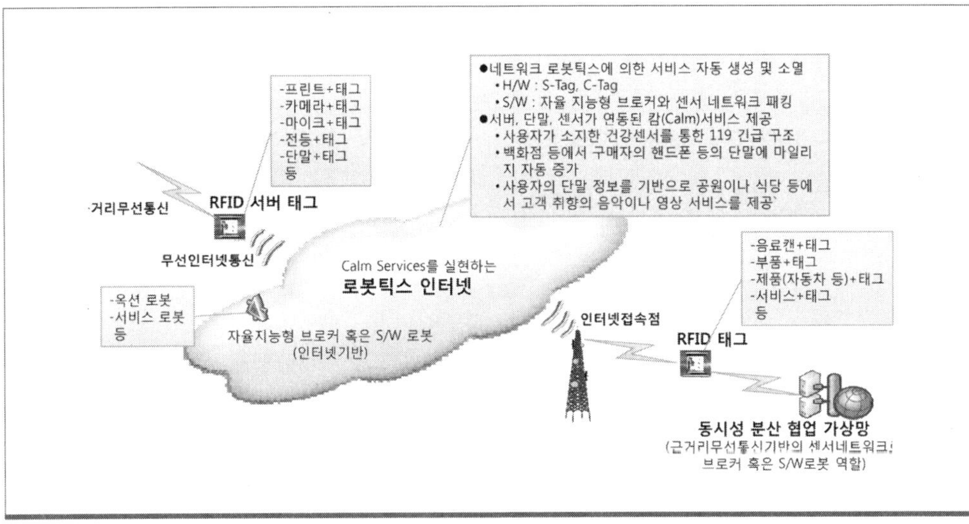

〈그림 8-2〉 유비쿼터스 컴퓨팅화 IT 세계

8.2 외국의 유비쿼터스 사회 추진 전략

(1) 외국의 추진 정책

미국의 대표적 과학 저널 중 하나인 사이언티픽 아메리칸 1991년 9월호에는 컴퓨터 과학자들이 유비쿼터스 컴퓨팅의 원전이라 부르는 21세기를 위한 컴퓨터(The Computer for the 21st Century)라는 마크 와이저의 기념비적 논문이 실렸다. 이 논문에서 그는 미래의 컴퓨터는 우리들의 그 존재를 의식하지 않은 형태로 생활 속에 파고들 것이나. 하나의 방 안에 수백 개의 컴퓨터가 자리 잡고 그것들이 케이블과 양방향 무선 네트워크로 상호 접속 될 것으로 예견하였다. 그로부터 10년, 미국을 비롯해 일본, 유럽 등 세계 각 국에서는 모바일 브로드밴드 극소형 컴퓨터, IPv6, 근거리 무선의 세계가 창출해 내는 유비쿼터스 컴퓨팅 혁명이 새로운 지식 정보 국가 패러다임이란 인식 아래 정부, 기업, 연구소가 유비쿼터스 컴퓨터 시대를 대비하고 있다.

- **미국** : IT 기술의 패권국가인 미국은 유비쿼터스 컴퓨팅 분야에서도 가장 활발한 연구 활동을 보이며 유비쿼터스 컴퓨팅 혁명을 선도하고 있다. 미 국방부 산하의 고등 연구 계획국(DARPA)과 미국 기술 표준의 총 본산인 국립표준기술원(NIST)등의 정부기관이 대학 연구소 및 민간기업의 유비쿼터스 컴퓨팅 프로젝트에 대해 연구 자금을 지원함으로써 유비쿼터스 컴퓨팅 연구에 중추적인 역할을 하고 있다. 이와 더불어 다수의 민간기업과 HP, IBM, MS, MIT, CMU, 워싱턴 대학 등 많은 대학 연구소들이 적극적으로 연구에 동참하여 가까운 미래의 경제사회 시스템의 근간이 될 수 있는 상업적인 기술과 응용들을 개발하고 있다. DARPA의 정보처리기술국(IPTO)은 유비쿼터스 컴퓨팅과 관련하여 캘리포니아 대학 버클리 소재의 Smart Dust와 Endeavour, OGI/조지아 택의 Info-Sphere, 워싱턴 대학의 Portolano, 카네기 멜런 대학의 Aura, MIT의 Oxygen 프로젝트등을 지원하고 있다. 정보기술 산업을 지원하는 NIST의 정보기술응용국(ITAO)은 첨단 기술 프로그램(Advance Technology Program)의 일환으로 퍼베이시버 컴퓨팅(Pervasive computing)을 지원하고 있다. ITAO가 지원하는 퍼베이시버 컴퓨팅은 누구나 쉽게 접속 가능한 무수한 컴퓨터 장치들이 유비쿼터스 네트워크에 연결되어 있는 컴퓨터 환경으로 정의할 수 있다. 예를 들면, 컴퓨터나 센서가 수많은 장치, 가정, 사무실, 공장 심지어 양복 등 모든 곳에 존재하는 상황을 말한다. 이와 같은 장치들은 초소형이면서도 분산되고 때로는 내장 장치와 대화하기 위해 통일된 사용자 인터페이스를 요구한다. 미국은 자국의 정보산업 경쟁력 유지를 위해서 유비쿼터스 컴퓨팅 연구를 추진하고 있으며 유비쿼터스 컴퓨팅 기술 개발과 부분적인 조기 응용 개발에 중점을 두고 있다. 특히, 일상 활동과 컴퓨터의 자연스러운 통합이 가능한 기술과 HCI(Human Computer Interaction) 표준 개발을 핵심 요소로 인식하고 있다.

- **일본** : 일본의 유비쿼터스 컴퓨팅 연구는 어디에나 컴퓨터 환경이라는 미래를 겨냥한 신기술 체제의 확립을 목표로 지난 1984년 도쿄 대학 사카무라 겐 교수가 중심이 되어 제안한 TRON(The Realtime Operating system Nucleus)프로젝트에서 출발하였다. 사카무라 교수는 모든 컴퓨터의 기본 OS 소프트웨어를 공통화 메이커 기종의 종류에 상관없이 호환성을 실현하는 환경을 구축한다는 기본 개념을 바탕으로 지능형 빌딩, 지능형 주택, 지능형 도시, 지능형 자동차망 등의 응용 프로젝트를 활발하게 제안하였다. 현재, 일본은 모든 일상 시물과 생활공간에 다양한 기능을 갖는 마이크로컴퓨터 칩들을 탑재한 지능형 물체 개발(intelligent object)에 전력하고 있다. 특히, 일본은 자국이 국제 경쟁력을 확보하고 있는 IPv6, 모바일 광섬유망, 가전 그리고 부품 및 재료 정밀가공 기술 등과 연계시킨 포스트 e-Japan 전략 차원에서 유비쿼터스 컴퓨팅 혁명에 대응하고 있다. 이에 따라 총무성은 유비쿼터스 네트워크 기술의 장래 전망에 관한 고사 연구회를 출범시켜 관련 기술 개발에 관한 국내외 연구동향 등을 조사 및 분석함과 동시에 몇 가지 중점 프로젝트를 제안하고

있다. 이 보고서에 따르면 먼저 의복, 서류, 유가증권, 브랜드 제품에 마이크로칩을 내장시켜 수백억 개의 단말 간 협조 제어가 가능한 네트워크 기술을 개발하는 초소형 칩 네트워크 프로젝트를 제시하고 있다. 또 비접촉카드를 사용해 순식간에 어떤 단말이라도 마치 자신의 단말처럼 사용할 수 있도록 하는 "어디서든 네트워크 프로젝트"등의 유비쿼터스 네트워크 사회라는 3가지 중점 프로젝트를 제안하였다. 최근까지 유비쿼터스 네트워크와 관련하여 "무엇이든 어디서든 네트워크"의 요소기술의 개발을 완료하였다. 또한, 관련 업계 및 학계 전문가들로 구성된 IT 전략의 향후 방향을 수립하기 위한 조사 연구회 의장 이데이 노부유키가 소니 회장 겸 CEO가 결성되었다. 그리하여 유비쿼터스 네트워킹 개념을 포함한 새로운 e-Japan IT 전략을 마련하고 국가 정보화 추진 기구인 유비쿼터스 기반의 새 국가 전략이 채택되었다. 이와 같이 일본 IT 업계를 중심으로 유비쿼터스 컴퓨팅 기술개발이 더욱 활발해지고 사회 전체적으로 유비쿼터스 컴퓨팅 기술에 대한 관심이 높아지면서 일본의 유비쿼터스 컴퓨팅 관련 시장 선점 노력도 본격화될 것이다.

- **유럽** : 유럽은 2001년 시작된 유럽연합(EU), 정보화 사회 기술 계획(IST)의 일환으로 미래 기술 계획(FET)의 자금지원을 받아 "사라지는 컴퓨팅 계획(Disappearing Computing Initiative)"을 중심으로 유비쿼터스 혁명에 대한 대응전략을 모색하고 있다. 이 프로젝트는 정보 기술을 일상 사물과 환경 속에 통합해 인간의 생활을 지원하고 개선하고자 한다. 우리가 흔히 사용하는 일상 사물에 센서 구동기 프로세스 등을 내장하여 사물 고유의 기능에 정보처리 및 정보교환 기능이 증진된 정보 인공물(information artifacts)을 개발하려는 것이다. 동시에 정보 인공물 상호 간의 지능적이고 자율적인 감지와 무선통신을 통해 새로운 가능성과 가치를 창출하고 궁극적으로는 인간의 일상 활동을 지원하고 향상시킬 수 있는 환경을 구축하는 것을 목표로 하고 있다. 이러한 목적을 달성하기 위해 연구소, 대학, 기업이 공동으로 사물의 지능화를 위한 "Smart Its" 프로젝트, 센서가 포함된 투명한 잉크를 이용해 기존 종이의 용도를 증진하는 "Paper++" 시스템 개발을 위한 프로젝트, u-커머스와 관련된 "Grocer" 프로젝트등 16개의 독립 프로젝트를 수행하고 있다. 이 가운데서도 "Smart Its" 프로젝트가 가장 눈길을 끈다. 이 프로젝트는 일상 사물에 소형의 내장형 장치인 "Smart Its"를 삽입해 감지, 인식, 컴퓨팅 및 통신 기능을 지닌 정보 인공물 개발을 목적으로 한다. 뿐만 아니라 지능화된 사물 간의 대화를 통해 협력적인 상황 인식과 활동이 가능한 새로운 환경을 실현하고자 한다.

(2) 각국의 유비쿼터스 컴퓨팅 전략 비교

- 유비쿼터스 컴퓨팅 혁명은 새로운 지식정보국가 건설과 자국의 정보산업 경쟁력 강화를

위한 중심 패러다임이라는 인식 하에 미국, 일본, 유럽의 정부, 기업 주요 연구소들이 유비쿼터스 컴퓨팅 기술을 개발하고 있다. 여기서는 각 국의 유비쿼터스 컴퓨팅 기술 개발 방향과 전략을 비교하여 살펴보기 위하여 유비쿼터스 컴퓨팅에 대한 미국, 일본, 유럽의 전략을 요약하면 〈표 8-2〉와 같다.

〈표 8-2〉 미국, 일본, 유럽의 유비쿼터스 컴퓨팅화 전략 비교

	미국	일본	유럽
추진시작 시기	1991년	2001년	2001년
추진 주체	정부기관(DARPA, NIST)와 대기업 자금지원에 의한 민간주도(주요대학과 첨단 IT기업)	정부주도에 의한 산·학·관 연합체	EU 주도에 의한 유럽 국가간 협력
추진 방향	유비쿼터스 컴퓨팅 기술과 응용개발	마이크로 기술에 의한 유비쿼터스 네트워크 기술 개발	유비쿼터스 컴퓨팅 기술과 응용 개발
주요 프로젝트	Smart Dust, Cool Town, EasyLiving, SmartTag, Oxygen,Things that Think	유비쿼터스 네트워크 기술의 장래전망에 관한 조사 연구회	Smart Its, Paper++, Grocer 등 16개 독립 프로젝트
주요 수행기관	Xerox, HP, MS, IBM, UC Berkeley, Univ of Washington, MIT, Media Lab	NTT, NTT DoCoMo, NTT 텔레컴, 소니, NEC, 미쓰비시 전기, 마쓰시다 전기	스위스 ETH, 독일 TeCo, 핀란드 국립 기술 연구소

• 미국은 자국의 정보산업 경쟁력 유지를 위해서 1991년부터 유비쿼터스 컴퓨팅 실현을 위한 연구 개발을 추진해 왔으며 그러한 계획의 일환으로 정부기관인 DARPA와 NIST의 정보기술응용국이 연구자금을 지원하고 있다. 정부기관(ITAO)과 대기업의 자금 지원으로 MIT등 주요대학과 CMU, HP, MS, IBM등 민간기업 연구소에서 다양한 프로젝트를 수행하고 있다. 미국은 주로 유비쿼터스 컴퓨팅 기술과 부분적인 조기 응용 개발에 중점을 두고 있으며 특히 일상생활 공간과 컴퓨터간의 자연스러운 통합이 가능한 HCI(Human Computer Interface) 기술과 표준 개발을 핵심 요소로 인식하고 있다.

• 일본은 정부주도로 2001년도부터 전문가들로 구성된 조사연구회를 발족하여 종합적인 추진계획을 이미 수립하였다. 국가 정책적 차원에서 유비쿼터스 네트워크 사회를 e-Japan 전략의 목표인 세계 최첨단 IT 국사의 구체적인 모습으로 그 중요성을 부여하고 있다. 이러한 계획은 자국이 국제 경쟁력을 확보하고 있는 광, 모바일, 센서, 초소형, 기계장치, 가전, 부품, 재료, 정밀가공, 기술 등을 연계시켜 조기에 유비쿼터스 네트워크를 구현하여 세계 최첨단 IT 국가를 실현하고 최근에 약해지고 있는 자국의 국가 경쟁력을 강화

하기 위한 것이다. 일본의 전략은 미국의 강점 분야인 컴퓨터 소프트웨어 등 핵심 기술도 중요하지만 마이크로 센서 기술을 이용하여 사람과 사물간의 통신 그리고 사물과 사물간의 통신과 같이 주변 기술도 중요하다고 인식하고 추진하는 것으로 보인다.

• 미국과 일본은 유비쿼터스 컴퓨팅 기술 개발 방향과 전략에서 약간의 차이를 보이고 있다. 미국은 기술적 비전 제시와 필요한 부문에서의 조기 응용을 강조하는데 비해 일본은 국가 차원의 정책적 추진에 비중을 두고 있다. 이는 미・일 양국 간의 유비쿼터스 컴퓨팅 추진에 대한 시점 차이와 기술력의 차이에서 비롯된 것으로 보인다. 미국은 최첨단 컴퓨터와 소프트웨어 기술력을 토대로 바이오기술(BT)과 나노기술(NT)의 응용을 통해 IT를 새로운 차원으로 발전시켜 유비쿼터스 컴퓨팅을 구현하려 하고 있다. 이는 미국의 컴퓨터와 소프트웨어 기술력에 대한 자신감 그리고 전통적인 실용주의가 그대로 반영된 결과이다. 반면, 일본은 자국이 보유한 기술력과 자원을 네트워크화 함으로써 유비쿼터스 컴퓨팅을 조기에 확신시키려는 전략을 계획하고 있다. 유럽은 유럽연합(EU)이 중심이 되어 2001년에 시작된 정보화 사회 기술계획(IST)의 일환으로 미래 기술 계획(FET)이 자금을 지원하는 "사라지는 컴퓨팅 계획(Disappearing Computing Initiative)"을 중심으로 유비쿼터스 컴퓨팅 혁명에 대한 대응 전략을 모색하고 있다. 인터넷 이후 최대의 화두로 떠오른 유비쿼터스 컴퓨팅은 세계 주요국의 추진형태와 방법 및 체제는 다르지만 미래의 국가 정보 기술 경쟁력을 결정하는 중요한 요소로 인식되고 있다. 그러므로 앞으로 우리의 생활에 또 다른 변혁을 가져다 줄 것으로 보인다. 1990년대를 전후하여 기술 적용주기와 IT 산업 생명주기의 급격한 단축에 의해 새로운 기술 전략 패러다임의 발굴이 강하게 요구되고 있다. 즉, 신기술 적용주기가 가속적으로 단축되고 있으며 많은 유사 솔루션이 동시에 등장하고 있다. 이제 가장 빠른 기술개발과 적용이 경쟁 우위의 주요 요소인 속도의 경쟁시대에 진입하였으며 기술 적용 주기가 1년 미만인 IT 기술들이 영역에서 나타나고 있다. 따라서 유비쿼터스 서비스의 세계는 빠른 기술 개발과 적용에 따라 2020년에 「속도의 세계」이며 「선점의 영역」이다.

• 미국, 유럽, 일본은 각 국의 차별화된 여건과 각 국이 보유한 핵심 기술 영역의 차이로 세계 각 국이 추구하는 유비쿼터스 컴퓨팅 산업 전략은 서로 차별화되어 전개되고 있다. 미국의 경우는 유비쿼터스 컴퓨팅 프로젝트가 1988년 제록스사에서 시작되었다. 그 프로젝트에서 제시된 장소 중심의 한 사람에 대한 리얼 컴퓨팅에 대한 구현을 MS사의 이지 리빙 프로젝트나 HP사의 쿨타운 프로젝트 등이 개발하고 있다. 동시에 많은 산・학・연 프로젝트들이 이동성과 더불어 장소를 중심으로 하는 자율형 객체(Smart object)를 통한 리얼 컴퓨팅을 추구하고 있다. 유럽의 경우는 하노버대학과 VTT 대학이 수행한 유비캠퍼스 프로젝트와 2000년에 시작된 사라지는 컴퓨터 계획을 통하여 이동성을 중시하는 초소형

자율형 객체와 그룹을 중심으로 하는 자율형 협업 인프라(Intelligent Cooperation)를 통한 리얼 컴퓨팅의 연구를 추구하고 있다. 일본의 유비쿼터스 컴퓨팅 연구의 근원은 1984년 동경대에서 TRON 프로젝트를 시작으로 일본 정부의 대 u-네트워크 프로젝트에 이르기까지 어디서나 연결(Anywhere Connection)을 추구하고 있다. 이와 같이 유비쿼터스 컴퓨팅에 대한 핵심적 이슈는 Smart objet, Intelligent Cooperation, Anywhere Connection이 핵심으로 파악된다. 따라서 지능을 가진 객체를 통하여 컴퓨팅 객체가 자율적으로 자신의 업무를 수행하는 것을 기본으로 하는 ubiquitous computing, pervasive computing, disappearing computer, ambient computing, ubiquitous networking의 공통된 개념은 물리적 환경을 통하여 사용자에게 서로 특화된 영역에 대한 집중적 기술 개발과 표준화 선점을 통하여 차별환된 차세대 컴퓨팅 산업을 육성하는 것이다.

〈표 8-3〉 미국, 일본, 유럽의 유비쿼터스 컴퓨팅화 전략 비교

미국	일본	유럽	비고
Ubiquitous Computing/ Pervasive Computing	Ubiquitous Network	Disappearing Computing/ Ambient Computing	- 영역에 따른 특성 표현 - 차세대 산업 도메인
자율형 컴퓨터 장치에 의한 서비스	소형칩, 스마트 카드, 문맥 로밍에 의한 어디서나 연결	정보 인공물에 의한 자율적 협업	근거리 무선통신, 센서, MEMS, 초소형 컴퓨팅 객체에 의해 발생하는 차세대 IT 특성에 의한 서비스 제공
컴퓨터 장치	네트워크	일상적 사물	각국은 독자적인 영역의 선택과 선택된 분야에 대한 집중적인 연구개발을 통해 기술과 표준의 선점효과를 얻고 있음.
자율형 + 통신 플랫폼 + 이동성(Smart + Networking + Mobility)			UC의 3대 기능 특성
근거리무선통신 + 센서 + MEMS + 소형 컴퓨팅 객체(칩)			UC의 4대 핵심 기술

(3) 유비쿼터스 대응 전략

• 기술을 제1파장(1985∼2000), 제2파장(2000∼2005), 제3파장(2005∼2020)으로 나누어 기술과 사업성을 살펴보면 다음과 같다. 제1파장에서 생성된 IT 산업은 H/W(IBM),

OS(MS), 응용(Oracle)으로 상업적으로 대 성공을 거두었다. 제2파장에서 NTT_DoCoMo가 i_Mode 서비스를 통하여 성공하였지만 냅스터는 많은 사용자를 확보하였음에도 불구하고 지적 재산권에 대한 규제로 상업적으로 실패하였다. P2P 기술 기반의 망 응용인 메신저도 많은 이용자들을 확보하고 있지만 성공적 사업 모델은 도출되고 있지 않은 상태이다. 오락, 게임, 아바타 등의 컨텐츠와 VDSL등의 유, 무선 통신 서비스를 통하여 상당한 수익이 발생하지만 제1파장에서의 IT 산업이 보여준 시장 폭발력은 사실상 제2파장에서는 재현되고 있지 않다. 되돌아보면 전자우편 웹 등도 많은 이용자가 존재하지만 과금하는 방법이 존재하지 않아 오래전에 사업모델로 무의미한 기술로 치부되었다. IT 기술의 서비스 위력은 FTP, 전자우편, 웹, P2P의 냅스터, 메신저 등에 대한 폭발적인 이용자 수를 통하여 확실하게 증명되고 있다. 제3파장인 유비쿼터스는 1988년 제록스사에 의하여 처음 제시된 프로트 엔드측 영역의 유비쿼터스 컴퓨팅 개념에서 백 엔드측이 인프라 기반 사업자들을 위한 사업 모델에 대한 모색은 쉽지 않았다. 1998년에 IBM에 의하여 유비쿼터스 컴퓨팅 개념을 기반으로 하는 사업자 입장의 백 엔드 기술 개념으로 퍼베이시버 컴퓨팅이 기술 비전으로 제시되면서 블루 그리드 프로젝트가 지향하는 e-Biz나 RFID 태그와 같은 유비쿼터스 컴퓨팅의 사업화는 활기를 띄게 되었다. 한편, 일본의 NTT의 비전은 IT 기술 발전에 따라 멀티미디어 브로드밴드 커뮤니케이션을 통한 윤택한 커뮤니티 사회의 제시를 거쳐 정보가 공명하거나 파동쳐 전달되는 레조난트(resonant) 커뮤니케이션 사회 실현을 비전으로 제시하고 있다. 이와 같이 리더들은 단순한 IT 서비스나 제품 개발을 넘어 기술 기반으로 새로운 기술 개념과 신사회 실현을 비전으로 제시하고 있다. 그러나 유비쿼터스 사업과 서비스가 상업적으로 거대한 시장을 창출할 수 있을까? 사실 유비쿼터스 컴퓨팅은 많은 미래 학자 혹은 인터넷 몽상가들 중의 한 사람인 마크 와이저가 제시한 IT 기술을 기반으로 하는 미래 복지에 대한 비전으로 모든 것이 질서 정연하고, 체계적이며, 계속되는 산업 발전에 대한 장비빛 미래만을 그리고 있다. 그러나 또 한편의 미래학자들은 부정적인 경제 상황의 시나리오로 2015년부터 석유 생산량의 감소 현상이 일어나면서 전 세계적인 인플레 현상이 일어 날 것으로 예측하여 경기 침체, 전쟁, 글로벌 재난, 자원 고갈, 공해 등으로 인한 혼동의 상황을 언급하고 있다. 그래서 미래는 지금보다 더 경제적으로 각박해지고 자원이 부족해지는 시대에서 살아남기 위한 에너지 절약, 산업 효율성 극대화의 경제 환경이 필요해 질 것이라는 것은 분명 유비쿼터스 컴퓨팅 사회와는 다른 그림을 제시하고 있다. 유비쿼터스 컴퓨팅 사회의 진화론에는 IT 기술 발전에 대한 이야기는 잔뜩 들어 있으나 상용화에 대한 계획은 결여되어 있다. 예를 들어, 백 엔드측의 페타급 백본망이 필요하게 될 만큼의 복잡하고 방대한 미래의 프론트 엔트 측 정보 서비스 산업 중의 하나가 될 엔터테인먼트 산업을 상업적으로 성공시킬 수 있는 유비쿼터스적 서비스 상용화 전략은 무엇인가? 인터넷 기반의 다양한 기술들이 상업적으로 성공하지 못한다면 지속적인 기술 발전은 기대할 수 없다. 따라서 유비쿼터스 기술 기반의 가상 네트워크 기반 브로커 리얼 컴퓨팅 서비스에 대한 기술 개발 못지않게 비가시적(intangible) 서비스와 IT 사업에 대한 상용화 모델과 성공적 사업 전개 방법론에 대한 깊은 연구가 수행되어야 한다. 기존의 산업 사회의 가시적((tangible) 서비스와 제품의 사업화에 대한 모델과는 차별화되는 비가시적 서비스와 디지털 컨텐츠의 사업화에 대한 새로운 패러다임의 제시가 필요하다. 한편, 오늘날 신기술에 의한 신서비스의 창출에 따른 새로운 비즈니스 모델의 출현에 따른 조직의 변화와 기업 사이의 이로 인한 가혹한 구조조정 및 M&A, 구조조정에 따른 개인과 가정에 위기와 위협 등을 동반하는 도미노적 변화의 가속화가 일상화되고 있다.

8.3 우리나라의 유비쿼터스 전략

(1) 국내 공공부문의 동향

현재 우리나라는 정부부처 및 일부 기업에서 유비쿼터스 컴퓨팅과 관련된 사업을 추진 중이나, 부처별 특성에 따라 특정 단위영역별 기술 개발에 한정되어 있으며, 국가적 차원의 종합적, 전략적인 접근은 이루어지고 있지 못하고 있는 실정이다. 이에, 우리나라도 기술 및 산업 경쟁력 확보 차원에서 국가적으로 체계적인 유비쿼터스 전략 계획 수립이 요구되고 있다.

• **지경부**

- 첫째, 정보, 통신, 방송을 결합한 광대역통합망(Broadband convergence Network : BcN)을 구축하여 새로운 IT 산업의 기반을 조성할 계획을 갖고 있다.
- 둘째, 차세대 인터넷과 IPv6 보급을 추진하고 있다. 이는 음성, 데이터 및 유선, 무선의 통합과 통신, 방송의 융합을 추진하는 BcN 구축의 기반으로서 중요한 역할을 할 것이다.
- 셋째, USN(Ubiquitous Sensor Network)이 있는데, 이것은 2003년부터 2011년까지 3단계에 걸쳐 u-센서 네트워크 구축 기본 계획이 마련되어 있으며, 2010년에는 세계 1위의 u-Life 실현을 목표로 하고 있다.

- 또한, "우정사업정보화 종합계획"을 수립하여 추진하고 있는데, 그 내용으로는 우편물, 우체통, 차량 등에 칩을 내장하여 실시간으로 정보를 인식, 수집, 가공, 분석, 제시 공유를 통한 효율화, 지능화, 고부가가치서비스를 제공한다는 것이다.

- 유비쿼터스 사회 실현을 위한 기반이 되는 BcN, USN 등의 구축 및 이용 확대를 통하여 유비쿼터스 사회 구현에 선도적인 역할을 수행하기 위해 노력하고 있다.

- **지경부 2** : 자체 추진 중인 10대 차세대 성장 동력 산업 중 지능형 홈 네트워크 발전전력의 12개 세부과제 중 하나로 "유비쿼터스 컴퓨팅 및 네트워크 원천기술 개발"을 추진하고 있으며, 여기서 개발하는 원천 기술을 기반으로 지능형 홈의 구현을 위한 제품 및 서비스 기술 개발을 추진하고 있다. 이 사업의 총 사업 기간은 5년(2004~2008년)이며, 1,2단계로 나누어 추진하고 있다. 이 사업의 목표는 첫째, 실제 환경의 물리적인 공간과 컴퓨팅 기반의 가상전자공간을 융합화한 새로운 유비쿼터스 컴퓨팅 공간을 창출하는 것이며, 둘째, 유비쿼터스 컴퓨팅 및 네트워크(uT) 사회를 구현하여 인류의 삶의 질 향상에 이바지하는 것이며, 셋째, 관련 분야의 핵심 원천 기술력 향상을 통한 국가 경쟁력 제고로 초일류 유비쿼터스 컴퓨팅 및 네트워크(uT) 기술 강국을 실현하고자 하는 것이다.
- **교육과학부** : 21세기 프론티어 연구개발 사업의 일환으로 유비쿼터스 컴퓨팅 및 네트워크 원천 기반 기술 개발 사업을 추진 중이다. 유비쿼터스 컴퓨팅 프론티어 사업은 2003년 9월부터 2013년 3월까지 3단계에 걸쳐 uT 홈/빌딩, uT 타운, uT 코리아 실현에 필요한 유비쿼터스 핵심기술의 개발을 추진했으며, 인간/환경 친화적인 고도지능의 전자사회 구현을 위한 유비쿼터스 컴퓨팅/통신 엔진 및 고도 지능 시스템 솔루션 원천 기반 기술 개발에 목적을 두고 있다. 과학기술부는 유비쿼터스 컴퓨팅 및 네트워크 원천기술 개발 및 기술 경쟁력 확보를 위한 기반을 구축하는 반면, 지식경제부는 유비쿼터스 컴퓨팅 원천 기술을 기반으로 지능형 홈 적용을 위한 상품화 제품 개발 및 서비스 모델 발굴을 통해 전략 산업으로 육성한다는 전략을 취하고 있다.
- **농수산부** : 2007년까지 완료한 농식품 안전 종합 대책의 일환으로 유비쿼터스 사업을 추진하고 있다. 여기에는 농축산, 농가 이력정보 통계 및 농축식품 정보 체계 및 농축산물 유통체계 구축, 국내 가축 방역 지리 정보 시스템, 국가 검역 DB 체계 구현 등이 포함되어 있다.

(2) u-Korea 추진전략

- 한국전자통신연구원(ETRI)에서는 새로운 정보화 입국전략으로서의 u-Korea를 제안하면서 〈그림 8-3〉과 같이 IT 발전단계와 국가정보화 전략 구도를 모델링하였다. 여기서

Cyber Korea 단계는 대략 1999년부터 2002년까지로, e-Korea 단계는 2002년부터 2006년까지, 그리고 u-Korea 정비 및 성숙 단계는 현재부터 2010년까지로 진행되었다.

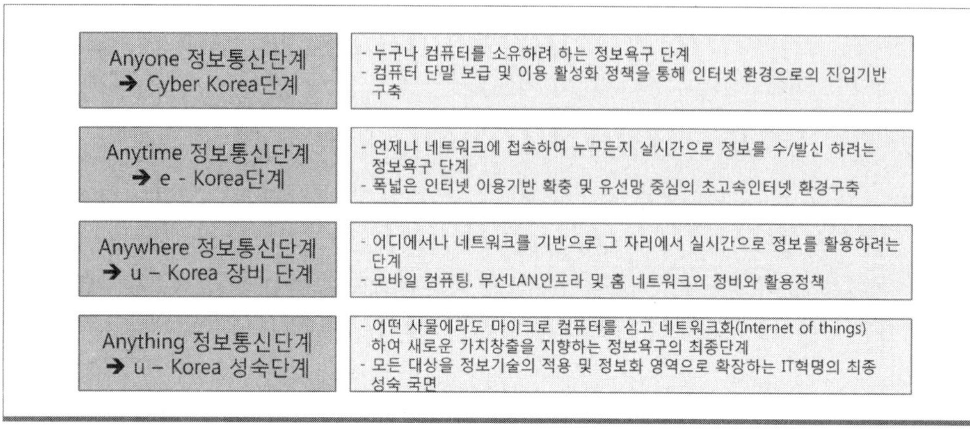

〈그림 8-3〉 IT 발전 단계와 국가정보화 전력 도구

• 〈그림 8-3〉에서 처럼 u-Korea의 정비 단계를 거쳐서, u-Korea 성숙단계에 안착하기 위하여 한국 정보는 4대 세부 전략을 수립하여 놓고 있다. 이들 4대 전략을 간략하게 알아보면 다음과 같다.

- 차세대 유무선 통합망, IPv6 기술 홈 네트워크, 초소형 칩/센서 인프라 : 2007년까지 제 1단계 한국형 유비쿼터스 네트워크(KUN : Korea Ubiquitous Network)로서의 유/무선 통합망과 전자 태그 네트워크를 추진한 전략이다.

• 먼저 세계 최첨단 유무선 통합망, 통신 및 방송 융합망 구축과 TV 및 디지털 가전 등을 이용한 스마트 홈 네트워크화를 동시에 구현한다는 구상을 갖고 있다. 여기에는 u-APT, u-Home, u-Building, u-Telematics등의 선도적 구축을 통한 세계적 상품화와 수십억개의 비 PC 단말을 연결 및 처리하는 유비쿼터스 브로드밴드 기반 구축, RFID 태그의 규격 표준화등 전자 태그 인프라 구축, 사이버 테러 등에 대한 안전 고품질 통신과 개인 대 개인 통신(Peer 2 Peer등) 실현과 같은 세부 전략이 내재되어 있다.

• 또한, 2010년까지 제 2단계 한국형 유비쿼터스 네트워크 (KUN : Korea Ubiquitous Network)로서의 "전국적 초소형 칩 & 센서 처리망"을 건설한다는 구상으로 사업을 추진하였고 이를 위하여 구체적으로 사물과 공간의 지능화 정보화를 위한 대규모 분산 초소형 칩 & 센서 정보처리 기반 구축과 Seamless 무선 기술등 4G등 차세대 모바일망과 전략적 연계가 필요하다.

- 한국형 u-플랫폼 구축 : KNU을 기반으로 공공, 기업, 개인 등이 다양한 애플리케이션과 서

비스를 간편하고 안전하게 이용할 수 있게 하는 공통기반으로서 한국형 u-플랫폼을 준비한다는 전략이다. 세부적으로는 〈표 8-4〉에 제시된 바와 같이 u-단말, u-카드, u-칩 플랫폼을 구축한다는 구상을 갖고 있다.

〈표 8-4〉 u-플랫폼 환경 세부 내역

u 단말	IPv6 기술 수용 및 초근접/원거리 통신 기능, 상황감지(sensing), 위치추적(tracking), 개인인증 및 결재기능 등이 기본적 탑재 ※ 통신 사업자, 가전 메이커, PC 메이커 등의 역할 결집으로 3000만대 한국형 u-단말 보급 및 1500만대 한국형 u-서버, 1000만대 Telematics 단말 보급 정책 추진
u 카드	- 순식간에 어떤 단말도 자신의 단말 환경으로 바꿀 수 있는 비접촉형 카드 - 초고속으로 실시간 응답과 인증 기능을 공통 기능으로 가짐
u 칩	- 물리적 특정 사물과 공공 환경 등을 대상으로 즉시적/즉물적 정보를 획득하고 식별/제어하기 위하여 사물 속에 심는 RFID 및 내장형 센싱 디바이스 등을 총칭

- **국가 사회 시스템의 u-시스템으로의 전략적 개조 :** KUN과 u-플랫폼을 활용하여 정부, 기업, 개인의 생산성 향상과 질적 수준을 획기적으로 제고하기 위한 국가 시스템 개조 프로젝트이다. 이를 위하여 대구 중앙로역을 세계에서 가장 안전한 "유비쿼터스 시범역"으로 재건한다는 계획과 분야별 u-킬러 시스템 발굴/개발과 함께 지방자치체의 특성에 맞는 u-모델 도시를 선도적으로 구축한다는 계획을 수립해 놓고 있다.

- **전략적 추진체계와 사회 과학적 대응 :** 청와대를 비롯하여 정부부처, 지방자치 단체, 산하기관과 공기업 등에서 u-Korea 추진 체제 정비함으로, 유비쿼터스 IT R&D 획득을 위한 범국가 차원의 공조 체제를 구축한다는 전략이다. 이를 위하여 정부는 부문별 u-국가 시스템의 기본 틀을 제시하고, 산·학·연을 연계하여 u-IT 핵심기술을 개발하는 방안을 모색 중이다. 또한, 유비쿼터스 사회의 규범 정비 및 윤리 문제 등에 대응하는 연구 체제를 가동한다는 계획을 수립중이다.

- **u-Korea 입국 추진 체제 :** u-Korea 추진을 위하여 정보화 촉진기본법등 관련 법제를 획기적으로 정비하고, 대통령 직속으로 u-Korea 전략 위원회를 구성하며, 실무부처로서 "u-Korea 전력 전담 사무국" 기능 강화(u-Korea 중점 계획 수립 및 평가 기능부여)를 진행 중에 있다. u-Korea 전담 사무국은 단계적으로 u-Korea 기본 구상을 21세기 국가 발전 중심 전략으로 채택하고, u-Korea 10대 분야별 실시 주체, 실시내용, 목표등을 명확히 하며, u-Korea 10대 분야별 세부 시책 내용을 연차별로 지수화, 계량화한 프로그램 작성에 대한 역할을 담당하는 조직이다.

• u-Korea 기본 구상

- New SOC 건설 차원에서 유비쿼터스 네트워크 기반 구축
- 유비쿼터스 10대 Grand Project로 초기 수요 견인 및 표준화 선도
- 유비쿼터스 Hub 국가 전략으로 동북아 중심 국가 구현

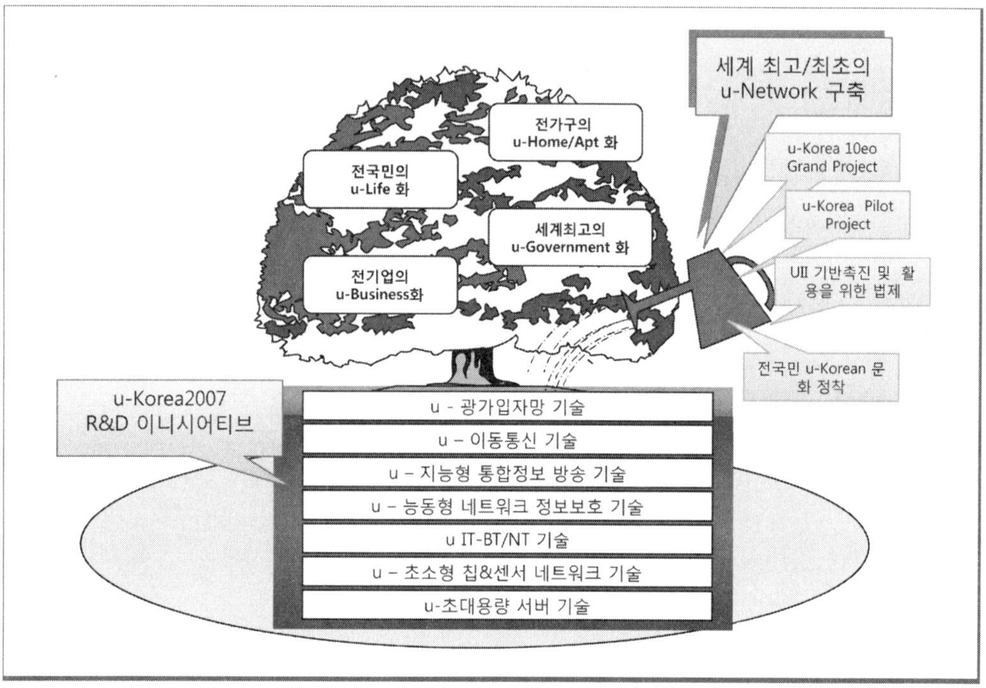

〈그림 8-4〉 u-Korea 중장기 비전

8.4 향후 전망

컴퓨터화의 새로운 패러다임으로 등장한 유비쿼터스화는 유비쿼터스 컴퓨팅과 유비쿼터스 네트워크를 기반으로 물리 공간을 지능화함과 동시에 물리 공간에 펼쳐진 각종 사물들을 네트워크로 연결시키려는 노력으로 정의할 수 있다. 인터넷이 책상에 홀로 떨어져 있던 컴퓨터를 연결시켰다면, 유비쿼터스화는 환경 속에 떨어져 존재하는 많은 물리적 사물들을 연결하는 것이다. 따라서 유비쿼터스화는 사람, 컴퓨터, 사물들을 네트워크로 연결하고 3차원으로 정보를 수・발신하게 되는 컴퓨터화의 발전단계를 의미

한다. 유비쿼터스화는 조용한 혁명이지만 그 파급효과는 엄청난 충격을 주고 있다. 사회적 흐름의 저변에서는 이미 상당한 수준의 진전이 이루어지고 있으며, 이 같은 패러다임의 변화에 대비하지 못한다면 우리나라가 처음으로 맞이한 문명사적 혁명의 중심국으로 도약할 수 있는 절호의 기회를 놓칠지도 모른다는 우려를 낳고 있다. 유비쿼터스 컴퓨팅은 현실공간과 가상공간의 경계가 더 이상 무의미해지는 것을 의미한다. 가상공간이 네트워크를 통해 자연스럽게 생활공간으로 편입되는 것이다. 건설회사가 만든 건축물이라는 현실 공간에 IT 업체들이 구현하는 가상공간이 결합되면서 새로운 유비쿼터스 공간이 탄생하고 여기에 디지털 홈 업체들은 인간의 삶을 보다 풍요롭게 만드는 다양한 생명력을 불어넣고 있다. 각국의 유비쿼터스 IT 연구 개발 및 정책 추진을 벤치마킹함에 있어 각각이 나름대로의 장점을 잘 이용하여 주도적인 정책을 추진하고 있음을 알 수 있었다. 일본의 경우, 정부 주도의 전략을 구상하고 있어 우리나라의 입장에서는 정책 모델 및 패키지를 벤치마킹하는 것이 효과적이며, 미국 기업들의 최신 연구 개발 사례를 분석함으로써 산업 부문의 응용과 시장성 있는 비즈니스 모델을 발견할 수 있을 것이다. 또한, 국민 삶의 질 향상 및 복지 증진을 위한 서비스 개발을 위해서는 유럽의 사례를 연구함으로써 시사점을 얻을 수 있을 것이다.

이에 덧붙여 한국적 인프라 환경과 IT 활용 특성 등을 반영한 한국형 발전 모델을 수립하는 것이 향후 다가올 미래 시장을 선점하고 경제의 재도약을 위하여 요구된다. 특히, 우리나라는 인프라 구축 면에서 강점을 가지고 있으므로 그 점을 적극적으로 활용하여야 할 것이다. 과거 초고속 정보 통신의 대두와 인터넷의 확산기에 적절한 기회포착으로 정보화 선진국으로 도약하였듯이, 유비쿼터스 환경의 대두는 우리나라에 새로운 도약의 기회가 될 수 있을 것이다.

우리나라는 유비쿼터스화된 사회를 구현할 수 있는 가장 좋은 환경을 갖추고 있다. 높은 정보 수준 및 대륙과의 연계성, 국민적 응집력등 이미 유비쿼터스화에 필요한 대부분의 조건을 지녔다. 따라서 우리나라는 세계 어떤 국가들 보다 유비쿼터스화에 성공할 가능성이 높은 것이다.

참고 문헌

[1] 강정훈, 이민구, 조위덕, 정하중, "New Computing Paradigm : Pervasive Computing", 전자정보센터 인터넷미디어 연구센터

[2] 권수갑, "Ubiquitous Network 구축전략", ETRI 정보화기술연구소 산업전략연구부, 2002. 12

[3] 권수갑, "Ubiquitous Computing : 개념과 동향", 전자부품연구원 전자정보센터, 2003.3

[4] 김채규, 김홍남, 임채덕, "유비쿼터스 시대를 향한 임베디드 소프트웨어 발전 방향 및 개발 전략", Telecommunication Review, 제13권 1호, 2003.2

[5] 김동환, "유비쿼터스 공간의 경제와 경영 전략", Telecommunications Review, 제13권 1호, 2003.2

[6] 김완석, "유비쿼터스 관련 프로젝트들, Just it의 세계",ETRI 정보화기술연구소, 2002.12

[7] 김창환, "유비쿼터스 IT 최근 동향" 전자부품연구원 전자정보센터

[8] 김창환, "유비쿼터스 컴퓨팅 동향 분석" 전자부품연구원 전자정보센터

[9] 김홍남, "U-Korea를 위한 임베디드 S/W 플랫폼 기술 개발", ETRI 임베디드 S/W기술센터 컴퓨터소프트웨어 연구소, 2003.4

[10] 문병주, "Era of Ubiquitous : 유비쿼터스 IT 인프라 구축", ETRI 정보화기술연구소 산업전략연구부, 2002.12

[11] 박영충, 정광모, "이동 Ad-hoc 네트워크 기반의 유비쿼터스 네트워크 기술동향 및 적용방안", 전자부품연구원 전자정보센터

[12] 박우출, 이석필, 조위덕, "유비쿼터스 컴퓨팅 연구의 현황 분석", 전자부품연구원 전자정보센터

[13] 오광석, "유비쿼터스 전자정부(Ubiquitous Government) 추진 전략 및 구축 방안", Telecommunications Review, 제13권 1호, 2003.2

[14] 오길환, "유비쿼터스 IT기술의 전개방향" ETRI 기술경제연구부 정보화기술연구소, 2002.2

[15] 우운택, "유비쿼터스 혁명, 문명 대변혁 몰고 온다: 디지털 기술이 바꿔놓을 미래 삶" http://www.zdnet.co.kr/hotissue/devcolumn/article.jsp?id=59259&forum=1, 2002.2

[16] 이덕동, "Ubiquitous Network와 센서기술", Telecommunications Review, 제13권 1호, 2003.2

[17] 이문호, "U-이어도 : Jeju 신산업 전략", Telecommunications Review, 제13권 1호, 2003.2

[18] 이성국, "미국·일본·유럽의 유비쿼터스 컴퓨팅 전략의 비교론적 고찰", Telecommunications Review, 제13권 1호, 2003.2

[19] 전황수, "유비쿼터스 컴퓨팅 혁명 (사카무라 겐, 최운식)", ETRI 정보기반연구팀, 2002.9

[20] 정성환, "KT의 유비쿼터스 전략", KT 경영연구소, 2003.4

[21] 조동호, "차세대 정보통신망으로서의 유비쿼터스 네트워크의 진화방안", Telecommunications Review, 제13권 1호, 2003.2

[22] 조선일보, "유비쿼터스:e-Korea에서 u-Korea로", 2004.8

[23] 최남희, "유비쿼터스 혁명이란 무엇인가?", u-Korea 포럼 준비반, 2002.8

[24] 최남희, "유비쿼터스 정보기술을 활용한 물리공간과 전자공간 간의 연계도구와 어플리케이션 체계에 대한 연구", Telecommunications Review, 제13권 1호, 2003.2

[25] 하원규, "u-Korea 구축전략과 행동계획: 비전, 이슈, 과제, 체계, 연계도구와 어플리케이션 체계에 대한 연구", Telecommunications Review, 제13권 1호, 2003.2

[26] 한국전자통신연구원, "미·일의 유비쿼터스 IT 관련 예산 및 정책동향", 정보기반연구팀, 기술경제연구부, 한국전자통신연구원, 2003.1

[27] Abowd, Gregory D. "Ubiquitous Computing: The Impact on Future Interaction Paradigms and HCI Research", CHI97 Electronic Publications: Workshops, GVU Center & College of Computing, Georgia Institute of Technology

[28] Barton, John J. "Web-Based Nomadic Computing", Nomadic Computing Department, Hewletf Packard Labs, Palo Alto, CA, 2002.8

[29] Barton, John J. "Some Ubicomp Projects I have known. And some ways to think about them"

[30] Dey, Anind K. "Evaluation of Qbiquitous Computing Systems: Exercise in Frustration or Research Opportunities?", Ubicomp Software Architect, Intel Research Berkeley, 2002.8

[31] IBM, "Pervasive Computing and the Patterns for e-business", Leo Marland, IBM, 2001.1

[32] Sparling Mike. "Nomads & Pervasive Computing -- CBD's Killer App?", Castek, 1999

[33] Starner, Thad. "Power and Heat in Ubiquitous Computing", Georgia Tech & Swiss Federal Institute of Technology

[34] Sun Microsystem, Inc. "Virtual Organizations, Pervasive Computing, and an Infrastructure for Networking at the Edeg", White Paper, 2001

[35] Wejchert, Jakub. "The disappearing computer", European Commission, Future and Emerging Technologies

찾아보기

(ㅇ)

(ㅈ)

(ㅊ)

(ㅋ)

(ㅌ)

(ㅍ)

(ㅎ)

저자약력

김행곤

기 간	근무기관명	직위(급)
1978년 5월 ~ 1979년 5월	NASA (美 航空宇宙局)	硏究員
1979년 8월 ~ 1983년 3월	陸軍防空學校	敎官
1988년 1월 ~ 1989년 1월	Bell Lab.	硏究員
1987년 3월 ~ 1990년 2월	韓國電氣通信公社	專任硏究員
1990년 3월 ~ 1992년 9월	曉星女子大學校	專任講師
1992년 10월 ~ 1996년 2월	大邱曉星가톨릭大學校	助敎授
1996년 3월 ~ 2001년 2월	大邱曉星가톨릭大學校	副敎授
2000년 12월 ~ 2002년 2월	美 센트럴 미시건 大學 교환 연구 교수	副敎授
2001년 3월 ~ 2002년 8월	大邱가톨릭大學校	副敎授
2002년 9월 ~ 2010년 현재	大邱가톨릭大學校	敎授

도서출판 그린

유비쿼터스 사회와 기술

인 쇄 일 ▶ 2010년 12월 27일
발 행 일 ▶ 2010년 12월 30일
저 자 ▶ 김 행 곤
발 행 인 ▶ 윤 덕 우
발 행 처 ▶ 도서출판 그린

출판등록 ▶ 제8-161호(1995. 5. 3.)
주 소 ▶ 서울시 서대문구 연희동 219-20 (우)120-828
전 화 ▶ 02)333-2574, 2575
Fax ▶ 02)333-2561
E-mail ▶ greenpress@greenpress.co.kr
Homepage ▶ http://www.greenpress.co.kr

정가 : 15,000원

ISBN : 978-89-5727-152-0